••• Títulos relacionados

IMAI0108
OPERACIONES DE FONTANERÍA Y CALEFACCIÓN-CLIMATIZACIÓN DOMÉSTICA

[DISPONIBLE CERTIFICADO COMPLETO]

Manipulación y ensamblaje de tuberías

Jesús Nieto Palomo

Edición y maquetación: Ediciones Nobel, S. A.

Impresión: Liberdigital (Casarrubuelos, Madrid)
ISBN: 978-84-283-7344-9
Depósito legal: M-1164-2026

Impreso en España

Autor

Jesús Nieto Palomo es técnico especialista en la rama Construcciones y Obras, y está en posesión del carné de instalador de calefacción y ACS e instalador de fontanería. Titulado en Aptitudes Pedagógicas del CICEN.

Ha trabajado en instalación de calefacción y fontanería durante años y ha sido profesor de Fontanería y Calefacción en el Centro de Formación de Fuenlabrada CEFOIM durante los años 2004 al 2008, y posteriormente en ASEFOSAM, donde ha impartido diversos cursos para la obtención del carné de instalador del Ministerio de Industria, tanto la parte teórica como las prácticas de taller, y diversos cursos de empresa. Siendo pionero en la formación de estas materias en cursos *online*.

Durante este tiempo recibió varios cursos patrocinados por CEFOIM sobre Formación Pedagógica y en especial el curso sobre los Certificados Profesionales a cargo de D.ª Francisca María Arbizu Echávarri, experta internacional en Cualificaciones y Formación Profesional y directora del Instituto Nacional de las Cualificaciones.

Asimismo, ha colaborado con la dirección del centro en la elaboración de programas y estrategias formativas adaptadas a la nueva Legislación y Normativa del Código Técnico de la Edificación, siendo autor de los textos inherentes a los referidos cursos.

Es autor de los libros: *Instalaciones de Fontanería. Nueva Normativa,* editado por CEFOIM, y de *Instalaciones de Fontanería, teoría y orientaciones prácticas*, publicado por esta misma editorial.

Índice

1. Instalaciones tipo 1

1.1. Instalaciones de agua caliente y fría a presión 3
- 1.1.1. Prescripciones de comunidades autónomas 3
- 1.1.2. Tipos y características 4

1.2. Sistema de saneamiento 10
- 1.2.1. Instalaciones de desagüe en viviendas 11
- 1.2.2. Tipos y características de las aguas residuales 11
- 1.2.3. Partes principales de la red interior de evacuación 12

1.3. Instalaciones de recogida de aguas pluviales 13
- 1.3.1. Recogida de aguas pluviales 13
- 1.3.2. Elementos de la instalación 15

1.4. Partes de las instalaciones 19
- 1.4.1. Instalaciones de abastecimiento a viviendas 19
- 1.4.2. Organización de las instalaciones, puntos de toma 21
- 1.4.3. Redes de evacuación 43
- 1.4.4. Aguas de evacuación 48

1.5. Las tuberías 58
- 1.5.1. Tuberías metálicas y plásticas 59

1.6. Componentes y accesorios de las instalaciones 62
- 1.6.1. Válvulas 62
- 1.6.2. Bombas hidráulicas 70

Autoevaluación 79

2. Dimensionado de instalaciones 81

2.1. Conceptos elementales 83
- 2.1.1. El agua 83
- 2.1.2. Conceptos básicos 85
- 2.1.3. Hidráulica 89

2.2. Normativa aplicable al diseño de instalaciones y dimensionado 99

2.3. Caudales mínimos de suministro 105
- 2.3.1. Caudales mínimos 106
- 2.3.2. Presión de suministro 108

2.4. Coeficientes de simultaneidad. Clasificación de suministros, cálculo de diámetros de tuberías 109
- 2.4.1. Clasificación de suministros 109
- 2.4.2. Procedimiento de cálculo 112

2.4.3. Coeficiente de simultaneidad 115
2.4.4. Tipos de caudales a efectos de cálculo 117
2.4.5. Utilización del ábaco 118
2.4.6. Pérdida de carga localizada en metros de tubería (rugosa) 120

Autoevaluación........ 125

3. Materiales de las instalaciones 127

3.1. Materiales metálicos, plásticos y aislantes: características y propiedades 129
3.1.1. Tuberías........ 129
3.1.2. Tuberías metálicas 131
3.1.3. Tuberías plásticas 138

3.2. Elementos y materiales de sellado y estanqueidad 147
3.2.1. Elementos y materiales de estanqueidad 148

3.3. Comercialización de los materiales 149

3.4. Reacción de las aguas sobre los distintos materiales 151
3.4.1. Condensación 151
3.4.2. Corrosión y desgaste 152
3.4.3. Incrustaciones 159
3.4.4. Ruidos 160

Autoevaluación........ 161

4. Técnicas de mecanizado de tuberías 163

4.1. Técnicas y herramientas de corte y escariado 165

4.2. Técnicas de lubricación: grasas, aceites, vaselinas 168
4.2.1. Grasas lubricantes 168
4.2.2. Aceites lubricantes 170
4.2.3. Vaselinas 172

4.3. Técnicas para el recocido de tubería de cobre. 173

4.4. Técnicas y herramientas de curvado 174
4.4.1. Curvadoras: manuales, de ballesta, hidráulicas y eléctricas. 175
4.4.2. Técnica del curvado 177

4.5. Técnicas y herramientas de aterrajado 185
4.5.1. Principios del roscado 185
4.5.2. Clasificación de las roscas. 186
4.5.3. Las roscas en fontanería 188
4.5.4. Elaboración de roscas a izquierda y derecha. 193
4.5.5. Unión de tuberías por roscado. 197

4.6. Técnicas para el sellado de uniones 198
4.6.1. Las uniones por brida 199
4.6.2. Uniones Gibault 200
4.6.3. Uniones roscadas 200
4.6.4. Uniones por presión 205

Autoevaluación........ 207

5. Técnicas de unión de tuberías 209

5.1. Soldadura 211

5.2. Soldadura capilar blanda 214

5.2.1. Proceso que hay que seguir para la soldadura capilar blanda 215

5.3. Soldadura capilar fuerte 220

5.3.1. Proceso que hay que seguir para la soldadura capilar fuerte 221

5.4. Sopletes convencionales y por oxi-gas 224

5.4.1. Soplete de butano 224

5.4.2. Sopletes de botellas y cartuchos desechables 225

5.4.3. Equipo de oxi-gas 225

5.5. Soldadura de las tuberías de acero 233

5.5.1. Soldadura oxiacetilénica 233

5.5.2. Soldadura eléctrica por arco 234

5.6. Soldadura química 238

5.6.1. Soldadura por disolvente 239

5.6.2. El encolado 239

5.7. Unión de tuberías por termofusión, mediante accesorios y sistema *pressfitting* 243

5.7.1. Termofusión 243

5.7.2. Soldadura por electrofusión 246

5.7.3. Unión por accesorios 246

Autoevaluación 251

6. Operaciones finales en la instalación de tuberías 253

6.1. Comprobación del alineamiento y la estética de la instalación 255

6.1.1. Alineamiento y estética 256

6.1.2. Normativa 257

6.2. Pruebas de estanqueidad en redes de tuberías 259

6.2.1. Normativa 259

6.2.2. Tuberías metálicas 260

6.2.3. Tuberías plásticas 264

6.2.4. Instalaciones de ACS 265

6.2.5. Vibraciones 265

6.3. Limpieza de la red de tuberías 266

6.3.1. Lavado de tuberías con presión 266

6.4. Aislamiento, encoquillado y calorifugado de la red de tuberías 267

6.4.1. Normativa 267

6.4.2. Tipos de aislantes 268

6.5. Barnizado y pintado 274

Autoevaluación 279

Vocabulario técnico de fontanería/calefacción 281

Bibliografía 291

Introducción normativa

La Ley Orgánica 3/2022, de 31 de marzo, de ordenación e integración de la Formación Profesional, contiene una disposición derogatoria única que afecta a la regulación de los certificados de profesionalidad, ahora denominados **Certificados Profesionales.** La referida normativa deroga la Ley Orgánica 5/2002, de 19 de junio, de las Cualificaciones y de la Formación Profesional, y abre un escenario de cambios que se irán implementando progresivamente.

La Ley Orgánica 3/2022, de 31 de marzo, de ordenación e integración de la Formación Profesional implica que toda la formación es acumulable. La oferta formativa se estructura de forma escalonada, siendo los Certificados Profesionales un nivel intermedio (Grado C) de una escala que va desde el Grado A hasta el E.

En los artículos 35 a 38 de la Ley 3/2022 se describe en qué consisten estos Certificados Profesionales: su oferta, formación asociada, estructura, duración, acceso, titulación y validez. Posteriormente, esta normativa se completa con lo dispuesto en el Real Decreto 659/2023, de 18 de julio, que desarrolla la ordenación del sistema de Formación Profesional. Concretamente en los artículos 67 a 81 es donde se hace referencia a la oferta formativa de Grado C, correspondiente a los Certificados Profesionales.

Están agrupados en 26 familias profesionales con características comunes del sector. En la actualidad hay más de medio millar de Certificados Profesionales incluidos en el Repertorio Nacional. Esta cifra no deja de crecer. Además, cada certificado está específicamente regulado por un real decreto.

Un Certificado Profesional corresponde al Grado C de la oferta del Sistema de Formación Profesional. Es un documento oficial, con validez en todo el territorio nacional y debe constar en el Catálogo Nacional de Ofertas de Formación Profesional, que certifica la capacitación para el desarrollo de una actividad profesional.

Debe detallar los módulos profesionales superados y los estándares de competencia profesional asociados a él e incluidos en el **Catálogo Nacional de Estándares de Competencias Profesionales**, así como su correspondencia con el Marco Español de Cualificaciones.

Despliegan su validez en un doble ámbito, laboral y académico:

- En el contexto laboral tienen validez profesional, porque acreditan las competencias en una determinada profesión. Para poder trabajar en algunas profesiones, se exigen determinadas cualificaciones, y los certificados sirven para acreditarlas.
- Asimismo, tienen validez académica, puesto que permiten continuar un itinerario formativo siempre que se cumplan los requisitos de acceso para cursar la titulación deseada. De tal modo que, los Certificados Profesionales que sean parte de un Grado D permitirán la matrícula modular para completar los módulos establecidos en el currículo y obtener el correspondiente título de técnico básico, técnico o técnico superior con validez en todo el territorio nacional.

Para obtener un Certificado Profesional (Grado C) es preciso cumplir con los requisitos de acceso para realizar la formación.

Estructura de los Certificados Profesionales

I. Identificación: denominación, familia y área profesional a la que pertenecen; nivel de cualificación profesional (1, 2 o 3); cualificación profesional de referencia; entorno profesional y módulos formativos que esté previsto cursar junto con la duración de cada uno de ellos.

II. Perfil profesional: incluye las Competencias Profesionales requeridas en el mercado laboral. En todas ellas se concretan las realizaciones profesionales y los criterios de realización.

III. Formación: describe los módulos formativos que esté previsto cursar para adquirir las competencias requeridas. En cada uno de ellos se indican las capacidades que se pretende alcanzar y la duración del módulo de prácticas no laborales —PNL—, para el que cabe solicitar exención si se cumplen determinados requisitos.

IV. Prescripciones de las personas formadoras.

V. Requisitos mínimos de espacios, instalaciones y equipamiento.

Los Certificados Profesionales se identifican con una denominación concreta y un código alfanumérico propio, y sirven para acreditar una determinada cualificación profesional. Cada certificado está asociado a una relación de unidades de competencia que, a su vez, se vinculan con una serie de módulos formativos específicos. Algunos módulos están integrados por unidades formativas y tanto unos como otras son, en ocasiones, transversales, lo que significa que se trata de contenidos incluidos en más de un Certificado Profesional.

Los Certificados Profesionales se articulan en tres niveles de competencia profesional (1, 2 y 3) conforme a lo dispuesto en el que será el Catálogo Nacional de Estándares de Competencias Profesionales, anteriormente Catálogo Nacional de Cualificaciones Profesionales (CNCP), según los criterios establecidos de conocimientos, iniciativa, autonomía y complejidad de las tareas, en cada una de las ofertas de Formación Profesional.

La oferta formativa dirigida a la obtención de los Certificados Profesionales tiene carácter modular para favorecer la acreditación parcial acumulable de la formación recibida y posibilitar así el avance en el itinerario de Formación Profesional para cualquiera que sea la situación laboral de cada persona en cada momento.

En definitiva, el Grado C constituye la oferta, parcial y acumulable, del sistema de Formación Profesional, de varios módulos profesionales del catálogo modular de Formación Profesional por razón de su significado en el mercado laboral y conducente a la obtención de un Certificado Profesional.

Las ofertas de Grado C de Formación Profesional tendrán por objeto módulos profesionales incluidos previamente en el catálogo modular de formación profesional y asociados al Catálogo Nacional de Estándares de Competencias Profesionales.

Finalidad de los Certificados Profesionales

- Contribuir a la ordenación de un Sistema de Formación Profesional al servicio de un régimen de formación y acompañamiento profesionales que sea capaz de responder con flexibilidad a los intereses, expectativas y aspiraciones de cualificación profesional de las personas a lo largo de su vida.
- Combinar escuela y empresa situando a la persona en el centro del sistema.
- Facilitar el aprendizaje permanente de toda la ciudadanía mediante una formación abierta, flexible y accesible, estructurada de forma modular, a través de la oferta formativa asociada al certificado.
- Acreditar las cualificaciones profesionales o las unidades de competencia recogidas en estas, independientemente de su vía de adquisición, bien sea a través de la vía formativa, o mediante la experiencia laboral o vías no formales de formación.
- Favorecer, tanto a nivel nacional como europeo, la transparencia del mercado de trabajo.
- Contribuir a la calidad de la oferta de Formación Profesional.

Este libro

El presente libro desarrolla la Unidad Formativa denominada *Manipulación y ensamblaje de tuberías,* UF0409.

Corresponde al módulo formativo MF1154_1 *Instalación de tuberías* y está asociado a la Unidad de Competencia UC1154_1 *Realizar la instalación de tuberías, preparando, cortando y uniendo tubos para la conducción de fluidos de agua y desagües,* perteneciente a la Cualificación Profesional de referencia IMA367_1 *Operaciones de fontanería y calefacción-climatización doméstica...* (de nivel 1), incluida en el Certificado Profesional IMAI0108 *Operaciones de fontanería y calefacción-climatización doméstica,* de la familia profesional Instalación y mantenimiento.

Según el Real Decreto 1375/2009, de 28 de agosto, los contenidos que en esta obra se recogen se corresponden con una duración de 90 horas.

Tanto la estructura como el desarrollo del libro se ajustan al citado real decreto y más concretamente a los contenidos de la unidad formativa que le da título: *Manipulación y ensamblaje de tuberías,* UF0409.

Nota a la edición

De acuerdo con el criterio del autor, la organización de los contenidos de esta Unidad Formativa no resulta la más adecuada para su desarrollo pedagógico. Por este motivo, se ha optado por reordenar determinados apartados con el fin de dotar al conjunto de una mayor coherencia temática y didáctica.

No obstante, la Editorial garantiza que la totalidad de los contenidos establecidos en el Real Decreto correspondiente se encuentran íntegramente desarrollados en esta obra, si bien presentados conforme al orden que figura en el índice siguiente:

Contenidos — Nuestros contenidos

1. Instalaciones tipo.

- **Instalaciones de agua caliente y fría a presión:** 1.1
  - — Tipos.
  - — Características.
- **Instalaciones de desagüe en viviendas:** 1.2
  - — Tipos.
  - — Características.

- **Instalaciones de recogida de aguas pluviales:** 1.3
  - Partes de las instalaciones.
  - Clasificación, misión y características.
- **Tuberías de presión y desagüe:** 1.4
  - Ascendentes, bajadas, canalones.
  - Componentes y accesorios de las instalaciones: características y funcionamiento.

2. Dimensionado de instalaciones.

- **Conceptos elementales:** 2.1
  - Presión, caudal, velocidad, densidad, temperatura.
  - Presión estática y dinámica.
  - Presión relativa y absoluta.
  - Efecto Venturi.
- **Caudales mínimos de dimensionado:** 2.3
  - Coeficientes de simultaneidad. 2.4
  - Clasificación de suministros, cálculo de diámetros de tuberías. 2.4
- **Normativa aplicable al dimensionado y diseño de las instalaciones:** 2.2
  - CTE y normativas comunitarias.

3. Materiales de las instalaciones.

- **Materiales metálicos, plásticos y aislantes:** 3.1
  - Características y propiedades.
- **Elementos y materiales de sellado y estanqueidad.** 3.2
- **Comercialización de los materiales.** 3.3
- Reacción de las aguas sobre los distintos materiales. 3.4

4. Técnicas de mecanizado de tuberías.

- **Técnicas y herramientas de corte y escariado:** 4.1
  - Cortatubos, sierras, radiales.
- **Técnicas de lubricación:** 4.2
  - Grasas, aceites, vaselinas.
- **Técnicas para el recocido de tubería de cobre.** 4.3
- **Técnicas y herramientas de curvado:** 4.4
  - Curvadoras: manuales, de ballesta, hidráulicas y eléctricas.

- **Técnicas y herramientas de aterrajado:** 4.5
  - Elaboración de roscas a izquierda y derecha.
  - Terrajas manuales y eléctricas.
  - Machos de roscar.
- **Técnicas para el sellado de uniones.** 4.6

5. **Técnicas de unión de tuberías.**
   - **Soldadura capilar blanda y fuerte.** 5.2 y 5.3
   - **Técnicas, características y propiedades:** 5.1
     - Material de aporte y desoxidantes.
   - **Sopletes convencionales y por oxi-gas.** 5.4
   - **Soldadura de las tuberías de acero:** 5.5
     - Soldadura oxi-acetilénica y eléctrica por arco.
   - **Soldadura química:** 5.6
     - Técnicas, características y propiedades.
     - Pegamentos y disolventes.
   - **Unión de tuberías por termofusión, mediante accesorios y sistema *pressfitting*.** 5.7

6. **Operaciones finales en la instalación de tuberías.**
   - **Comprobación del alineamiento y la estética de la instalación.** 6.1
   - **Limpieza de la red de tuberías.** 6.3
   - **Pruebas de estanqueidad y transmisión de vibraciones.** 6.2
   - **Aislamiento, encoquillado y calorifugado de la red de tuberías:** 6.4
     - Técnicas y sistemas.
   - **Acabado final: pintado y barnizado.** 6.5

Nota del editor

En Ediciones Paraninfo estamos comprometidos con la calidad de la formación e intentamos que nuestros materiales, respondan fielmente y con rigor a las necesidades de todos cuantos confían en nuestro sello editorial.

Tratamos de dar respuesta a los currículos de las unidades formativas y de los módulos que integran los distintos Certificados Profesionales, equilibrando la parte teórica con la práctica para que los procesos de aprendizaje se conviertan en experiencias gratificantes tanto para docentes como para las personas inmersas en los procesos formativos.

Contribuir de forma decisiva a afianzar aprendizajes, ayudar a adquirir destrezas que tengan significado para el empleo y conseguir potenciar el desarrollo personal es nuestra mayor satisfacción como editores.

Para lograrlo contamos con excelentes autores, expertos en las materias que abordan, en la mayoría de los casos docentes de dichas especialidades con dilatada experiencia profesional y académica, porque buscamos perfiles familiarizados con los contextos laborales concretos a los que se refieren nuestros manuales.

Confiamos en poder serte de ayuda y esperamos tus impresiones acerca de nuestro trabajo. Sean positivas o negativas, serán muy bien recibidas y, sin duda, nos ayudarán a seguir mejorando y trabajando con ilusión para continuar siendo un referente en formación para el empleo.

Agradecemos tu confianza en nuestros manuales. Todo nuestro equipo queda a tu total disposición. Puedes contactar con nosotros en esta dirección de correo electrónico: info@paraninfo.es.

1. Instalaciones tipo

Introducción

En la realización de instalaciones de abastecimiento de agua, tanto AFCH como ACS, y en las de calefacción por agua se precisan unos conocimientos y destrezas de diversas disciplinas relativas al diseño, cálculo y ejecución de los circuitos, así como un ágil manejo de terminologías relativas a tuberías, accesorios y demás elementos que componen estas instalaciones.

En esta unidad formativa se hace un exhaustivo recorrido por todos estos conceptos a fin de adquirir los conocimientos necesarios para realizar los trabajos.

Todas las normas relativas a estas instalaciones están desarrolladas en el Código Técnico de la Edificación (CTE) en vigor desde el año 2006, por el cual se rigen los contenidos de este libro.

Contenido

1.1. Instalaciones de agua caliente y fría a presión

1.2. Sistema de saneamiento

1.3. Instalaciones de recogida de aguas pluviales

1.4. Partes de las instalaciones

1.5. Las tuberías

1.6. Componentes y accesorios de las instalaciones

1.1. Instalaciones de agua caliente y fría a presión

Desde la promulgación del CTE, la realización de las instalaciones de agua, tanto en abastecimiento como en evacuación, ha pasado de ser una disciplina sin apenas regulación y dependiente únicamente del criterio del gremio de profesionales que lo ejecutaban, a una especialidad reglada por criterios contrastados por técnicos competentes en cada una de las materias que participan en su realización y perfectamente organizadas en el CTE, a través de Documentos Básicos a su vez divididos en Exigencias Básicas que recogen los pormenores relativos a cada disciplina constructiva: electricidad, acústica, seguridad, fontanería, etcétera.

El Documento Básico que contempla las normas relativas al abastecimiento y evacuación de aguas se llama Salubridad y está dividido en varias Exigencias Básicas, dos de las cuales se refieren al agua: el HS 4 y el HS 5.

- Exigencia Básica HS 4 de suministro de agua.
- Exigencia Básica HS 5 de evacuación de aguas.

Ambos están organizados en siete apartados o temas:

- GENERALIDADES. En el que se fija el ámbito de aplicación de la norma.
- CARACTERIZACIÓN. Donde se describen las propiedades de las instalaciones.
- DISEÑO. Se dictan criterios de cómo han de organizarse las instalaciones.
- DIMENSIONAMIENTO. Determina los criterios de cálculo de los elementos.
- CONSTRUCCIÓN. Fija los procedimientos para la ejecución de los montajes.
- PRODUCTOS. Condiciona las características técnicas de los materiales que se van a utilizar.
- MANTENIMIENTO. Se establecen plazos para la conservación de las instalaciones.

1.1.1. Prescripciones de comunidades autónomas

Además del CTE, que tiene ámbito nacional, en la mayoría de las comunidades autónomas tienen prescripciones técnicas particulares, que establecen criterios de diseño de las instalaciones, así como indicaciones de montaje de las mismas, y exigencias de los materiales y elementos que las componen, atendiendo a peculiaridades locales del suministro y otros aspectos.

Estas normas en ningún momento contradicen lo que dicta el CTE, que en cualquier caso tiene mayor rango legal, pero es conveniente estar al tanto de las mismas y conocerlas sobre todo cuando por razones profesionales cambiamos de comunidad autónoma.

1.1.2. Tipos y características

Los tipos de instalaciones de agua bajo presión podemos resumirlos en:

- De abastecimiento de agua fría de consumo humano (AFCH) y agua caliente sanitaria (ACS) a edificios de viviendas y establecimientos diversos.
- De servicios contraincendios.
- De riegos de parques y jardines.
- De instalaciones industriales.

1.1.2.1. De abastecimiento de AFCH y ACS

Son aquellas que tienen como objetivo dotar de suministro de agua potable a los edificios de viviendas en todas sus modalidades, así como a otros edificios de uso público como pueden ser cines, bares, restaurantes, grandes almacenes, etcétera.

Estas instalaciones proporcionan agua fría procedente del abastecimiento público para consumo humano (AFCH) tanto alimenticio como sanitario y es generalmente dentro de cada edificio, ya sea de forma centralizada o individual de cada vivienda o propiedad, donde se procede a calentarla utilizando diversos procedimientos para obtener el agua caliente sanitaria (ACS).

Para realizar estas instalaciones se utilizan tuberías de diversa naturaleza con accesorios apropiados y técnicas diferentes según el material utilizado. En general, van por patinillos al efecto o empotradas en las paredes adecuadamente protegidas.

El ACS se lleva desde el punto de producción (generalmente, una caldera de gas) hasta el punto de consumo en un circuito independiente del AFCH y paralelo a este.

EN DETALLE

Estas instalaciones son tratadas en profundidad en el Apartado 1.4.

1.1.2.2. De servicios contraincendios

Los sistemas de extinción de incendios son una expresión común para los sistemas que utilizan diferentes medios para sofocar o extinguir incendios en edificios. Los medios pueden ser:

- Gas y productos químicos.
- Espuma.
- Agua.

¡ATENCIÓN!

Los extintores son elementos importantísimos en la lucha contraincendios y, aunque no son objeto de este estudio, conviene saber que existen varios tipos, y cada uno de ellos está identificado para los diversos tipos de fuegos que puede apagar.

Sistemas de gas y productos químicos

- Sistemas que utilizan gases inertes como halones, dióxido de carbono, etcétera.
- Productos químicos: sistemas secos que utilizan bicarbonato de sodio, bicarbonato de potasio, fosfato de amonio, etc., y sistemas húmedos que utilizan diversas composiciones químicas propias.

Sistemas de espuma

Son aquellos donde se utilizan detergentes espumados añadidos al agua para extinguir incendios.

Sistemas de agua

Los sistemas de agua son los que afectan a esta especialidad. Son los más utilizados por ser el agua el agente extintor más económico. Las formas de organizar las instalaciones dependen del tipo de edificio o local donde se instalan, así como las características del riesgo en los mismos. Podemos agruparlas en dos tipos: **instalaciones semifijas** e **instalaciones fijas**.

- **Instalaciones semifijas**

  Columna seca: instalación formada por una canalización de acero, vacía, con bocas a diferentes alturas, con acoplamiento para manguera y toma de alimentación (Figura 1.1).

Figura 1.1. Toma para columna seca.

Figura 1.2. Hidrante exterior.

Bocas de incendios o hidrantes exteriores: bocas para la toma de agua, subterráneas o de superficie, con alimentación a través de una red de agua a presión, válvula de accionamiento manual y una o varias bocas con racores. Están ubicadas en las zonas urbanas atendidas por el servicio municipal de agua y a disposición de los servicios de bomberos con la finalidad de luchar contra el incendio desde el exterior o alimentar otras instalaciones (Figura 1.2).

Bocas de incendio equipadas o BIE: instalación formada por una conducción independiente de otros usos, siempre en carga, con bocas y equipos de manguera conexos en diferentes localizaciones (Figura 1.3).

Figura 1.3. Bocas de incendio equipadas.

- Instalaciones fijas

Sistemas de rociadores o *sprinklers*: son las instalaciones fijas automáticas más extendidas, porque, en cierta forma, engloban las tres etapas fundamentales de la lucha contra el fuego: detección, alarma y extinción.

La instalacion, conectada a una o más fuentes de alimentación, consta de una válvula de control general y de unas canalizaciones ramificadas, bajo carga, a las cuales se adosan unas válvulas de cierre, o cabezas rociadoras, llamadas «sprinklers», que se abren automáticamente al alcanzarse una determinada temperatura (Figura 1.4). En este sistema, un rociador típico entrega del orden de 80-160 l/min .

Figura 1.4. Rociadores automáticos.

Sistemas de agua pulverizada o nebulizada: en estas el agua, en forma pulverizada, se utiliza tanto en instalaciones semifijas como en instalaciones fijas, ya sean con accionamiento manual o automático, dotando a las lanzas o monitores de mecanismos susceptibles de transformar el agua a chorro en pulverizada (Figura 1.5). En estos sistemas de tuberías con boquillas de suministro de agua se alcanzan caudales generalmente inferiores a 200 l/min por boquilla y presiones de trabajo que varían según el sistema: entre 2-12 bar en pulverización convencional y hasta 120 bar en nebulización de alta presión.

Figura 1.5. Instalación de agua pulverizada.

1.1.2.3. Instalaciones de riego

Los sistemas de riego se utilizan para distribuir el agua a los cultivos, plantas o árboles garantizando que grandes extensiones de vegetación reciban suficiente agua, minimizando el esfuerzo humano, así como las pérdidas de recursos hídricos.

- Riego con aspersores.
- Riego con difusores.
- Riego por goteo.
- Riego subterráneo.
- Riego con cintas de exudación.
- Riego con microaspersores.

Riego por aspersión: es un sistema de irrigación muy efectivo que imita a la lluvia mediante un sistema de tuberías y pulverizadores, llamados aspersores. El agua se eleva mediante presión y luego cae en forma de gotas en el área específica que se desea regar. Es el método más utilizado en jardinería y es considerado el más perfecto simulador de lluvia, con la ventaja de poder controlar el tiempo de duración y la intensidad de riego (Figura 1.6).

Riego con difusores: englobamos dentro del término difusores a todos los emisores que distribuyen el agua con un sector fijo, en forma de gotas o de pequeños chorros, y que no disponen de elementos móviles.

Son aparatos idóneos para riego de zonas estrechas, así como para el riego de taludes, rocallas, macizos de flores, arbustos, etc. Dependiendo de la tobera que utilicemos, el alcance varía entre 1,5 y 4,5 m de radio, pudiéndose reducir dicho alcance cerrando un tornillo existente en la parte alta de la tobera del difusor. (Figura 1.7).

Figura 1.6. Riego por aspersores.

Figura 1.7. Difusor.

Riego por goteo: es un sistema de irrigación que consiste en proporcionar agua justo al pie de cada planta, en la zona de influencia de las raíces, por medio de un sistema de válvulas, tuberías y emisores. Este sistema permite que las plantas reciban el agua suficiente para que se desarrollen de manera óptima. Ha sido uno de los grandes avances en la agricultura, debido a que permite la utilización controlada del agua, sin desperdiciarla (Figura 1.8).

Riego subterráneo: es un sistema de riego que utiliza una red de tuberías para distribuir el agua filtrada y presurizada a las líneas emisoras que se encuentran bajo la superficie del terreno y junto a la línea de cultivo. Los emisores en línea aportan un caudal unitario por cada punto de emisión que suele estar comprendido en el intervalo 0,6-8 l/h (Figura 1.9).

Figura 1.8. Instalación de riego por goteo.

Figura 1.9. Instalación subterránea para viñas.

Riego con cintas de exudación: sistema de riego que consiste en la distribución de unas tuberías fabricadas en material poroso a lo largo de toda la superficie cultivada.

Conocidas también como tuberías porosas, están recomendadas para muchas plantas y especialmente para cultivos en línea en suelos arenosos, porque la humedad desprendida por las cintas mantiene el terreno siempre en óptimas condiciones (Figura 1.10).

Están confeccionadas en una membrana compuesta por microfibras entrecruzadas de polietileno, y una de sus principales ventajas es que no necesita grandes caudales de agua para funcionar, lo cual se refleja en el consumo y en la economía de este recurso.

Figura 1.10. Ejemplo de riego por exudación y tipo de tubería empleada.

Riego por microaspersión: se puede considerar como el resultado o híbrido de cruzar el sistema de riego por goteo con el sistema de riego por aspersión. Este sistema nace a causa de los problemas que presenta el riego por goteo en terrenos con textura arenosa, ya que en este tipo de suelos no se forma bien el bulbo de mojado característico de este sistema de riego.

Los sistemas de riego por microaspersión suministran el agua a los cultivos en forma de lluvia artificial. La aspersión se aplica generalmente en cada árbol. Los difusores de los microaspersores (Figura 1.11) tienen varias formas de asperjar el agua, como la lluvia en círculos o sectores de círculos, la nebulización y los chorros.

Figura 1.11. Detalle de microaspersor.

¡REFLEXIONA!

El uso eficiente del agua en la agricultura y en el riego doméstico debe ser una preocupación generalizada, debido a la escasez de lluvias y el abusivo despilfarro de este recurso capital en algunas anticuadas formas de riego como el llamado «a manta».

1.2. Sistema de saneamiento

Un sistema de saneamiento es un conjunto de infraestructuras, procesos y prácticas que gestionan las aguas residuales y los desechos de una comunidad con el objetivo de proteger la salud pública y el medio ambiente.

Los sistemas de saneamiento incluyen:

- **Captación:** recogida de las aguas residuales en el lugar donde se originan.
- **Almacenamiento:** almacenamiento de las aguas residuales.
- **Transporte:** transporte de las aguas residuales.
- **Tratamiento:** depuración de las aguas residuales.
- **Eliminación o reutilización:** vertido de las aguas residuales a un cauce receptor o reutilización de los nutrientes, el agua, la energía o la materia orgánica.

El sistema se inicia con la recogida de las aguas residuales provenientes del uso doméstico, comercial, industrial, sanitario o público, a través de la red de alcantarillado que gestiona cada municipio. El alcantarillado municipal conecta con la red de colectores encargados de transportar las aguas residuales y pluviales a las estaciones depuradoras. La red de colectores es también la principal infraestructura que permite evacuar las aguas pluviales y minimizar el riesgo de inundaciones.

1.2.1. Instalaciones de desagüe en viviendas

Las instalaciones de desagüe se rigen por la normativa recogida en la Exigencia Básica HS 5 del CTE, con el nombre Redes de evacuación.

Organización de las redes

Estas redes de evacuación forman parte del sistema de saneamiento que es el encargado a través de la red de alcantarillado público de conducir las aguas residuales hacia las estaciones depuradoras (EDAR), donde reciben el tratamiento adecuado antes de que se viertan en los ríos o cuencas fluviales.

La secuencia es la siguiente: los vertidos de los edificios se conducen a los pozos de registro o acometida a través de esta red de evacuación interior y de estos se llevan a la red de alcantarillado de carácter urbano, desde donde se canaliza hasta la EDAR en su caso, o en su defecto directamente su vertido a una corriente superficial.

1.2.2. Tipos y características de las aguas residuales

Al conjunto de aguas que vierten en la red de evacuación procedentes de los edificios de viviendas se clasifican en tres clases:

- Aguas residuales, grises o amarillas.
- Aguas fecales o negras.
- Aguas pluviales o blancas.

Aguas residuales o amarillas: son las que proceden del conjunto de aparatos sanitarios de la vivienda (fregaderos, lavabos, bidés, lavadoras, etc.). Son aguas con relativa suciedad y arrastran muchos elementos en disolución, así como grasas, jabones, detergentes, etcétera (Figura 1.12).

Figura 1.12. Evacuación de aguas amarillas de un lavabo a través de la válvula.

Aguas fecales o negras: son aquellas que arrastran materias fecales y orines procedentes de inodoros y placas turcas. Son aguas con alto contenido en bacterias y un elevado contenido en materias sólidas y elementos orgánicos (Figura 1.13).

Aguas pluviales o blancas: son las procedentes de la lluvia o de la nieve. Son aguas generalmente bastante limpias, contaminadas ocasionalmente con materias arrastradas de tejados, suelos, etcétera.

Generalmente, dependiendo del sistema de saneamiento, se conducen a través de bajantes de pluviales al sistema de alcantarillado y en ocasiones directamente al suelo (Figura 1.14).

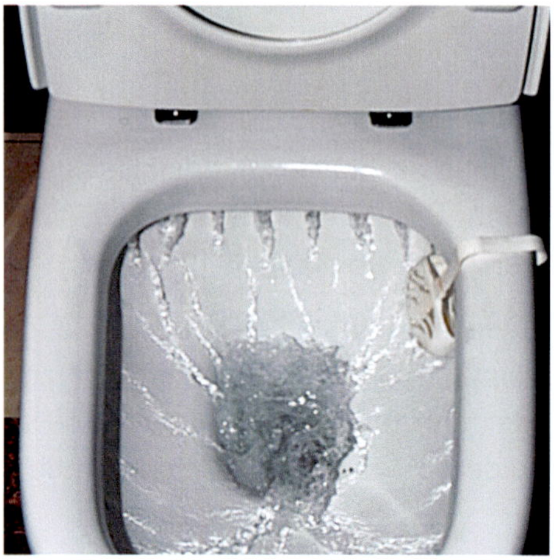

Figura 1.13. Aguas fecales o negras de un inodoro.

Figura 1.14. Aguas pluviales procedente de un tejado.

1.2.3. Partes principales de la red interior de evacuación

La red interior de evacuación de los edificios la dividiremos en dos grupos:

- La red de pequeña evacuación.
- La red de gran evacuación.

Red de pequeña evacuación

Parte de la red de evacuación que conduce los residuos desde los cierres hidráulicos (sifones individuales o botes sifónicos) de cada vivienda o suministro hasta las bajantes.

¡TOMA NOTA!

El manguetón que recoge las aguas negras de los inodoros no se considera pequeña evacuación y va directamente a las bajantes.

Red de gran evacuación

Es el conjunto de conducciones, accesorios y uniones utilizado para recoger las aguas de la pequeña evacuación y los inodoros, y conducirlas hasta el alcantarillado.

Estas conducciones están compuestas de los siguientes elementos:

- Bajantes.
- Colectores.
- Arquetas.

EN DETALLE

Estas instalaciones son tratadas en profundidad en el Apartado 1.4.

1.3. Instalaciones de recogida de aguas pluviales

1.3.1. Recogida de aguas pluviales

En la actualidad, es habitual que en nuestras viviendas se utilicen los tejados para la recogida de aguas pluviales (de lluvia) y viertan estas aguas directamente al alcantarillado y a las depuradoras (donde las hay) mezclándola con las aguas residuales y depurándolas a la vez sin necesidad, con unos costes altísimos. Al mismo tiempo en nuestros edificios de viviendas utilizamos para regar nuestros jardines agua de la red potabilizada, igualmente con unos costes de potabilización importantes.

El agua potable es un agua de gran calidad, y para muchos usos domésticos se podría sustituir por el agua pluvial, como, por ejemplo, para los inodoros, o en la lavadora y el lavavajillas con la ventaja añadida de que al ser agua mucho más blanda que la del suministro el ahorro en detergente sería considerable.

La exagerada extracción de agua es un tema de preocupación constante en toda España, ya que la salinización de los pozos de la zona mediterránea es bien conocida, y de difícil solución. Capitales importantes, como Barcelona, están sufriendo una alta salinización del agua de consumo. Prácticamente en todos los países se están secando fuentes, arroyos y praderas, se mueren bosques y las casas se agrietan, como consecuencia de la drástica disminución de agua en las capas freáticas.

Si a esto añadimos que la mitad de los gastos para la canalización de aguas residuales se deriva de la canalización del agua de lluvia, debido a la enorme edificación de las ciudades: casas, fábricas, calles, etc., después de cada tormenta fluye un inmenso aluvión de agua hacia las depuradoras. En consecuencia, hay que gastar enormes cantidades de dinero para grandes alcantarillados o pozos de retención.

En este punto cabe destacar que las cisternas particulares podrían aliviar de manera importante las depuradoras.

En resumen, si aprovecháramos el agua de lluvia se podrían llegar a sustituir, en un hogar medio, 50 000 litros anuales de agua potable por agua de lluvia. Esto supone una importante contribución a la sostenibilidad de nuestro hábitat. Parece llegado el momento de plantearnos un nuevo consumo, más racional, más inteligente, más solidario (Figura 1.15).

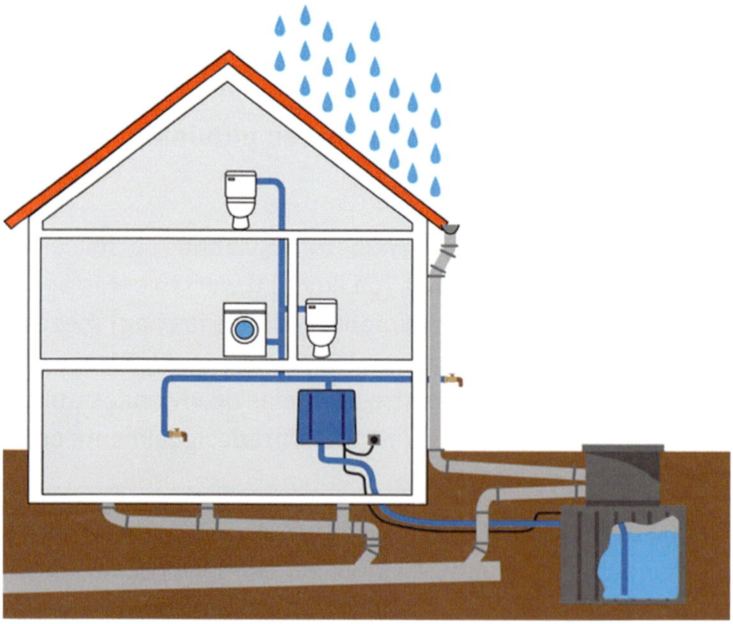

Figura 1.15. Esquema de una vivienda unifamiliar con recogida de pluviales.

Las instalaciones de recogida de aguas pluviales existentes consisten básicamente en la canalización del agua del tejado de la cubierta. Una buena instalación de recogida de agua debe ser sencilla y requerir el mínimo mantenimiento.

Además, se deben evitar factores que puedan alterar la calidad de nuestra agua almacenada como son:

- La suciedad.
- La luz.
- El exceso de calor.

La condición previa para que una instalación funcione bien es una buena planificación, y la selección cuidadosa de los diferentes elementos constructivos. Un punto importante que deben tener en cuenta tanto los propietarios como los técnicos de la construcción es decidir el lugar de recogida de dicha agua pluvial:

- Los techos verdes y superficies de patios no son idóneos, porque conllevan demasiada biomasa.
- Techos de tela asfáltica tiñen el agua de amarillo.
- Techos de fibrocemento (uralita) desprenden fibras de amianto.
- Cualquier otro tipo de cubierta es apto.

¡OJO CON ESTO!

Los materiales a base de fibrocemento (uralita) están prohibidos desde el 15 de diciembre de 2002.

1.3.2. Elementos de la instalación

1.3.2.1. Bajantes

Es la primera conducción por donde circulará el agua recogida, por lo que es conveniente que el punto de captación, que suele ser una caldereta o sumidero, esté dotada de una rejilla que impida que las hojas y desechos sólidos se incorporen al caudal (Figura 1.16).

Figura 1.16. Caldereta con rejilla de entrada a bajante.

1.3.2.2. Filtro

Un buen filtro colocado delante de la entrada del depósito es imprescindible para evitar suciedades y elementos no deseados. Elimina las partículas de mayor tamaño para evitar que se depositen en el depósito (Figura 1.17). Debe llevar registro para su limpieza periódica y estar conectado a la red de desagüe. Si el agua es recogida sin un filtro, no se debe utilizar para las instalaciones de dentro de las casas, en todo caso podrían servir para el riego del jardín o la huerta.

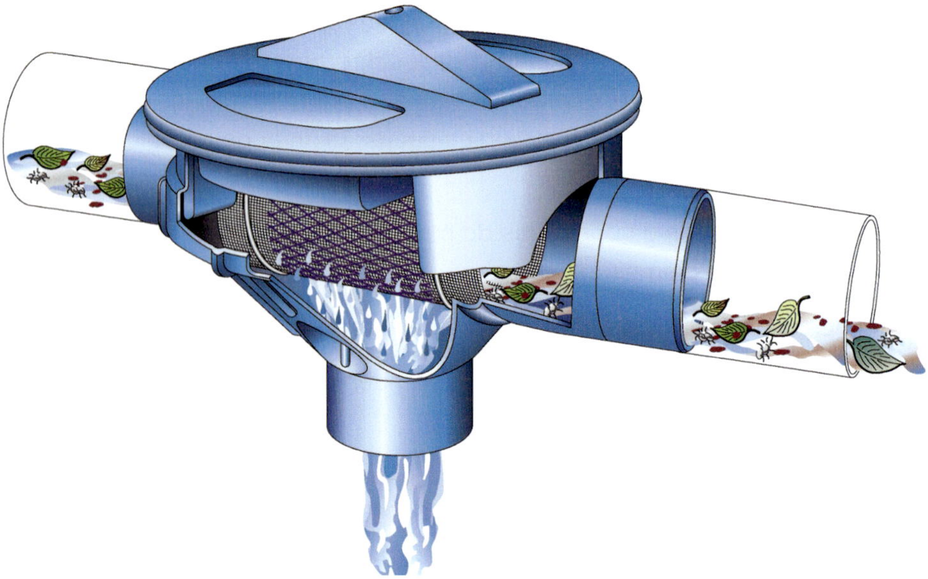

Figura 1.17. Filtro eliminador de partículas grandes.

Hay instalaciones que pueden incorporar antes del filtro un sistema que permite rechazar los primeros litros en las primeras lluvias de la temporada que se recogen, es lo que se dice lavado de cubierta.

1.3.2.3. Depósito

Es el recipiente para almacenar el agua ya filtrada, debe estar enterrado aunque puede ser de superficie, pero deben evitar la aparición de algas y bacterias.

1. En el caso de viviendas de nueva edificación, se recomienda un depósito enterrado (Figura 1.18), ya que la temperatura de almacenamiento ideal es por debajo de 12 ºC y con esta disposición se consigue fácilmente mantener esta temperatura. Ubicar bien el depósito al comienzo de la obra nos permitirá reducir costes y aumentar la calidad de la instalación.

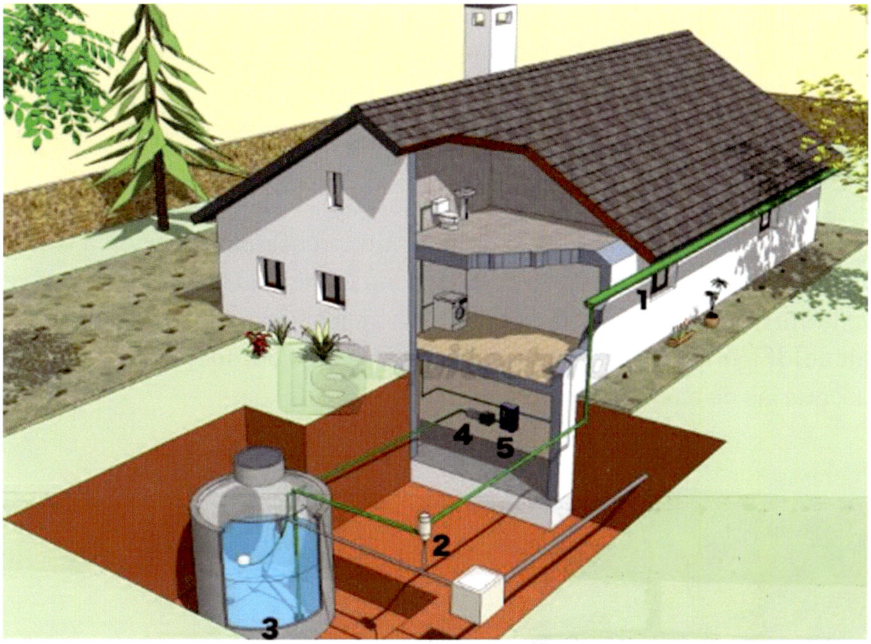

Figura 1.18. Vivienda unifamiliar nueva con sistema de recogida de pluviales con depósito enterrado.

2. En el caso de instalar un sistema de recogida de agua pluvial en una vivienda ya construida, se aconseja utilizar depósitos de polietileno en el sótano (Figura 1.19). Los más convenientes son de formas delgadas y altas, porque el rebosadero tiene que estar encima de la altura del reflujo de la alcantarilla. Un material respetuoso con el medio ambiente es el polietileno reciclado. No se recomiendan, por razones ecológicas, los depósitos de PVC o los plásticos reforzados con fibra de vidrio. El depósito, en ningún caso, debería dejar pasar la luz, ya que esta podría producir crecimiento de algas. Es importante considerar la ubicación del mismo, ya que situarlo cerca de fuentes de calor (calefacción, caldera, etc.) aumentaría considerablemente el riesgo de proliferación de bacterias, de manera descontrolada.

Figura 1.19. Depósito pequeño de agua para uso doméstico en el sótano de casa unifamiliar ya construida.

Se pueden incorporar sensores de nivel, un sistema de aspiración flotante que recoja el agua 15 cm por debajo del nivel superior para evitar las partículas flotantes y un sifón de aliviadero, antirroedores (Figura 1.20).

1.3.2.4. Bomba

Es el elemento más importante de la instalación. Debemos elegir aquella que sea más adecuada para nuestra instalación, prestando atención a la potencia y a la calidad. Una buena elección es una bomba no sobredimensionada y resistente al agua. Las mejores para esta aplicación son las de plástico (polietileno) (Figura 1.21), económicas y mucho más duraderas en este tipo de agua, que las de acero inoxidable.

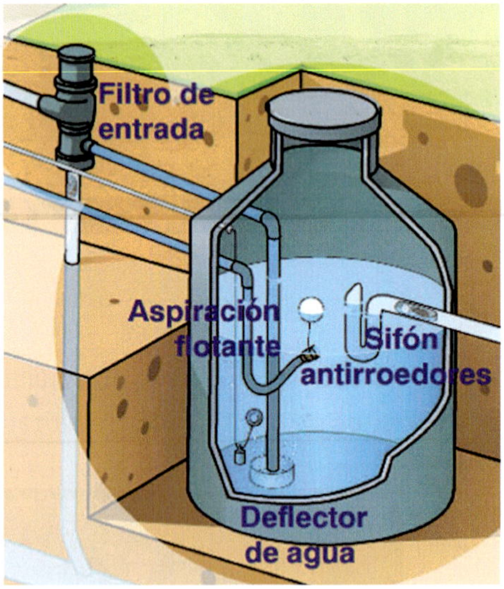

Figura 1.20. Detalle de disposición de elementos en el depósito.

Figura 1.21. Bomba para aguas pluviales.

1.3.2.5. Tuberías

La normativa es menos estricta que para el agua potable, por lo que pueden ser empleadas de plástico (se recomienda el polietileno).

El agua de lluvia, al ser blanda, no las agrede. La llave principal se ubicará en el sótano, y conviene diferenciar cada toma por su procedencia, indicando «aguas pluviales».

1.3.2.6. Sistema de gestión y control

Es un equipo importante que nos dará información de la reserva del agua de lluvia que hay en el depósito.

1.4. Partes de las instalaciones

Como partes de las instalaciones debemos entender los tramos o secciones que las componen, pero esa clasificación depende del tipo de instalación de la que estamos tratando, por lo que parece obligado, en primer lugar, clasificar las dos más importantes para el oficio de fontanero porque son las más abundantes y a las que se dedica gran parte de estos profesionales, estas son las de abastecimiento y las de evacuación de las viviendas.

1.4.1. Instalaciones de abastecimiento a viviendas

Redes de distribución urbana

La distribución a las poblaciones es una tarea compleja debido a que hay que simultanear las redes antiguas realizadas con materiales diferentes, diámetros pensados para unos consumos menores e incluso criterios técnicos anticuados en algunos aspectos.

Los sistemas de distribución en las poblaciones pueden utilizar tres tipos de redes.

- Red ramificada.
- Red mallada.
- Red mixta.

1.4.1.1. Red ramificada

Las redes de distribución ramificadas tienen como característica que el agua discurre siempre en el mismo sentido (Figura 1.22).

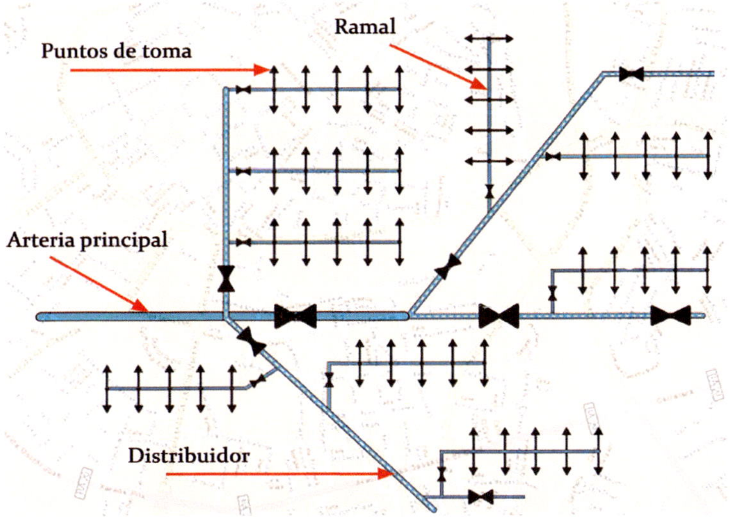

Figura 1.22. Esquema de red ramificada.

Las redes ramificadas se componen esencialmente de tuberías primarias, las cuales se ramifican en conducciones secundarias y estas, a su vez, se ramifican también en ramales terciarios. En este tipo de red los diámetros van disminuyendo a medida que se alejan de la arteria principal.

Tienen la ventaja de formar el sistema más sencillo de calcular, ya que al estar definido el sentido de circulación del agua, puede precisarse con exactitud el caudal que circulará por cada tubería, lo cual facilita enormemente el cálculo de los diámetros.

Tienen el inconveniente de que en caso de avería inutilizan la red situada a continuación, y además en los finales de las tuberías se producen estancamientos que alteran las condiciones organolépticas del agua, por lo que no es aconsejable su utilización.

Las redes ramificadas deben ser utilizadas en núcleos urbanos de 1000 habitantes como máximo y de configuración urbana lineal.

1.4.1.2. Red mallada o reticular

En esta configuración, las tuberías principales se comunican unas con otras, formando circuitos cerrados y se caracterizan por el hecho de que la alimentación de las tuberías puede efectuarse por sus dos extremos indistintamente. Las redes de distribución ramificadas tienen como característica que el agua discurre siempre en el mismo sentido (Figura 1.23). Tienen la ventaja de que si están bien diseñadas y dotadas de válvulas bien distribuidas, en caso de avería, se pueden aislar o sectorizar determinadas zonas para garantizar el suministro por otras vías. Están mejor equilibradas hidráulicamente con una

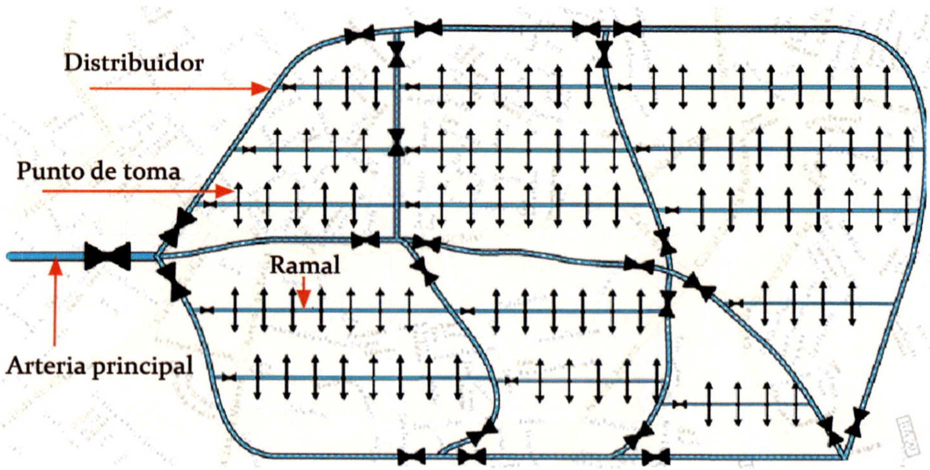

Figura 1.23. Red mallada.

mejor repartición de la presión y se consigue un servicio efectivo y gran agilidad de maniobra. También se consigue una total movilidad del agua, con lo que se evitan los estancamientos. Tiene el inconveniente de que para el cálculo de la red es necesario establecer, hipotéticamente y de antemano, el sentido en el que circulará el agua. Asimismo, este sistema resulta más caro que el anterior.

1.4.1.3. Red mixta

Es evidente que también puede adoptarse un sistema mixto, de forma que se distribuya en malla en el centro de la población y ramificada para los barrios extremos. Las redes de distribución ramificadas tienen como característica que el agua discurre siempre en el mismo sentido (Figura 1.24).

En este sistema, como es fácil de deducir, se conjugan los dos sistemas anteriores, así como sus ventajas e inconvenientes.

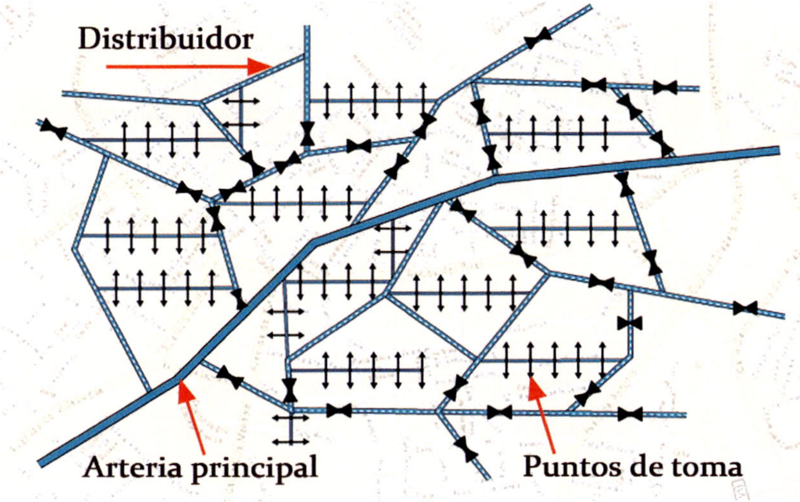

Figura 1.24. Red de distribución mixta.

1.4.2. Organización de las instalaciones, puntos de toma

La organización de las instalaciones comienza en los puntos de toma. Estas tomas se hacen sobre las tuberías secundarias de la red de distribución que discurren generalmente por las aceras o en las propias calzadas de las vías urbanas. La configuración en la distribución de abastecimiento urbano es muy variable dependiendo de las localidades.

La instalación que estudiaremos a continuación es la que se realiza en los edificios de viviendas convencionales. Para otros tipos de suministros, como chalés, casas tipo adosadas y otras de carácter individual, los trazados que se deben adoptar difieren de esta propuesta en algunos de sus elementos, como el tubo de alimentación, el distribuidor principal y las ascendentes, ya que en muchos casos no son necesarios.

Los puntos de toma están constituidos por una serie de elementos que conforman lo que llamamos acometida.

1.4.2.1. Acometida

La acometida es el inicio del suministro a los usuarios o abonados tanto si se abastecen con instalaciones individuales (casas adosadas, chalés, establecimientos comerciales, etc.) o bien a través de instalaciones colectivas dentro de los edificios (Figura 1.25).

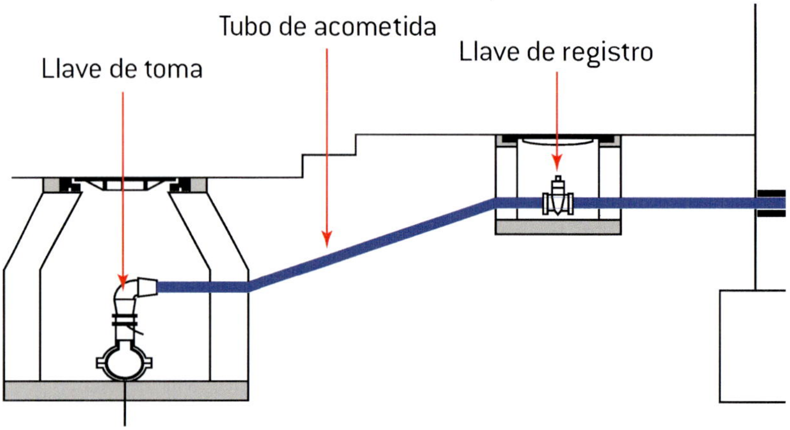

Figura 1.25. Esquema de una acometida.

Llave de toma

Esta llave se injerta en la red secundaria de abastecimiento, para lo cual se utilizan llaves o válvulas especiales montadas sobre una brida que abraza la tubería de la red. A veces hay que montar la llave sin cortar el flujo de agua de la red (Figura 1.25).

Tubo de acometida

Es el tramo de tubería que enlaza la llave de toma con la llave de corte general o llave de registro. Actualmente se suele realizar con tubería de polietileno (Figura 1.25).

Llave de corte (de registro)

Esta llave, por lo general, la monta la compañía distribuidora en la acera en una cámara en el suelo con llave de cuadradillo que solo puede manipular personal de la entidad responsable del abastecimiento (Figura 1.25).

Captaciones privadas

En las captaciones privadas, la disposición de los elementos citados es muy variable dependiendo de la configuración de la propia captación, pero todas deben incorporar válvula de pie, que es una válvula de retención que impide que el agua retorne al pozo y deje la instalación descargada y a su vez mantenga llena la tubería de aspiración de la bomba para evitar el descebado, para que en el momento de arranque de la bomba no trabaje en vacío, y por último, las llaves citadas que sirven para controlar los flujos de agua por la instalación.

1.4.2.2. Instalación general

Instalación general

A continuación de la acometida y enlazada con esta, comienza la instalación general, que es el conjunto de elementos que conforman la instalación común a todos los abonados de un mismo edificio. En los casos de instalaciones individuales tipo chalés esta instalación general se corresponde con la instalación individual, particular o interior.

Es el conjunto de tuberías y elementos de control y regulación que enlazan la acometida con las instalaciones interiores particulares y las derivaciones colectivas.

Esta instalación general consta de los elementos siguientes:

- Armario o arqueta del contador general.
- Llave de corte general.
- Filtro de la instalación general.
- Tubo de alimentación.
- Distribuidor principal.
- Contadores divisionarios.
- Ascendentes o montantes.

Armario o arqueta del contador general

En este armario o arqueta se alojarán los elementos de control y medición, y consta de los siguientes por estricto orden de colocación (Figura 1.26).

- Llave de corte general.
- Filtro del tipo Y.
- Contador general.

- Grifo o racor de prueba.
- Válvula de retención.
- Llave de salida.

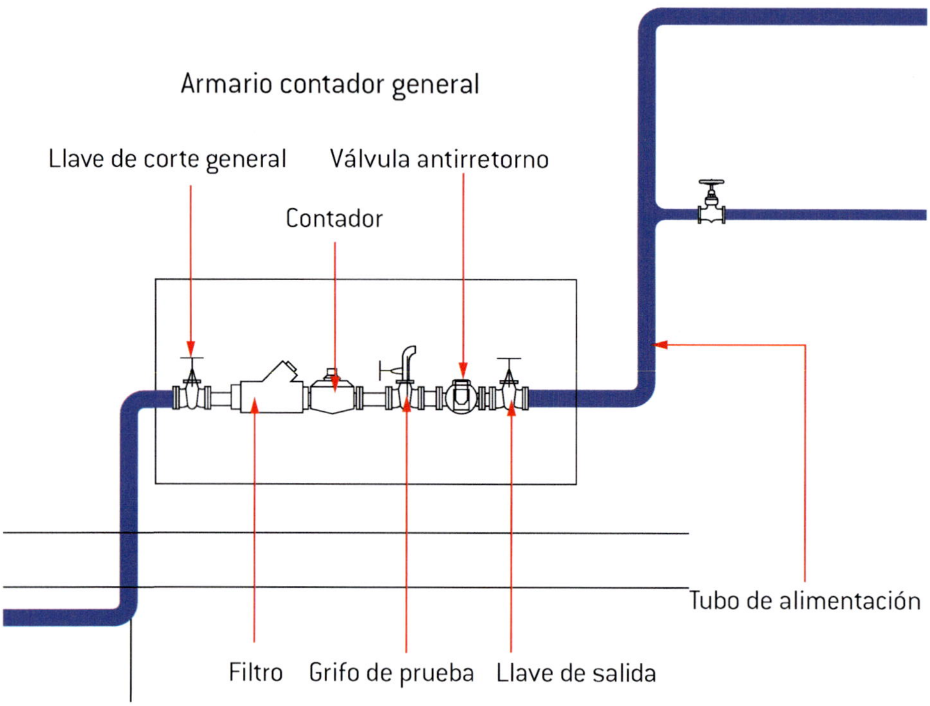

Figura 1.26. Elementos dentro del armario de contador general.

Todos estos elementos van alojados en el **armario**, cuando va colocado en la pared, o en una **cámara**, cuando va colocada en el suelo. Las dimensiones de ambos están normalizadas y dependen del diámetro del contador general que alojan.

Tabla 1.1. Dimensiones del armario y cámara según diámetros del contador general

Normativa CTE - HS 4 3.2.1.2.3.											
Dimensiones en mm	Diámetro nominal del contador en mm										
	Armario					Cámara					
	15	20	25	32	40	50	65	80	100	125	150
Largo	600	600	900	900	1300	2100	2100	2200	2500	3000	3000
Ancho	500	500	500	500	600	700	700	800	800	800	800
Alto	200	200	300	300	500	700	700	800	900	1000	1000

Llave de corte general

La llave de corte general servirá para interrumpir el suministro al edificio, y estará situada dentro de la propiedad, en una zona de uso común, accesible para su manipulación y señalada adecuadamente para permitir su identificación. Si se dispone armario o arqueta del contador general, debe alojarse en su interior.

Filtro de la instalación general

El filtro de la instalación general debe retener los residuos del agua que puedan dar lugar a corrosiones en las canalizaciones metálicas. Se instalará a continuación de la llave de corte general. Si se dispone de armario o arqueta del contador general, debe alojarse en su interior. El filtro debe ser de tipo Y (Figura 1.27) con un umbral de filtrado comprendido entre 25 y 50 µm (micras), con malla de acero inoxidable y baño de plata, para evitar la formación de bacterias y autolimpiable.

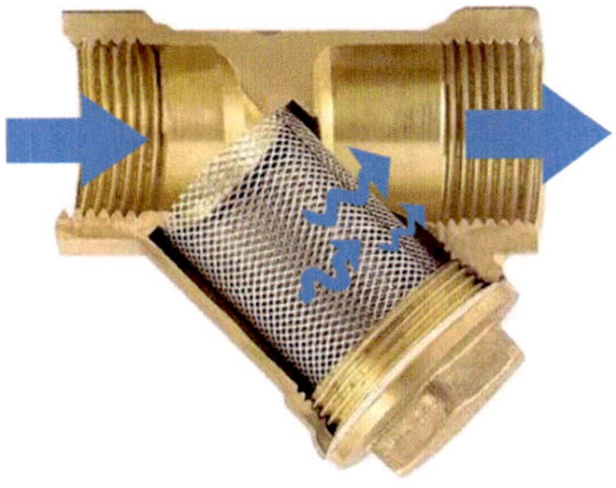

Figura 1.27. Filtro en Y.

Contador general

El contador que se aloja en el armario es el contador general, que es el que mide el consumo total del punto de suministro.

Hay de muchos tipos de contadores, subdivididos en dos grandes grupos: mecánicos y no mecánicos.

Los mecánicos: son aparatos de medida integradores que determinan de manera continua el agua que pasa por ellos. Según el procedimiento de medición se subdividen en:

- Chorro único.
- Chorro múltiple.
- Volumétrico.
- Wolkman.
- Tangencial.
- De disco nutante.

Los no mecánicos: en estos la velocidad del agua se deduce mediante otros procedimientos que no tienen que ver con el impacto del agua sobre un elemento móvil. En estos siempre intervienen equipos electrónicos que convierten una señal (electromagnética, ultrasonidos, etc.) en señal de caudal (caudalímetros).

El contador general suele ser de disco nutante, de desplazamiento positivo y muy popular en cualquier vivienda española. Su funcionamiento está realizado por un disco oscilante, es necesario instalar filtros en la zona superior porque les afectan las partículas en suspensión (Figura 1.28).

Figura 1.28. Contador general.

Grifo o racor de prueba

Es una simple válvula que nos permite comprobar el caudal circulante por la tubería. Se utiliza para, en caso de reclamación de anomalías en la medición del contador, poder comprobar con una probeta de medición la exactitud o deficiencia del contador (Figura 1.29).

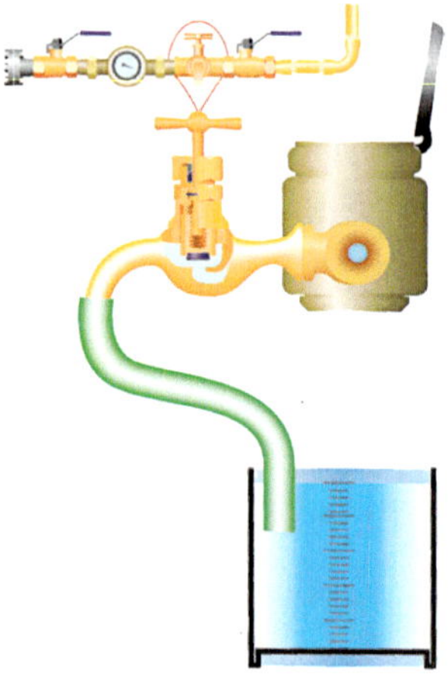

Figura 1.29. Grifo de prueba y cubeta homologada.

Válvula de retención

Son dispositivos que solo dejan circular el caudal en un sentido, impidiéndolo en el contrario.

En el inicio de la instalación estas válvulas sirven para evitar que las aguas ya utilizadas en los puntos de consumo puedan volver a la red, ocasionando problemas sanitarios. Aunque hay muchos tipos se suelen poner las de pistón (Figura 1.30).

Figura 1.30. Válvula de retención de pistón.

Llave de salida

Es la llave que ocupa el último lugar en el montaje y junto con la llave de corte general nos permite interrumpir el suministro al edificio y a la vez servirán para el montaje y desmontaje del contador (Figura 1.26).

Tubo de alimentación

Es el tramo de conducción que lleva el agua desde el armario del contador hasta el distribuidor principal (Figura 1.26).

Sobre este tubo se monta, en las instalaciones que lo incluye, el grupo de sobreelevación.

Normativa CTE - HS 4 3.2.1.2.4.
El trazado del tubo de alimentación debe realizarse por zonas de uso común. En caso de ir empotrado deben disponerse registros para su inspección y control de fugas, al menos en sus extremos y en los cambios de dirección.

Distribuidor principal

Este tramo lo conforma la tubería que distribuye el agua desde el grupo de sobreelevación hasta el inicio de los ascendentes o montantes colectivos. Este distribuidor se puede configurar de dos formas: en anillo (obligatorio en instalaciones de edificios de uso sanitario) o abierto (Figura 1.31).

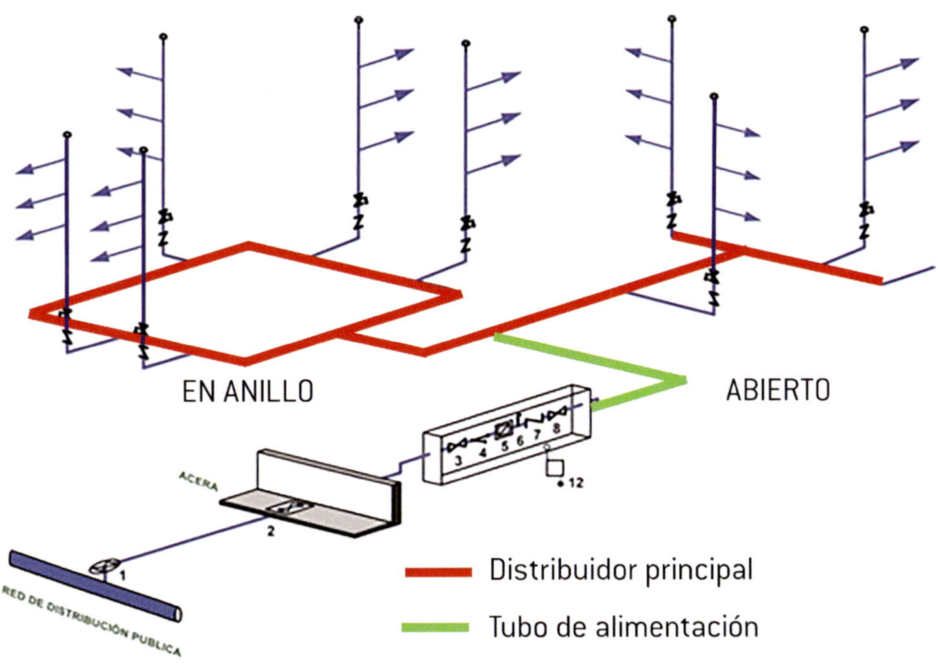

Figura 1.31. Distribución en anillo y abierta.

¡OJO CON ESTO!

En algunas instalaciones, dependiendo del esquema adoptado, es difícil precisar dónde empieza y acaba este tramo; por ejemplo, en caso de no montar grupo de sobreelevacion y hacer la distribución con sistema abierto, ya que en este caso es el propio tubo de alimentación el que cumple los dos cometidos (véanse Esquemas 1.1, 1.2, 1.3 y 1.4, en páginas 36, 37, 38 y 39).

Normativa CTE - HS 4 3.2.1.2.5

El trazado del distribuidor principal debe realizarse por zonas de uso común. En caso de ir empotrado deben disponerse registros para su inspección y control de fugas, al menos en sus extremos y en los cambios de dirección.

Debe adoptarse la solución de distribuidor en anillo en edificios tales como los de uso sanitario, en los que en caso de avería o reforma el suministro interior deba quedar garantizado.

Deben disponerse llaves de corte en todas las derivaciones, de tal forma que en caso de avería en cualquier punto no deba interrumpirse todo el suministro.

Grupos de sobreelevación

Los grupos de sobreelevación, también llamados grupos de presión, son los elementos de la instalación encargados de proporcionar caudal de agua cuando la red no es capaz de hacerlo por sí misma.

Las situaciones de deficiencia más usuales son:

- Cuando la red de abastecimiento público, que funciona por gravedad, no dispone de la capacidad suficiente para elevar el agua hasta las plantas más altas de los edificios.
- Cuando, en las captaciones particulares de pozos, el sistema de bombeo es insuficiente.

¡OJO CON ESTO!

En ambas situaciones lo que realmente ocurre es que no llega caudal suficiente a los puntos de consumo, lo llamamos habitualmente falta de presión, pero ya sabemos que por los grifos lo que sale es caudal, no presión.

En estos casos la normativa prevé que se ha de dotar a dichas instalaciones de un grupo autónomo que proporcione el caudal necesario para que en los puntos de consumo dispongamos de una presión mínima de 100 kPa y máxima de 500 kPa (no precisa la norma si esta presión es estática o dinámica, y es importante porque hay una gran diferencia entre ambas). Debe entenderse que se refiere a la presión estática, porque la dinámica es la que marca el manómetro cuando uno o varios grifos están abiertos, y este valor varía lógicamente dependiendo del número de salidas abiertas.

En el caso de que la presión disponible en el punto de consumo fuera inferior a la presión mínima exigida, sería necesaria la instalación de un grupo de presión.

Además de en esta situación, hay comunidades autónomas, como la de Madrid, en las que es obligatorio instalar grupo de elevación en determinadas circunstancias.

Normativa de la Comunidad de Madrid

Prescripciones de carácter general

Es obligatorio, con carácter general:

- Colocar grupo de sobreelevación en todos los inmuebles a partir de dos alturas, excepto en viviendas unifamiliares o en aquellas que la entidad suministradora garantice la presión en la red general.
- Habrá como mínimo un grupo de presión por cada 60 suministros o fracción.
- En el caso de instalar un grupo de sobreelevación se deberá colocar un dispositivo que permita el aprovechamiento de la presión de la red cuando esta sea suficiente baipás.
- Dotar de dispositivo automático que garantice la renovación del agua almacenada en los depósitos reguladores, al menos dos veces cada veinticuatro horas (reloj programador con válvula solenoide o válvula de tres vías).

El CTE contempla, para cubrir las diversas situaciones que se dan en las instalaciones, el montaje de dos tipos de grupo diferentes: los grupos convencionales y los de accionamiento regulable o de caudal variable.

Sistemas de sobreelevación: grupos de presión

El sistema de sobreelevación debe diseñarse de tal manera que se pueda suministrar a zonas del edificio alimentables con presión de red, sin necesidad de la puesta en marcha del grupo.

El grupo de presión debe ser de alguno de los dos tipos siguientes:

a) Convencional (Figura 1.32), que contará con:

- Depósito auxiliar de alimentación, que evite la toma de agua directa por el equipo de bombeo.
- Equipo de bombeo, compuesto, como mínimo, de dos bombas de iguales prestaciones y funcionamiento alterno, montadas en paralelo.
- Depósitos de presión con membrana, conectados a dispositivos suficientes de valoración de los parámetros de presión de la instalación, para su puesta en marcha y parada automáticas.

b) De accionamiento regulable, también llamados de caudal variable, que podrá prescindir del depósito auxiliar de alimentación y contará con un variador de frecuencia que accionará las bombas manteniendo constante la presión de salida, independientemente del caudal solicitado o disponible. Una de las bombas mantendrá la parte de caudal necesario para el mantenimiento de la presión adecuada.

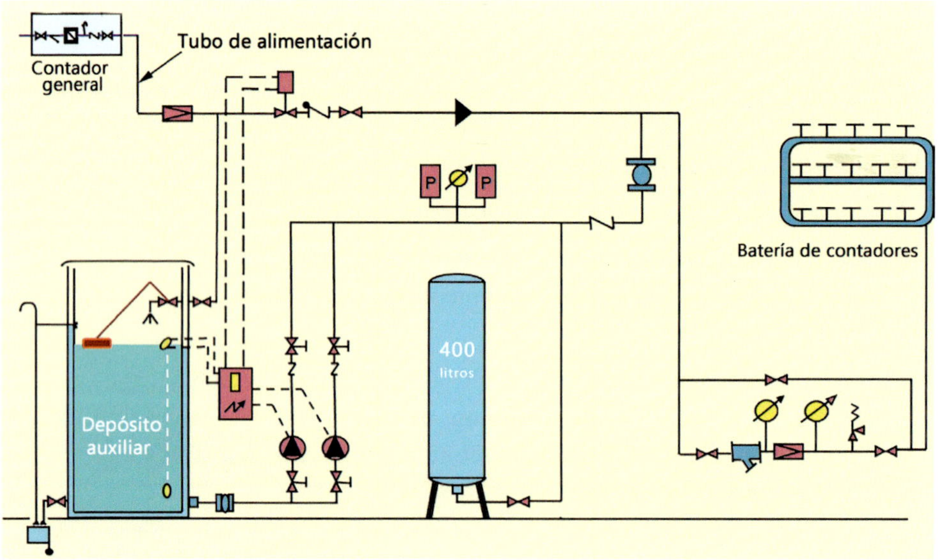

Figura 1.32. Esquema de instalación de un grupo de sobreelevación convencional.

Los grupos de elevación de tipo convencional están constituidos por un depósito auxiliar de alimentación o aljibe donde se acumula agua en una cantidad proporcional al caudal simultáneo máximo que se debe suministrar y el tiempo de utilización, según la expresión:

$$V = Q \times t \times 60$$

Donde:

V = es el volumen del depósito (litros).

Q = es el caudal máximo simultáneo (litros/s).

t = es el tiempo estimado (de 15 a 20 min).

El caudal simultáneo máximo es el que, en una hora punta de máximo consumo, se está utilizando simultáneamente por todos los abonados de un edificio o suministro cualquiera.

Este depósito es necesario, ya que las bombas no pueden conectarse directamente a las tuberías de suministro porque cuando entran en funcionamiento producen una succión importante que expone a la red al fenómeno de los retornos de aguas utilizadas y además desestabiliza el abastecimiento a otros usuarios de la misma. El depósito mantiene un nivel máximo gobernado por algún sistema de regulación como una boya o mejor una válvula pilotada por sonda de nivel.

A continuación, tienen un equipo de bombeo compuesto por dos bombas, como mínimo, como establece la norma.

Y por último, un depósito de presión conectado, en paralelo, con el colector de salida de bombas con un dispositivo electromecánico de control de puesta en marcha y parada de las bombas, utilizando la presión como señal de activación, llamado presostato.

El depósito de presión tiene el cometido de estabilizar la presión reinante en el circuito de salida, que es el que abastece a los abonados, para evitar arranques y paradas muy seguidas de las bombas con el consiguiente desgaste y deterioro.

Funcionamiento del grupo convencional

El grupo siempre está instalado en baipás con el tubo de alimentación del edificio porque siempre que haya presión de red debe prevalecer esta para ahorrar energía.

Cuando el valor de la presión en la red disminuya hasta un valor mínimo establecido o se interrumpa el suministro por avería o cualquier otra contingencia, será cuando una válvula solenoide instalada en el tubo de alimentación detecte esta situación y ponga las bombas en marcha.

En esta situación en la que en un momento dado el grupo se activa y está enviando un caudal, por ejemplo, de 60 l/s, y se están consumiendo 20 l/s, es evidente que sobran 40 l/s que al no poder salir van a generar una presión en la instalación de más o menos 3 bar, esta situación se mantendría así eternamente, pero como el consumo es intermitente, estas bajadas y subidas en el consumo van a hacer que la presión reinante fluctúe instantáneamente cuando se abren y cierran los grifos obligando al presostato, que las detecta, a arrancar y parar las bombas a cada oscilación entre la máxima y mínima a la que esté tarado. Pues bien, si en el mismo circuito ponemos un depósito de membrana, cargado con aire por un lado de la misma, cuando sube la presión del agua este aire se comprime acumulando esa energía, que irá cediendo ante las oscilaciones de presión del circuito consiguiendo retrasar y armonizar el funcionamiento del sistema y, por lo tanto, del presostato y, en consecuencia, del caudal que sale por los grifos en los que no se notarán excesivamente las referidas oscilaciones.

Pero como podría darse el caso (y se da con mucha frecuencia) de que la presión de la red se mantenga mucho tiempo sin alteraciones significativas, las bombas no se ponen en marcha nunca y el agua acumulada desde el depósito auxiliar hasta el colector de salida se estancaría perdiendo las condiciones sanitarias mínimas exigibles, por ello hay que dotar al sistema de un dispositivo que ponga el grupo en funcionamiento diariamente durante el tiempo necesario para renovar el agua. En la Comunidad de Madrid, dos veces cada 24 horas (véase recuadro anterior).

Funcionamiento del grupo de accionamiento regulable

En estos grupos se puede prescindir del depósito auxiliar y, a diferencia del anterior, aquí se instala un variador de frecuencia (dispositivo electrónico que tiene la capacidad de proporcionar una corriente regulada a las bombas para hacerlas girar a velocidad variable) que recibe la señal de un transductor (detector de presión).

Cuando la presión del circuito de suministro fluctúa, este variador en consonancia con la señal de presión reinante recibida proporciona una corriente que determina la velocidad requerida para esa situación en las bombas, consiguiendo prácticamente restaurar el caudal que se está utilizando en cada momento y, por lo tanto, manteniendo la presión estable o armonizada continuamente. Es decir, que mantienen la presión independientemente del caudal solicitado o disponible. También equipan un depósito de presión para obtener mayor estabilidad, pero de tamaño muy reducido en comparación con los grupos convencionales, ya que aquí prácticamente no son necesarios.

Estos grupos son aparatos complejos y sensibles que requieren conocimientos específicos tanto para su montaje como para su mantenimiento, conocimientos que sobrepasan las pretensiones pedagógicas de este libro.

¡REFLEXIONA!

Estos grupos de sobreelevación: son caros, complejos, consumen mucha energía, hacen ruido y a veces son innecesarios. Se instalan por decisiones de juntas de vecinos sin mucho criterio, intereses empresariales y por dar cumplimiento a una norma algo estricta que podría perfectamente ser revisada.

Baterías de contadores

El Canal de Isabel II define la batería como: «un conjunto de contadores que son abastecidos por una misma acometida». De esta batería se derivan las tomas individuales para cada vivienda o local del edificio y su finalidad es controlar los consumos individuales por separado.

Está constituida por dos o tres tubos horizontales donde se embridan los contadores mediante zapatas con tornillos. Las hay de varias formas y en diferentes materiales. Las más antiguas aún son de acero galvanizado, pero actualmente suelen ser de polipropileno (Figura 1.33).

En la Comunidad de Madrid se le concede mucha importancia a este sistema de medición, hasta el punto de que en su normativa específica dedica gran parte de la misma a establecer las normas de su funcionamiento y pormenores de instalación.

Figura 1.33. Batería de contadores divisionarios.

Ascendentes o montantes

Son las tuberías que elevan el agua hacia todas las viviendas (Figura 1.34). Actualmente, debido a la contabilización individual de los consumos por medio de contadores individuales (divisionarios), estas tuberías, en la mayoría de los casos, son individuales para cada abonado. Pero en muchos edificios de construcción antigua son colectivas, distribuyendo en cada planta por medio de ramales individuales a cada abonado.

Figura 1.34. Ascendentes partiendo de la batería de contadores divisionarios.

Normativa CTE - HS 4 - 3.2.1.2.6

Las ascendentes o montantes deben discurrir por zonas de uso común del mismo.

Deben ir alojadas en recintos o huecos, construidos a tal fin. Dichos recintos o huecos, que podrán ser de uso compartido solamente con otras instalaciones de agua del edificio, deben ser registrables y tener las dimensiones suficientes para que puedan realizarse las operaciones de mantenimiento.

Las ascendentes deben disponer en su base de una válvula de retención, una llave de corte para las operaciones de mantenimiento[1] y de una llave de paso con grifo o tapón de vaciado, situada en zonas de fácil acceso y señalada de forma conveniente. La válvula de retención se dispondrá en primer lugar, según el sentido de circulación del agua.

En su parte superior deben instalarse dispositivos de purga, automáticos o manuales, con un separador o cámara que reduzca la velocidad del agua facilitando la salida del aire y disminuyendo los efectos de los posibles golpes de ariete.

(1) Parece más que evidente que aquí existe un error en el enunciado legal, porque parece absurdo poner dos llaves una a continuación de otra, cuando además en el esquema propuesto por el CTE solo figura la llave con grifo de vaciado.

¡TOMA NOTA!

Actualmente existen contadores de agua llamados inteligentes. Son dispositivos que registran y transmiten datos sobre el consumo de agua de manera automática y continua. Ofrecen información detallada de forma instantánea y remota, permitiendo gestionar el uso del agua de modo más eficiente.

1.4.2.3. Sistemas de distribución y esquemas de montaje

Dependiendo de la forma en que se lleve a cabo la contabilización de los consumos, así se adoptará un esquema de distribución u otro. Según el CTE - HS 4 - 3.1, la contabilización de los consumos se puede realizar por dos procedimientos:

- Contabilización única por contador general.
- Contabilización múltiple o por contadores aislados (individuales).

EN DETALLE

En este apartado la citada norma no es muy explícita y en los esquemas que propone no se reflejan todas las posibilidades reales, como, por ejemplo, las instalaciones con batería de contadores divisionarios o las instalaciones individuales. Por esta razón me he tomado la licencia de interpretar la norma y ajustándome a ella proponer cuatro esquemas posibles basados en situaciones reales, que de hecho en la práctica se están configurando así.

Contabilización única por contador general (Esquema 1.1)

En este caso la medición se lleva a cabo por un único contador que mide todos los consumos y a partir de este se distribuye a través de tubo de alimentación, distribuidor principal, ascendentes y las derivaciones colectivas a todas las plantas y en cada una de ellas a los suministros o abonados de las mismas. Este sistema es apropiado para edificios donde hay un único abonado, como, por ejemplo, pueden ser: centros comerciales, centros sanitarios, colegios, etc. En cambio, en los edificios de viviendas tiene la desventaja del reparto poco equitativo de consumos, ya que es difícil, por no decir imposible, cargar a cada abonado el consumo real realizado. Es, por lo tanto, un sistema en desuso para este tipo de edificios, aunque aún persisten algunas instalaciones con él.

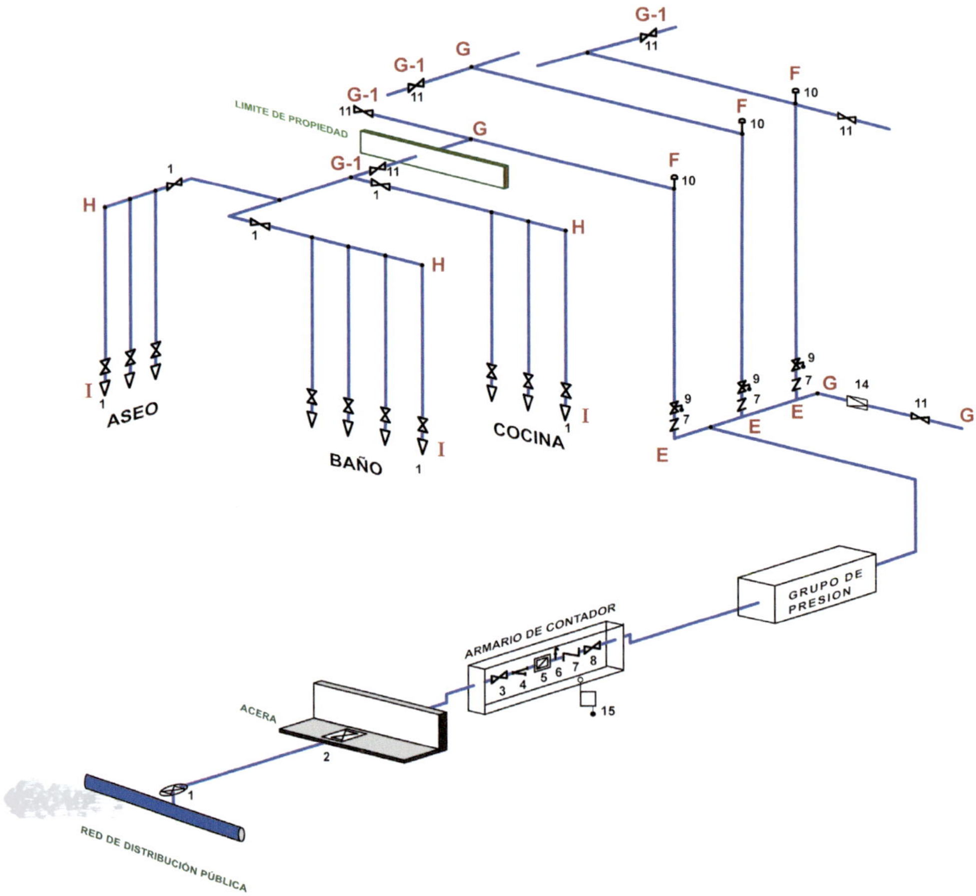

A-B: Acometida	Acometida
B-C: Tubo de alimentación D-E: Distribuidor principal E- F: Ascendente-montante	Instalación general
F-G: Derivación colectiva	Derivación colectiva
G-G1: Derivación de abonado	
G-H: Derivación particular H- I: Ramal de enlace	Instalación particular

***Nota**.- El tramo G-G1 no corresponden a la instalación particular ni a la general y suministran a un único abonado, por ello no se les puede considerar derivaciónes colectivas sino derivaciónes de abonado.*

1: Llave de toma
2: Llave de corte exterior (de registro)
3: Llave de corte general
4: Filtro de la instalación general
5: Contador general
6: Grifo de comprobación
7: Válvula de retención
8: Llave de salida
9: Llave de corte con grifo de vaciado
10: Dispositivo de purga
11: Llave de paso de abonado
12: Llave de cuarto húmedo
13: Llave de corte individual
14: Válvula limitadora de presión
15: Desagüe de armario

Esquema 1.1. Instalación común con contador general único.

Contabilización múltiple o por contadores individuales o aislados

(Esquema 1.2)

En esta disposición, la contabilización es individual, es decir, cada abonado tiene su propio contador dispuesto en cualquier lugar de cada planta, bien sea en un cuarto habilitado para ello o bien dentro de la propia vivienda. Tiene la desventaja de que hay que recorrer todo el edificio para efectuar las lecturas, por lo que, aunque ha sido un sistema muy utilizado en los últimos años del pasado siglo, actualmente está en desuso, en beneficio del esquema siguiente. En este sistema y en el siguiente las ascendentes son colectivas, llevándose a cabo el reparto a los usuarios en cada planta por medio de derivaciones individuales.

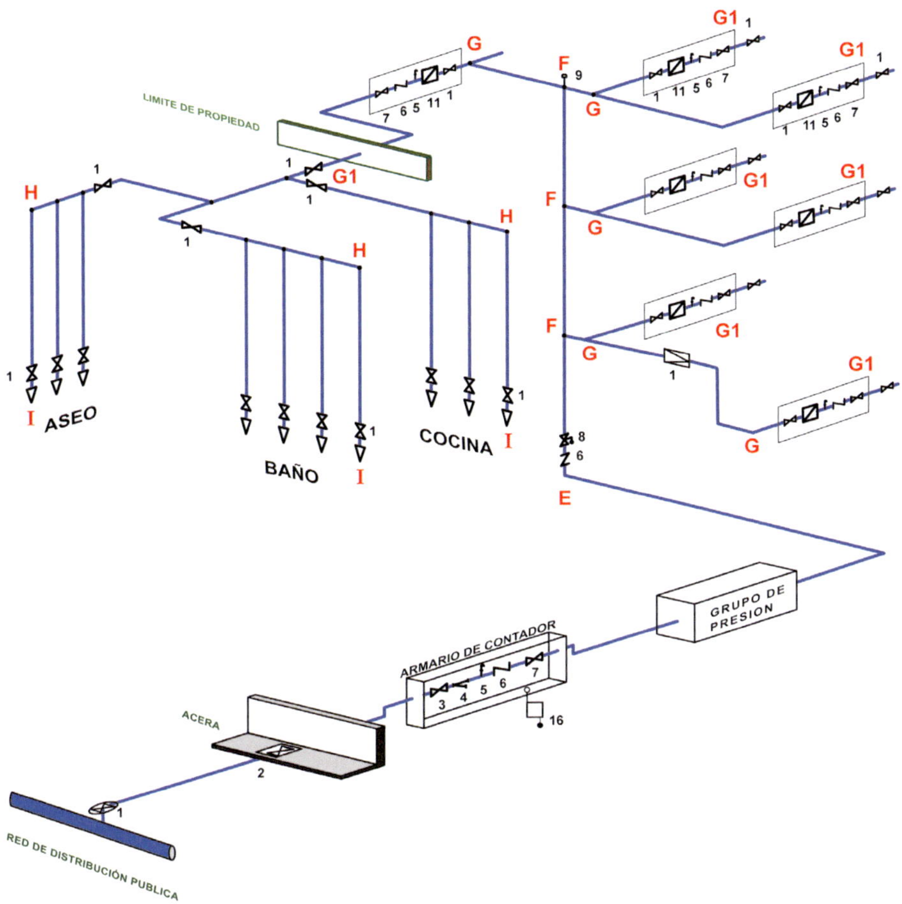

A-B:	Acometida	Acometida
B-C:	Tubo de alimentación	Instalación general
D-E:	Distribuidor principal	
E- F:	Ascendente-montante	
F-G:	Derivación colectiva	Derivación colectiva
G-G1:	Derivación de abonado	
G1-H:	Derivacion particular	Instalación particular
H - I:	Ramal del enlace	

***Nota**.-Los tramos G - G1 no corresponden a la instalación particular ni a la general y suministran a un único abonado, por ello no se les puede considerar derivaciónes colectivas sino derivaciónes de abonado.*

1: Llave de toma
2: Llave de corte exterior (de registro)
3: Llave de corte general
4: Filtro de la instalación general
5: Grifo de comprobación
6: Válvula de retención
7: Llave de salida
8: Llave de paso con grifo de vaciado
9: Dispositivo de purga
10: 1.ª llave (de entrada)
11: Contador divisionario
12: Llave de abonado
13: Llave de cuarto húmedo
14: Llave de aparato (de escuadra)
15: Válvula reductora de presión
16: Desagüe de armario

Esquema 1.2. Instalación común con contadores aislados.

Centralizados en batería (Esquema 1.3)

Este sistema consiste en la colocación de todos los contadores individuales centralizados en una batería al efecto, permitiendo la lectura sin necesidad de desplazarse. Esta disposición acarrea un mayor gasto, pues las ascendentes son individuales, pero añade la ventaja de un mejor mantenimiento y control.

En la Comunidad de Madrid es obligatoria la instalación de dicha batería, como queda explicado en el Apartado Batería de contadores.

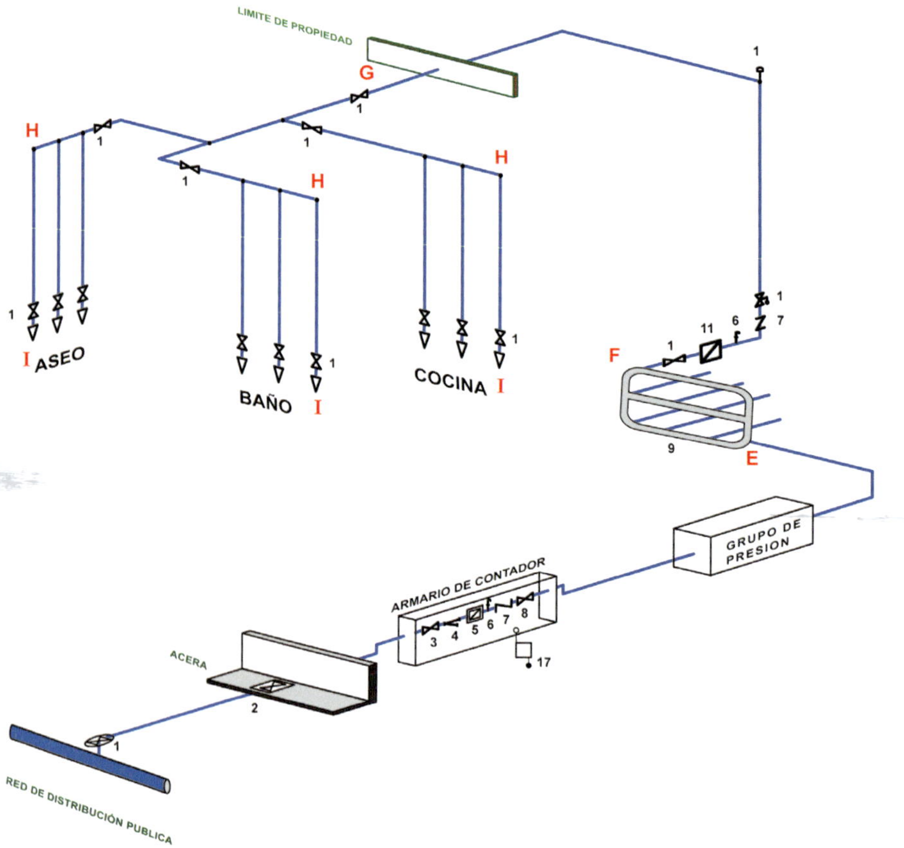

A-B:	Acometida	Acometida
B-C:	Tubo de alimentación	Instalación general
D-E:	Distribuidor principal	
E- F:	Batería de contadores	
F-G:	Montante individual	Instalación particular
G-H:	Derivación particular	
H - I:	Ramal de enlace	

Nota.- *En esta instalación no existen derivaciones colectivas y el tramo F- G, es lo que el Apendice 1 del HS 4 define como montante y debe ser vertical, pero al ser para un solo abonado puede no ser vertical en todo su trazado*

1 : Llave de toma
2 : Llave de corte exterior (de registro)
3 : Llave de corte general
4 : Filtro de la instalación general
5 : Contador general
6 : Grifo de comprobación
7 : Válvula de retención
8 : Llave de salida
9 : Batería de contadores
10 : 1.ª llave (de entrada)
11 : Contador divisionario
12 : Llave de corte con grifo de vaciado
13 : Dispositivo de purga
14 : Llave de abonado
15 : Llave de cuarto húmedo
16 : llave de aparato (de escuadra)
17 : Desagüe de armario

Esquema 1.3. Instalación común con batería de contadores.

Individual con contador general único (Esquema 1.4)

Este sistema es el adoptado para viviendas unifamiliares, tipo chalés, adosados, viviendas rurales, etc. Tiene un contador general único y suele ponerse en la fachada de las casas en un armario u hornacina para facilitar la lectura sin necesidad de que estén presentes los usuarios. En este sistema, como es obvio, la instalación general y la particular no están delimitadas, porque son la misma.

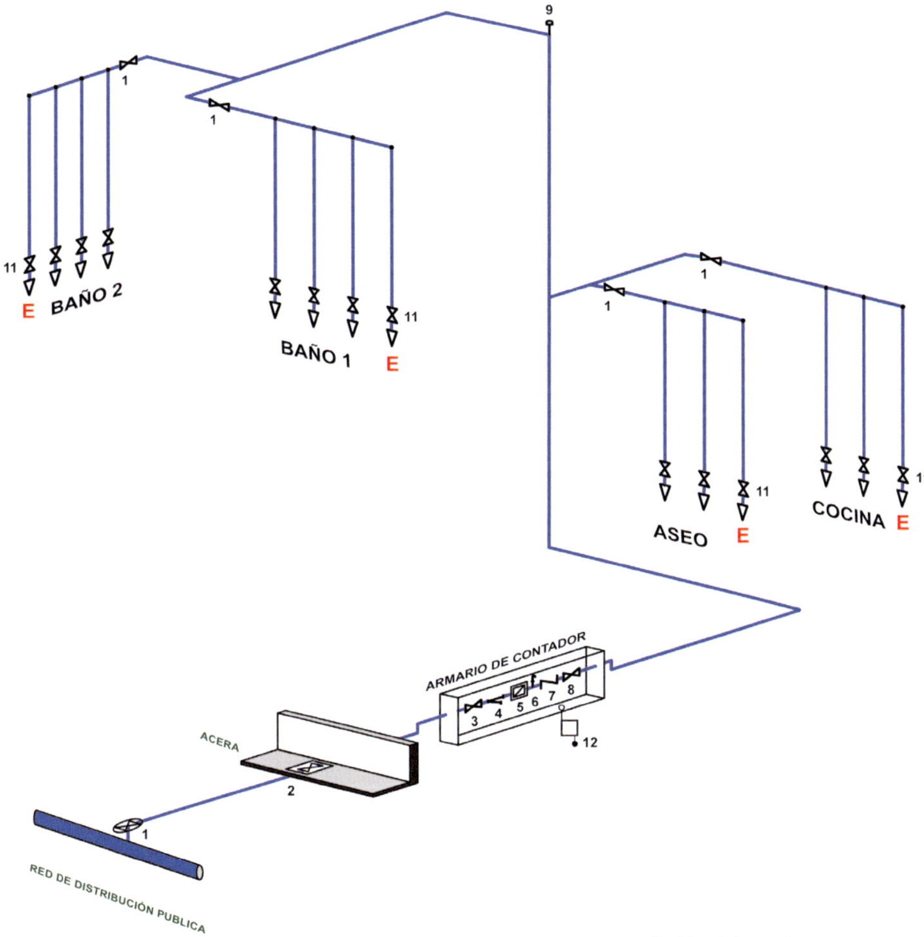

A-B : Acometida	Acometida
B-C : Tubo de alimentación	Instalacion
C-D : Derivación particular	
D-E : Ramal de enlace	

Nota.- En este caso al ser una acometida para un solo abonado la llave de salida de contador es a la vez llave de abonado

1 : Llave de toma
2 : Llave de corte exterior (de registro)
3 : Llave de corte general
4 : Filtro de la instalación general
5 : Contador general
6 : Grifo de comprobación
7 : Válvula de retención
8 : Llave de salida y de abonado
9 : Dispositivo de purga
10 : Llave de cuarto húmedo
11 : Llave de aparato (de escuadra)
12 : Desagüe de armario

Esquema 1.4. Instalación individual con contador general único.

¿SABÍAS QUE...?

Hay otros modelos de contabilización, como, por ejemplo, en la ciudad de Madrid, el suministrador (Canal de Isabel II) instala un contador general en una cámara en el suelo, fuera del edificio o finca, y con la lectura de este contador elabora la factura que después entrega o delega a una empresa que lee los contadores divisionarios y pasa la información a la administración de la finca para que sea esta quien gestione el cobro a cada abonado.

1.4.2.4. Instalaciones particulares

Las instalaciones particulares (Figura 1.35) son aquellas que discurren por el interior de cada uno de los suministros o viviendas. Comienzan en la salida del contador individual o divisionario y terminan en el último aparato sanitario o punto de consumo de dicho suministro.

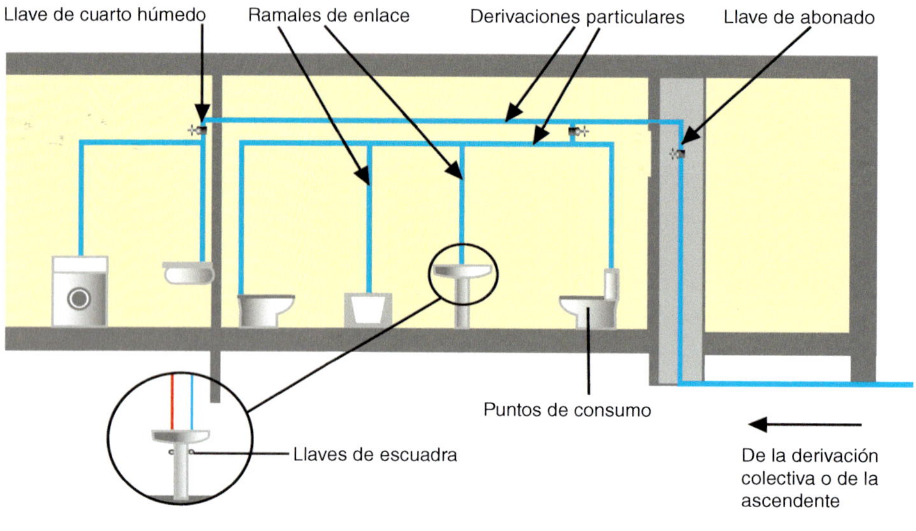

Figura 1.35. Esquema de instalación particular.

Según el CTE (HS 4 - 3.2.1.3), las instalaciones particulares estarán compuestas de los elementos siguientes:

- Una llave de paso, situada en el interior de la propiedad particular en lugar accesible para su manipulación.
- Derivaciones particulares, cuyo trazado se realizará de forma tal que las derivaciones a los cuartos húmedos sean independientes. Cada una de

estas derivaciones contará con una llave de corte, tanto para agua fría como para agua caliente.

- Ramales de enlace.
- Puntos de consumo, de los cuales, todos los aparatos de descarga, tanto depósitos como grifos, los calentadores de agua instantáneos, los acumuladores, las calderas individuales de producción de ACS y calefacción, y, en general, los aparatos sanitarios llevarán una llave de corte individual.

Llave de paso

Es la llave que vulgarmente se conoce como «llave general», término ambiguo e inapropiado que no define su verdadera función, ya que esta es la llave que controla el paso de agua al suministro particular y, por lo tanto, se debe llamar, y en otros textos así se hace, «llave de abonado». En instalaciones antiguas la podemos encontrar (en caso de haberla) desde: alojada en una hornacina en el rellano de la escalera o debajo del fregadero de la cocina junto al contador o en otro lugar elegido por el instalador en su momento.

Actualmente, como se recoge en la normativa, «debe estar en el interior de la propiedad particular en un lugar visible» y, por ello, se suele poner encima de la puerta de la cocina junto a las llaves de cuarto húmedo ocupando el lugar de la derecha (Figura 1.36).

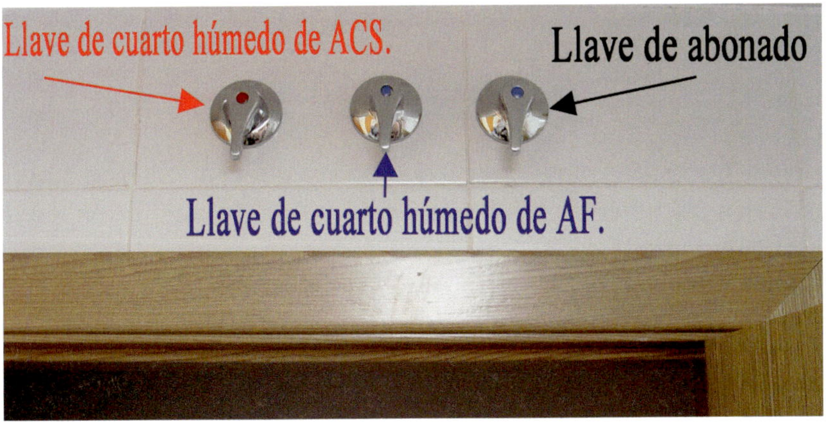

Figura 1.36. Disposición de llaves.

Derivación particular

Estos son los tramos de tubería, que, partiendo de la llave de abonado, distribuyen el agua a todos los cuartos húmedos (cuartos donde existen puntos de consumo). Estas derivaciones deben ser independientes para cada cuarto y han de mantener la sección determinada por los cálculos en todo su recorrido, sin reducciones ni estrangulamientos de caudal.

¡TOMA NOTA!

Para impedir en lo posible los retornos indebidos a la red general, las tuberías de estas derivaciones deben ir por el techo (esta disposición es obligatoria en las prescripciones técnicas de algunas comunidades autónomas, como la de Madrid). Asimismo, deben aislarse térmicamente tanto las de agua fría como las de ACS. Las de agua fría para evitar condensaciones y las de agua caliente para evitar pérdidas de temperatura (Figura 1.37).

Figura 1.37. Tuberías aisladas tendidas por el techo.

En las construcciones modernas, y debido a la gran variedad de materiales utilizados en las tuberías, las formas de sujetarlas al techo son variables, aunque generalmente deben ir suspendidas por mediación de soportes adecuados y sujetas con rigor, para evitar ruidos y vibraciones provocados por posibles golpes de ariete y otras contingencias de la circulación de los fluidos.

La normativa dice que cada una de estas derivaciones contará con una llave de corte que la llamamos llave de corte de cuarto húmedo (CTE - HS 4 - 3.2.1.3.b) (Figura 1.36).

Ramales de enlace

Son las tuberías que injertadas en las derivaciones particulares llevan el agua hasta los puntos de consumo (véase Figura 1.38). En el lenguaje de obra, a estos ramales se los llama «velas». Son de trazado vertical y generalmente van alojadas o empotrados en «rozas» o «regatas» y deben ir protegidas por tubería plástica del tipo corrugado, de color azul las de agua fría, y rojo las de ACS, que a su vez, en el caso de tuberías metálicas, como el cobre, permiten que las dilataciones que sufren, sobre todo las de ACS, tengan un espacio que se lo permita sin provocar tensiones o roturas de las uniones. Deben terminar en una llave de corte para cada punto de consumo. Las conocidas «llaves de escuadra» (Figura 1.39) accesibles para su manejo debajo de todos los aparatos de consumo excepto en algunos como las duchas.

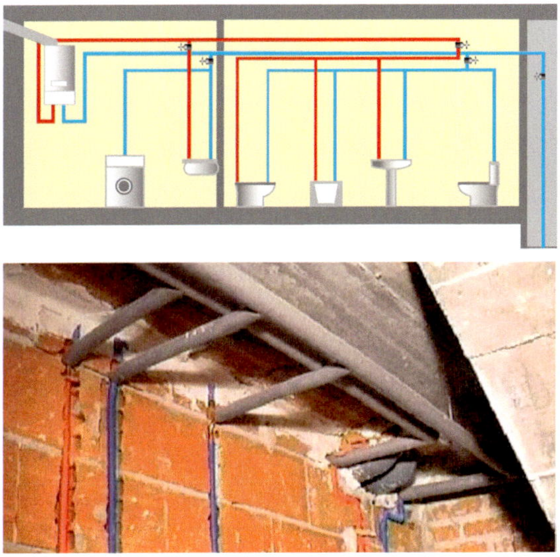

Figura 1.38. Ramales de enlace.

Figura 1.39. Llaves de escuadra.

Puntos de consumo

Lo constituyen todos los aparatos sanitarios y otros que utilizan agua para su funcionamiento, tales como, calentadores de agua, calderas, lavadoras, etc. Todos ellos deben llevar sus adecuadas griferías, conectadas por medio de latiguillos o racores a las llaves de corte individual o llaves de escuadra (Figura 1.39).

1.4.3. Redes de evacuación

El sistema de saneamiento está constituido por las redes de evacuación y el sistema de alcantarillado de aguas residuales. Tienen como misión la recogida y evacuación de estas aguas ya utilizadas en los edificios de viviendas y las industrias después de haber cumplido su cometido.

Organización de las redes

Las redes se organizan de forma que los vertidos de los edificios se conduzcan a los pozos de registro o acometida a través de la red interior de saneamiento, y de estos se llevan a otra red exterior de carácter urbano, que es la red de alcantarillado desde donde se canaliza hasta una instalación de depuración, en su caso, o directamente para su vertido posterior a una corriente superficial, como los ríos (Figura 1.40) y de estos al mar o bien directamente a este último.

Figura 1.40. Vertido de aguas residuales.

La recogida y transporte de las diferentes aguas residuales se realizan mediante distintos sistemas, entre los cuales cabe destacar dos:

- Sistema unitario.
- Sistema separativo.

1.4.3.1. El sistema unitario

En este sistema se recogen todas las aguas con una única red de conductos (bajantes y colectores), es decir, las aguas amarillas, negras y pluviales bajan juntas (Figura 1.41). Está red se debe dimensionar para todas las aguas en conjunto, por lo que generalmente está sobredimensionada por efecto de lo imprevisible de las aguas procedentes de las lluvias (Figura 1.41).

Tienen un menor coste de puesta en marcha, ya que solo precisan para su construcción una única red de canalizaciones, pero los costes de explotación son bastante superiores, al tener que procesar como agua altamente contaminada la totalidad del caudal sanitario.

El sistema unitario presenta los siguientes inconvenientes:

- Gran variación de caudales, entre las aguas de lluvias y las negras, que se traduce en la aparición de importantes procesos de sedimentación.
- Necesidad de implantar aliviaderos de crecidas, que propician vertidos a cauces naturales con un cierto grado de contaminación.
- Exigencia de mayores consumos energéticos en las elevaciones y en las plantas de depuración (EDAR).

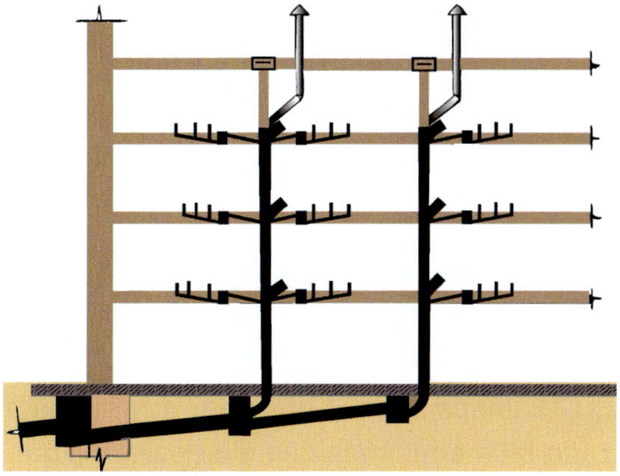

Figura 1.41. Disposición de elementos de un sistema unitario.

1.4.3.2. Sistema separativo

El sistema separativo utiliza dos redes totalmente independientes de alcantarillado, con cometidos diferentes (Figura 1.42). Una de las redes evacúa caudales de aguas negras e industriales que no deben tener fermentaciones dentro de un alcantarillado con largos recorridos, y la otra red conduce caudales de lluvias, que deben ser evacuados por los trayectos más cortos hacia cauces naturales idóneos. Este sistema permite dimensionar con mayor eficiencia las plantas de tratamiento de agua residual, pues, normalmente, las aguas limpias necesitan un tratamiento mecánico, por ejemplo, filtrado, debido a que su contaminación procede de sólidos como arena, no necesitando tratamiento bioquímico para su retorno.

El sistema separativo presenta los siguientes inconvenientes:

- Se trata de un sistema que utiliza doble red, en ramales, acometidas e instalaciones en edificios, por lo tanto, su implantación eleva los costes, además de tener grandes gastos de mantenimiento.

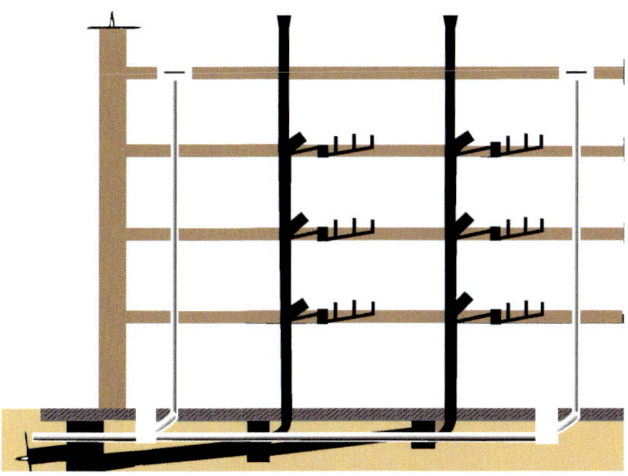

Figura 1.42. Disposición de elementos de un sistema separativo.

- El sistema de doble red conlleva notables dificultades de ejecución.

Las ventajas que tiene el sistema son las siguientes:

- Las estaciones de depuración en este sistema son más baratas, porque son más pequeñas, ya que solo depuran aguas negras.
- Las alcantarillas tienen menores sedimentaciones.
- Los colectores de aguas pluviales pueden tener menor desarrollo, ya que se pueden evacuar a cauces naturales cercanos.
- Los vertidos de pluviales no son contaminantes.

1.4.3.3 Sistema semiseparativo

El CTE añade a estos dos un tercer sistema, que, por otra parte, es muy utilizado (al menos más que el separativo que es más un deseo que parte de la realidad), con el nombre de mixto o semiseparativo (Figura 1.43), en el cual las derivaciones y bajantes son independientes para aguas residuales y pluviales, unificándose ambas redes en los colectores. Aunque parezca un poco inútil, esta disposición no lo es porque las redes pluviales son muy difíciles de calcular debido a que las lluvias son muy imprevisibles y, por ello, se deben dimensionar para un caudal superior al de las aguas residuales, con lo cual se obliga a sobredimensionar estas innecesariamente. En cambio, adoptando este sistema cada una se calcula para su caudal previsto.

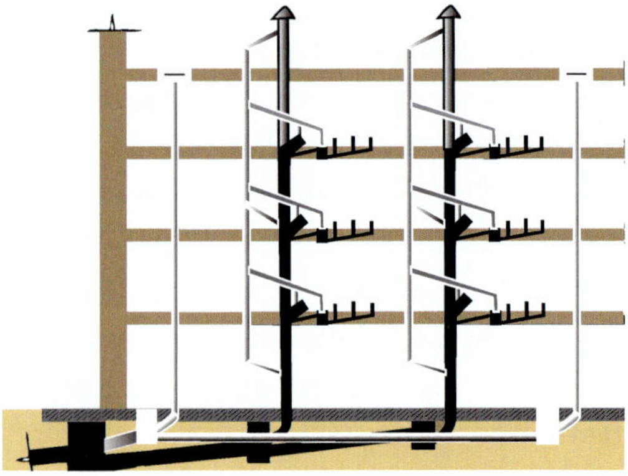

Figura 1.43. Disposición de elementos de un sistema semiseparativo.

1.4.3.4. Modelos de circulación

Las aguas residuales, dependiendo de la situación de los edificios, pueden circular según varios sistemas:

- Sistemas por gravedad.
- Sistemas por elevación.
- Sistemas por impulsión.
- Sistemas a presión.

Sistemas por gravedad

En los sistemas por gravedad, las aguas discurren a lo largo de las redes a causa de las pendientes de los conductos.

Sistemas por elevación

En los sistemas por elevación, el agua fluye por gravedad y en un cierto punto de la red sufre una elevación por medios mecánicos para de nuevo fluir por gravedad.

Sistemas por impulsión

En los sistemas por impulsión, las aguas residuales son elevadas por impulsión en determinados tramos de las redes.

Sistemas a presión

En los sistemas por presión, las aguas residuales circulan por diferencia de presión gracias sobre todo al empleo de bombas para fluidos especiales (dilaceradoras).

Materiales de las redes

Los materiales más utilizados en las tuberías de saneamiento son:

- Policloruro de vinilo (PVC-U).
- Polietileno (PE).
- Polietileno de alta densidad (PEAD).
- Poliéster reforzado con fibra de vidrio (PRFV).
- Polipropileno (PP).
- Hormigón.
- Fundición dúctil.
- Gres.

EN DETALLE

Estas conducciones las estudiaremos expresamente en el Capítulo 3 dedicado a materiales.

¡OJO CON ESTO!

Estos materiales se utilizan en las redes de alcantarillado que corresponden al planteamiento arquitectónico de los edificios, por lo que se salen del trabajo de los instaladores de fontanería cuyo ámbito es la red interior de evacuación realizada básicamente con PVC. Por ello, no profundizaremos más en este tema, considerando que está suficientemente tratado.

1.4.4. Aguas de evacuación

Las aguas de evacuación se dividen en tres clases:

- Aguas residuales, grises o amarillas.
- Aguas fecales o negras.
- Aguas pluviales o blancas.

La red interior de evacuación de los edificios la dividiremos en dos grupos:

- La red de pequeña evacuación.
- La red gran evacuación.

1.4.4.1. Red de pequeña evacuación

Parte de la red que conduce los residuos desde los cierres hidráulicos de cada vivienda o suministro hasta las bajantes (Figura 1.44). Está constituida por:

- Los elementos auxiliares: cierres hidráulicos (sifones) y sumideros.
- El conjunto de tuberías de evacuación.

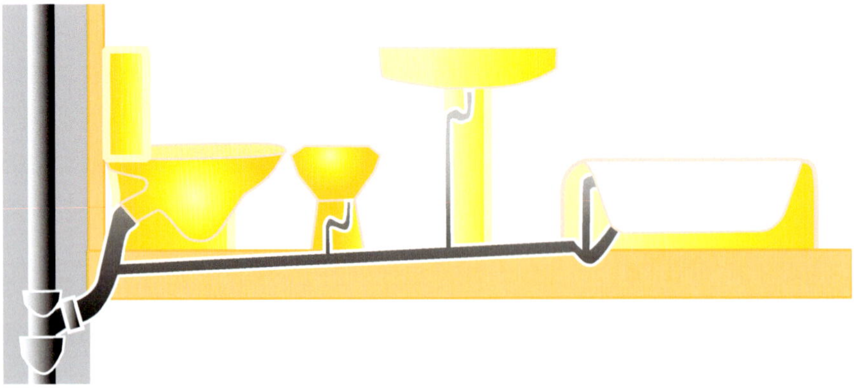

Figura 1.44. Red de pequeña evacuación.

Sifones

Un sifón (Figura 1.45) está formado por un tubo, en forma de «U» invertida, con uno de sus extremos sumergidos en un líquido, que asciende por el tubo a mayor altura que su superficie, desaguando por el otro extremo. Para que el sifón funcione debe estar lleno de líquido, ya que el peso del líquido en la rama del desagüe es la fuerza que succiona elevando el fluido en la otra rama.

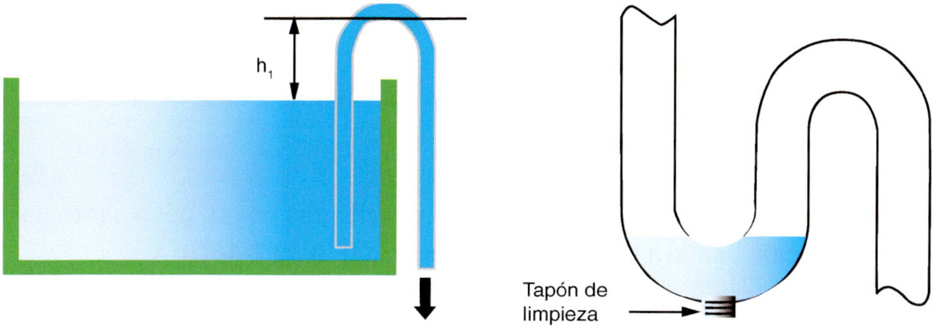

Figura 1.45. Sifón.

La aplicación más común de los sifones es el cierre hidráulico utilizado en los desagües de los aparatos sanitarios (fregaderos, lavabos, inodoros, etc.), para evitar que el mal olor de las materias en putrefacción del alcantarillado salga por el orificio de desagüe de los aparatos. El modelo más clásico (y el que mejor funciona hidráulicamente) consiste en un tubo en forma de «S» tumbada, de manera que, al desaguar, se llena la primera curva del tubo y la segunda actúa como un sifón, vaciando la primera hasta que el nivel de agua baja y entra algo de aire. En este momento, el sifón deja de funcionar y retrocede el agua que está en la parte ascendente entre las dos «eses», llenando la primera curva del tubo y aislando el desagüe de los gases de la cañería.

Como ya se ha explicado, el cierre consiste en retener en la propia tubería una pequeña parte del fluido en circulación para que sirva de obstáculo al paso de los gases mefíticos procedentes de la red de alcantarillado (Figura 1.46).

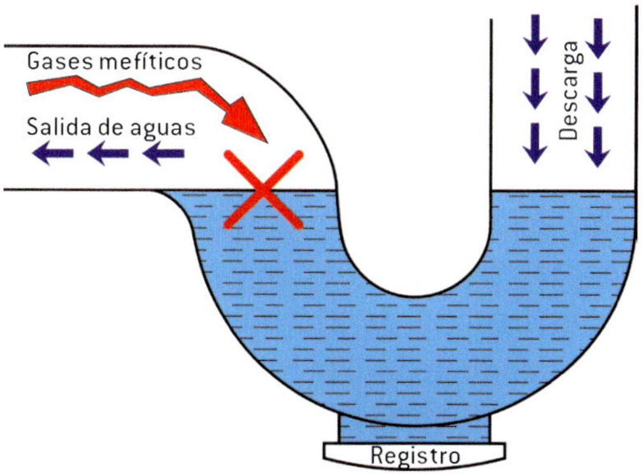

Figura 1.46. Cierre hidráulico.

Sumideros

Figura 1.47. Sumidero de PVC.

Son los desagües encargados de recoger las aguas pluviales. Al estar a la intemperie disponen de una rejilla que filtre posibles materiales que obstruirían la red, como pequeños animales muertos, hojas de los árboles, etc., y deben tener cierre hidráulico que impida la salida de malos olores al ambiente. Los hay específicos para cada situación y de diversos materiales, como la fundición, acero, acero inoxidable y PVC, siendo estos últimos los más utilizados por su poco coste y su fácil colocación dando a la vez un buen servicio (Figura 1.47).

Tuberías de evacuación

Este conjunto está constituido por las tuberías encargadas de transportar las aguas desde las válvulas de los aparatos sanitarios (lavabo, bidé y bañera o ducha) al sifón individual o al bote sifónico, y de estos a la bajante.

Estas tuberías se pueden configurar de dos maneras:

- Con bote sifónico.
- Con sifones individuales.

Con bote sifónico

En este caso las derivaciones del lavabo, bidé y ducha o bañera se colectivizan en un bote sifónico que cumple la función de cierre hidráulico para todas ellas y de este se lleva a la bajante por medio de la derivación de salida llamada desembarque. Se pueden poner en el suelo, entre forjado y pavimento o traspasando el forjado y recogiendo las derivaciones de los aparatos por debajo del falso techo (Figura 1.48).

Los botes sifónicos se comercializan de forma que sirvan para las dos configuraciones, en suelo o colgados, de forma que para alojarlos en suelo se montan tal como vienen y para colgarlos se les suplementa con un tramo de tubería de PVC de 110 mm encolada en el cuerpo del bote, eliminando el anillo. Cuando se utiliza de esta forma, debemos prolongar con tubo de PVC de 50 mm el tubo de salida o desembarque dándole la medida que hayamos decidido (entre 50 y 100 mm).

La forma en que queda el montaje es la que nos muestra la Figura 1.48.

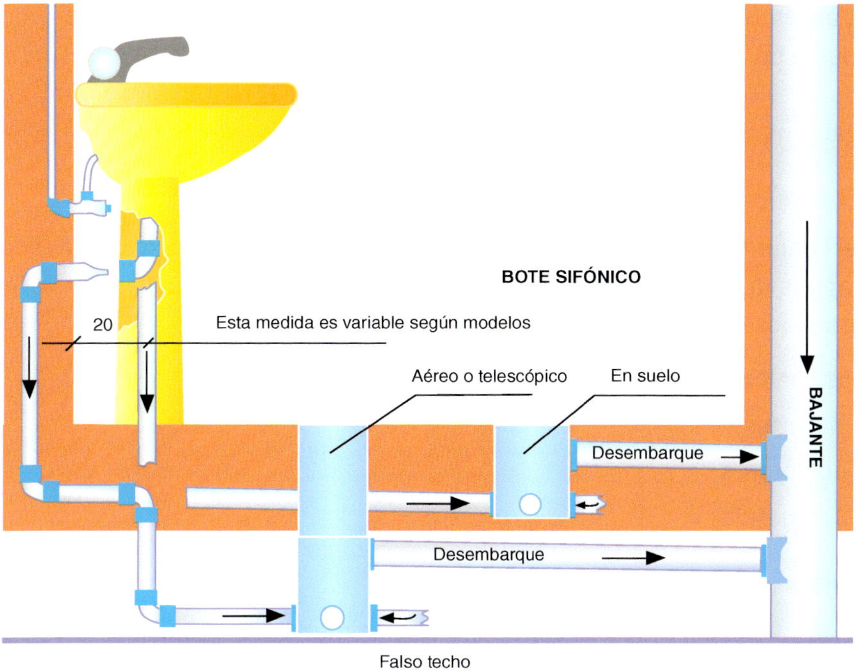

Figura 1.48. Esquema de disposición de botes sifónicos.

Con sifones individuales

Este sistema consta de un cierre hidráulico o sifón individual (Figura 1.49) para cada aparato sanitario, injertándose todos ellos finalmente en un ramal de desembarque y de este a la bajante. Este sistema se utiliza cuando no disponemos de cota suficiente para alojar el bote sifónico entre forjado y pavimento (ya que de hacerlo sin suficiente altura no podríamos dotar al cierre hidráulico de la altura mínima exigida de 50 mm), y además no hay falso techo en el piso inferior.

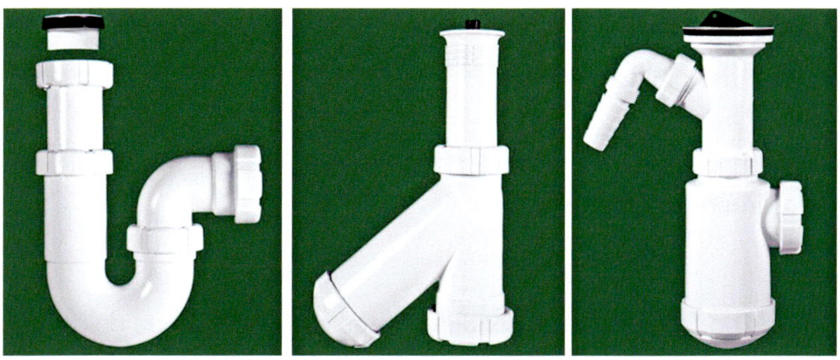

Figura 1.49. Modelos diferentes de sifones individuales.

Hay aparatos sanitarios que bajo ningún concepto deben dirigir sus evacuaciones a un bote sifónico, como son inodoros, vertederos y placas turcas, y otros a los que por su buena disposición deben llevar sifón individual, como fregaderos de cocina, lavadora y lavavajillas.

1.4.4.2. Red de gran evacuación

Es el conjunto de conducciones, accesorios y uniones utilizados para recoger las aguas de la pequeña evacuación y los inodoros y conducirlas hasta el alcantarillado.

Estas conducciones están compuestas de los siguientes elementos:

- Bajantes.
- Colectores.
- Acometida.

Bajantes

Son las canalizaciones que conducen verticalmente las aguas pluviales desde los sumideros sifónicos en cubierta, los canalones y las aguas residuales desde las redes de pequeña evacuación e inodoros, a través de los manguetones, hasta la arqueta a pie de bajante o hasta el colector suspendido.

Las principales características que las bajantes deben reunir son:

- Facilitar la libre circulación de los mismos sin grandes cambios de dirección o codos y restricciones.
- Mantener el sellado en las juntas y la sujeción de toda la estructura a los paramentos verticales por donde discurren.
- Soportar sin rotura los impactos que producen las sucesivas descargas.

Para ello es importante ser muy rigurosos en el diseño de los trazados y en la elaboración de las uniones, así como en la sujeción de las mismas por medio de abrazaderas, collarines o soportes, procurando que cada tramo de tubo sea autoportante, para evitar que los más bajos se vean sobrecargados por los que tienen encima.

Las bajantes pueden ir vistas por los patios interiores (Figura 1.50) o alojadas por huecos interiores (patinillos).

Colectores

Son tuberías horizontales con pendiente, que recogen el agua de las bajantes y la canalizan hasta el pozo de registro donde comienza la red de alcantarillado urbano.

Figura 1.50. Bajantes exteriores con detalles de conexión. Cortesía Amisur.

Los colectores pueden ser colgados o enterrados dependiendo de la configuración de los edificios. Siempre terminan en una arqueta intermedia entre estos y el pozo de registro (Figura 1.51).

Figura 1.51. Colector colgado a arqueta.

Acometida

Se llama así a la conexión entre la pequeña evacuación y el alcantarillado, y consta de tres elementos principales:

Arqueta de arranque: es el punto donde conectan todos los desagües interiores de la vivienda.

Albañal: es la conducción que discurre parcialmente por zonas públicas hasta conectar con la red municipal de alcantarillado.

Conexión final: es el punto donde el albañal conecta con la red de saneamiento municipal (Figura 1.52).

Figura 1.52. Disposición de elementos de una acometida.

1.4.4.3. Ventilación de las redes

Las redes de evacuación están bajo la influencia de corrientes de aire que circulan por las canalizaciones provocando flujos más o menos fuertes en todos los puntos de la misma.

En las bajantes las sucesivas descargas de los aparatos sanitarios provocan movimientos del aire contenido en ellas, sobre todo las descargas de los inodoros, pues generan una brusca caída de líquido en régimen turbulento que se comporta como un émbolo que cae de arriba abajo provocando una succión por detrás y un empuje por delante del mismo. Esta succión o empuje produce en el agua retenida de los cierres hidráulicos un movimiento que puede llegar a anular el referido cierre, permitiendo la entrada de gases malolientes

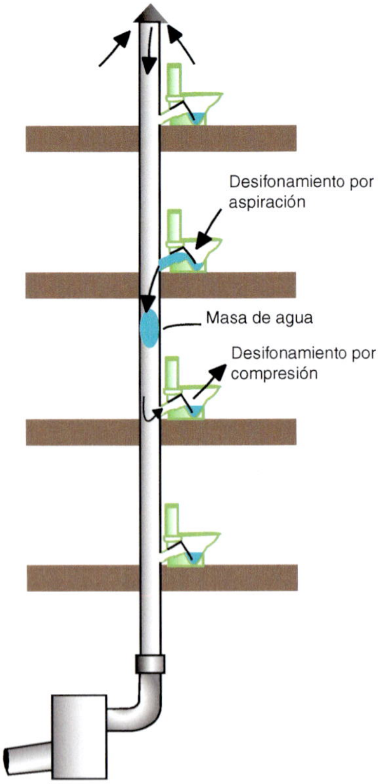

Figura 1.53. Esquema del desifonamiento.

de la red a los locales donde están los aparatos sanitarios. Este fenómeno es el conocido por «desifonamiento» (Figura 1.53).

Para evitar este fenómeno es necesario ventilar las redes por alguno de los sistemas existentes:

- Ventilación primaria.
- Ventilación secundaria.
- Ventilación terciaria.
- Ventilación por válvulas de aireación.

Ventilación primaria

Consiste en prolongar la bajante por encima de la cubierta para que la presión atmosférica esté presente en el momento de la descarga, y así evitar el succionamiento (Figura 1.54).

Este sistema es el más empleado, en la mayoría de las veces, debido a su simplicidad y eficacia, en edificios de poca altura.

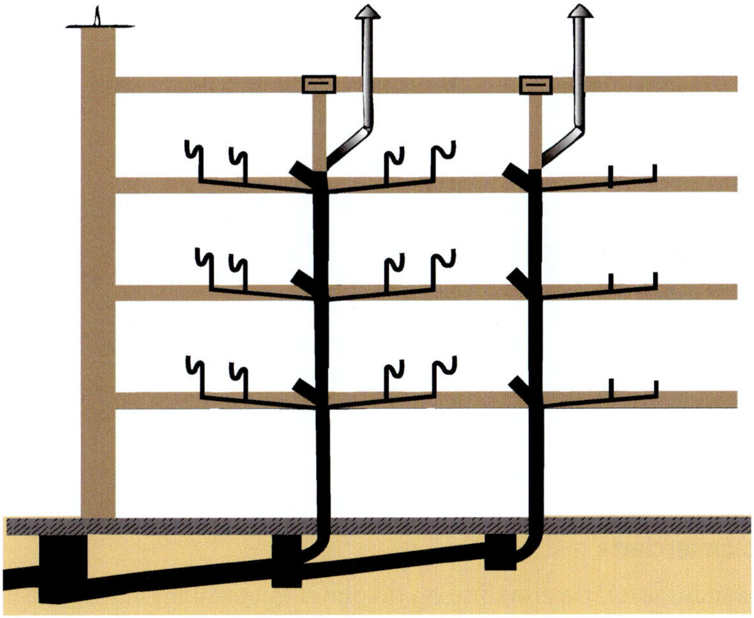

Figura 1.54. Esquema de ventilación primaria.

Ventilación secundaria, paralela o cruzada

En el anterior sistema evitábamos el desifonamiento por succión permitiendo que la presión atmosférica entrara en la bajante, pero no se evita el desifonamiento por compresión, pues el aire desplazado por el émbolo no puede salir por ningún lado, por lo que es necesario recurrir a un sistema más eficaz, como es la ventilación secundaria, también conocida por el término «cruzada».

Consiste en permitir que el aire desplazado por abajo tenga comunicación con la atmósfera a través de un tubo paralelo a la bajante, de menor diámetro que esta, e insertado en ella en todas las plantas o en plantas alternas dependiendo del número de las mismas (Figura 1.55).

La ventilación secundaria lleva implícita la primaria puesto que sobre la bajante con salida al exterior se adosa la tubería de ventilación paralela, conformando ambas este sistema.

Figura 1.55. Esquema de ventilación secundaria o cruzada.

Ventilación terciaria

La ventilación terciaria consiste en disponer la ventilación total de sifones y botes sifónicos, a través de derivaciones individuales desde cada aparato sanitario con la bajante de ventilación, del sistema secundario proporcionando una eficaz ventilación en todos los inodoros y demás aparatos (Figura 1.56). Este sistema es aconsejable cuando los ramales de desagües tienen longitudes superiores a los 5 metros o cuando el edificio tiene más de 14 plantas, con una gran acumulación de descargas en las bajantes.

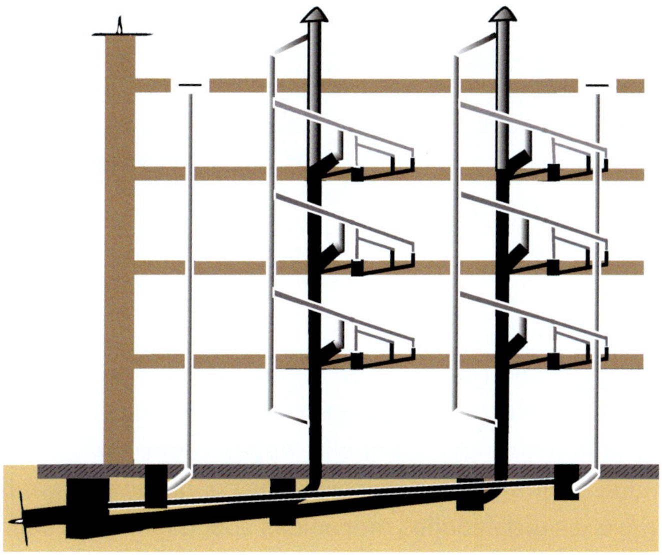

Figura 1.56. Esquema de ventilación terciaria.

Ventilación con válvulas de aireación

Este sistema consiste en instalar unas válvulas que permiten la entrada, pero no la salida, del aire en las bajantes (Figura 1.57).

Debe utilizarse cuando, por criterios de diseño, se decida combinar los elementos de los demás sistemas de ventilación con el fin de no salir al de la cubierta y ahorrar el espacio ocupado por los elementos del sistema de ventilación secundaria.

Debe instalarse una única válvula en edificios de 5 plantas o menos y una cada 4 plantas en los de mayor altura. En ramales de cierta entidad es recomendable instalar válvulas secundarias, pudiendo utilizarse sifones individuales combinados.

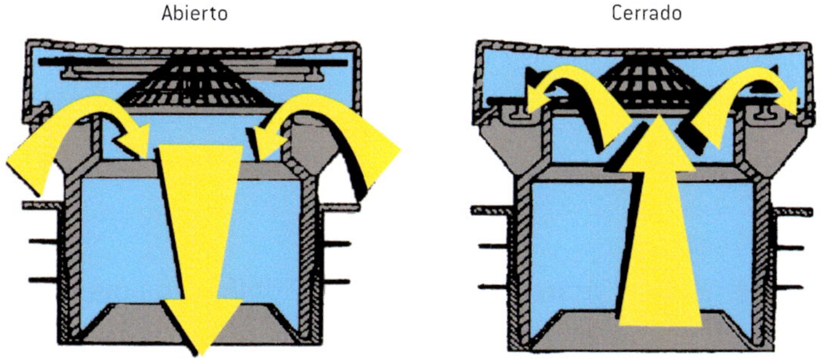

Figura 1.57. Esquema de funcionamiento de válvulas de aireación.

RECUERDA QUE...

La red de gran evacuación termina en la acometida según sean las configuraciones. A continuación, comienza la red de alcantarillado que forma parte de la arquitectura y el urbanismo.

1.5. Las tuberías

Las tuberías y los accesorios de unión de las mismas son los elementos más importantes de las instalaciones, ya que van a ser las que alojen en su interior el agua de consumo humano y, por ello, deben reunir una serie de características de índole sanitaria, para mantener las condiciones organolépticas del agua, así como unas propiedades mecánicas adecuadas para soportar presiones, dilataciones, corrosión, etcétera.

Podemos dividirlas atendiendo a la función que desempeñan en las instalaciones como:

- **Tuberías bajo presión**, que son las que alojan en su interior el fluido (ya sea agua de consumo o bien fluido caloportador en el caso de calefacción), que está sometido a presión.
- **Tuberías de desagüe**, que conducen las aguas ya utilizadas al sistema de saneamiento en sus múltiples variedades y no están bajo presión.

Las primeras requieren más resistencia y, por ello, desde antiguo se han venido utilizando materiales metálicos, aunque en la actualidad una gran parte también son de naturaleza plástica, y las segundas como consecuencia de no estar sometidas a presión pueden ser más ligeras y, por ello, actualmente la gran mayoría son de plástico, aunque aún se utilizan materiales como la fundición e incluso la cerámica para conducciones especiales.

Los materiales usados en la actualidad para obras de ingeniería civil siguen siendo:

- El hormigón.
- La fundición dúctil.
- El acero.

Pero, a consecuencia del gran desarrollo en los polímeros plásticos, es cada vez más frecuente el empleo de los materiales de esta naturaleza, de los que son ejemplo:

- Policloruro de vinilo (PVC).

- Polietileno (PE).
- Polipropileno (PP).
- Polibutileno (PB).
- Poliéster reforzado con fibra de vidrio (PRFV).

1.5.1. Tuberías metálicas y plásticas

En instalaciones interiores de abastecimiento a los edificios, así como en evacuación de aguas residuales, los materiales más utilizados los podemos agrupar en dos grandes bloques:

- Tuberías de metal.
- Tuberías plásticas.

El Código Técnico de la Edificación establece como válidas todas las que siguen:

Normativa CTE - HS 4 - 6.2

1. En función de las condiciones expuestas en el apartado anterior, se consideran adecuados para las instalaciones de agua de consumo humano los siguientes tubos:
   a) Tubos de acero galvanizado, según Norma UNE 19047:1996;
   b) Tubos de cobre, según Norma UNE EN 1057:1996;
   c) Tubos de acero inoxidable, según Norma UNE 19049-1:1997;
   d) Tubos de fundición dúctil, según Norma UNE EN 545:1995;
   e) Tubos de policloruro de vinilo no plastificado (PVC), según Norma UNE EN 1452:2000;
   f) Tubos de policloruro de vinilo clorado (PVC-C), según Norma UNE EN ISO 15877:2004;
   g) Tubos de polietileno (PE), según Norma UNE EN 12201:2003;
   h) Tubos de polietileno reticulado (PE-X), según Norma UNE EN ISO 15875:2004;
   i) Tubos de polibutileno (PB), según Norma UNE EN ISO 15876:2004;
   j) Tubos de polipropileno (PP), según Norma UNE EN ISO 15874:2004;
   k) Tubos multicapa de polímero/aluminio/polietileno resistente a temperatura (PE-RT), según Norma UNE 53960:2002 EX;
   l) Tubos multicapa de polímero/aluminio/polietileno reticulado (PE-X), según Norma UNE 53961:2002 EX.
2. No podrán emplearse para las tuberías ni para los accesorios materiales que puedan producir concentraciones de sustancias nocivas que excedan los valores permitidos por el Real Decreto 140/2003, de 7 de febrero.
3. El ACS se considera igualmente agua de consumo humano y cumplirá, por lo tanto, con todos los requisitos al respecto.
4. Dada la alteración que producen en las condiciones de potabilidad del agua, quedan prohibidos expresamente los tubos de aluminio y aquellos cuya composición contenga plomo.
5. Todos los materiales utilizados en los tubos, accesorios y componentes de la red, incluyendo también las juntas elásticas y productos usados para la estanqueidad, así como los materiales de aporte y fundentes para soldaduras, cumplirán igualmente las condiciones expuestas.

1.5.1.1. Tuberías metálicas

Los materiales utilizados en tuberías metálicas son:

- Cobre.
- Acero galvanizado.
- Acero inoxidable.
- Fundición.

Cobre

Este material se utiliza fundamentalmente en instalaciones interiores, debido a sus grandes cualidades en la conducción de agua sanitaria, ya que pertenece a las llamadas tuberías de paredes lisas, con una pérdida de carga muy baja y una gran resistencia mecánica. Pero cada vez se utiliza menos por su elevado precio.

Acero galvanizado

Este material está prácticamente en desuso en instalaciones domésticas, debido a las dificultades que conlleva su manipulación y ensamblaje, por su sistema de unión a base de roscas. Además, pertenece al grupo de las tuberías llamadas de paredes rugosas con una gran pérdida de carga y un riesgo alto de obstrucciones por deposiciones calcáreas, que acortan la vida útil de la instalación.

No obstante, siguen utilizándose en algunos tramos de las mismas, como puede ser en los tubos de alimentación y en la batería de contadores divisionarios, pero sobre todo se utilizan en instalaciones contraincendios y otras de tipo industrial.

Acero inoxidable

Los tubos de acero inoxidable son de gran calidad y se utilizan sobre todo en la industria química por su gran resistencia a la oxidación, y en la industria alimentaria (láctea y vinícola) por sus excelentes cualidades sanitarias.

Es un material caro y muy específico por su manipulación y sistemas de unión.

Fundición

La tubería de fundición dúctil es utilizada principalmente en abastecimientos de agua potable, redes contraincendios, aguas recicladas, riego y saneamiento... El color negro es distintivo de su aplicación, lo que permite la identificación de las redes, de especial interés en zonas urbanas.

1.5.1.2. Tuberías plásticas

De unos años a esta parte, los materiales plásticos se han desarrollado mucho y hoy día ocupan un porcentaje altísimo en las instalaciones de todo tipo. Su auge es debido a unos precios muy competitivos a lo que se une gran facilidad de montaje con todo tipo de artificios mecánicos, pegamentos y electrosoldaduras.

Dentro de las tuberías plásticas (Figura 1.58) hay una gran variedad, tal como podemos ver en la Tabla 1.2.

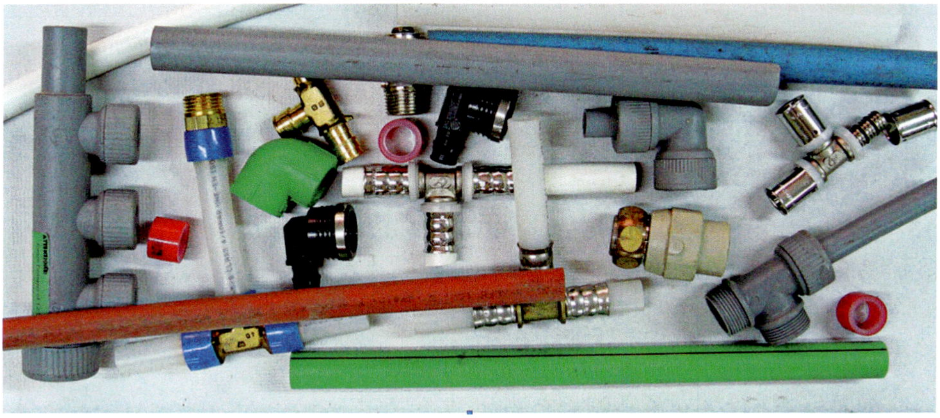

Figura 1.58. Diversos accesorios y tuberías plásticas.

Tabla 1.2. Materiales plásticos

Material base	Tipos
Policloruro de vinilo	PVC-U
	PVC-O
Polipropileno	Polipropileno homopolímero PP H
	Polipropileno copolímero Random PP-R
	Polipropileno copolímero bloque PP B
Polietileno	Polietileno PE
	Polietileno reticulado PEX
	Polietileno multicapa PEX-AL-PEX
	Polietileno multicapa PERT-AL-PERT
Polibutileno	Polibutileno
Poliéster	Poliéster reforzado con fibra de vidrio

Se puede decir que todos ellos se utilizan en todas las instalaciones, aunque sus usos más normales son:

El PVC se utiliza básicamente en evacuación y saneamiento, aunque hay una línea del productos llamados PVC de presión que tiene su campo en instalaciones de riego e industriales.

El polipropileno se usa fundamentalmente en instalaciones de abastecimiento en viviendas y en otros tipos de suministros como piscinas y similares.

El polietileno se utiliza mucho en instalaciones agrícolas de riego y en las acometidas urbanas, y una de sus variedades, el reticulado y multicapa PEX, en instalaciones domesticas y calefacción.

El polibutileno se emplea en instalaciones provisionales, como en ferias y montajes de esa índole, por su facilidad de montaje, aunque también en un pequeño porcentaje en instalaciones domésticas.

El poliéster reforzado con fibra de vidrio es muy adecuado en aplicaciones industriales por su resistencia a los agentes químicos.

No obstante, su empleo es cada vez más habitual en conducciones de agua para abastecimiento, riegos, saneamientos, etc., debido a sus precios competitivos.

EN DETALLE

Todas estas tuberías, sus características, formas de unión, etc. las veremos con más detalle en el Capítulo 3 de este libro.

1.6. Componentes y accesorios de las instalaciones

En las instalaciones se utilizan multitud de componentes y accesorios. Los componentes son los elementos que constituyen las propias instalaciones, como las tuberías y la valvulería, además de otros como: depósitos, bombas y aparatos sanitarios.

Los accesorios son todos aquellos elementos utilizados para ensamblar tuberías y unir estas a los componentes, como pueden ser: codos, manguitos, soportes, grapas, etcétera.

1.6.1. Válvulas

Una válvula (Figura 1.59) es un mecanismo que regula el flujo de un fluido entre dos partes de una máquina o sistema. En fontanería se utilizan muchos tipos de válvulas, para cumplir los diversos cometidos que las instalaciones requieren y a veces, aunque son válvulas, según la definición anterior, se las llama de otra forma, con nombres que se han acuñado a lo largo del tiempo y que es inútil intentar cambiarlos, por ejemplo, a las válvulas de paso se les llama «llaves», con un «apellido» según la función específica que cumpla, por ejemplo, llave general, llave de corte, llave de paso, etcétera.

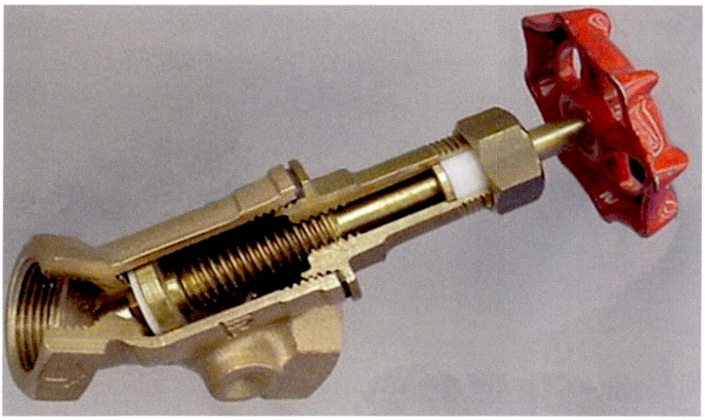

Figura 1.59. Válvula.

Tipos de válvulas

Las válvulas utilizadas en fontanería han evolucionado mucho desde las, ya antiguas, de asiento paralelo (Figura 1.60) y asiento inclinado (Figura 1.61) que proporcionaban a las instalaciones una gran pérdida de carga, especialmente las primeras, que están prácticamente en desuso.

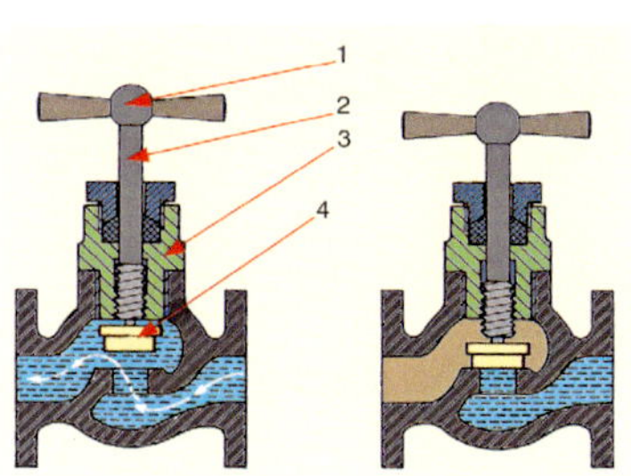

Figura 1.60. Esquema de llave de asiento paralelo.

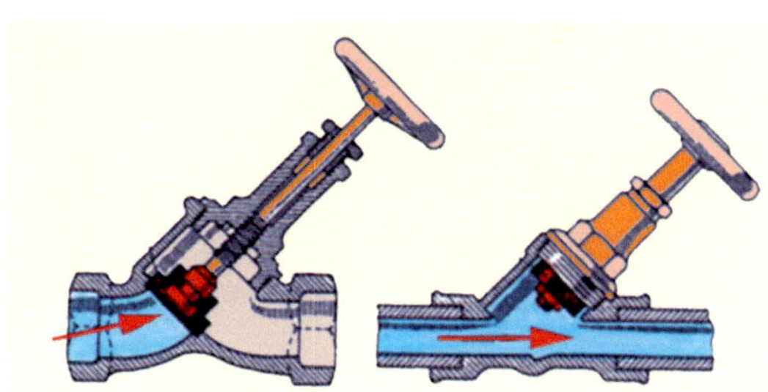

Figura 1.61. Esquema de llave de asiento inclinado.

Actualmente, hay una gran variedad de modelos, tamaños, materiales y diseños con la vocación de cubrir el amplio abanico de necesidades de las modernas instalaciones. Aquí nos vamos a centrar en las más habituales por su funcionamiento y por su utilización. Las podemos dividir, según su misión, en tres grandes grupos:

- Válvulas para interrupción y paso de fluidos.
- Válvulas de regulación y control.
- Válvulas de seguridad.

1.6.1.1. Válvulas para interrupción y paso de fluidos (llaves)

Son las que se utilizan para regular el paso del agua en las instalaciones y deben tener un sistema de cierre progresivo y lento para no provocar golpes de ariete. Se pueden distinguir tres tipos bien diferenciados:

- De compuerta.
- De mariposa.
- De esfera o bola.

De compuerta

Son aquellas en las que el cierre se consigue por una compuerta o cuchilla con desplazamiento ascendente-descendente en sentido perpendicular a la vena líquida (Figura 1.62). Suelen tener como mecanismo de maniobra un husillo con sistema de prensa-estopas o anillos tóricos en su extremo superior para evitar fugas.

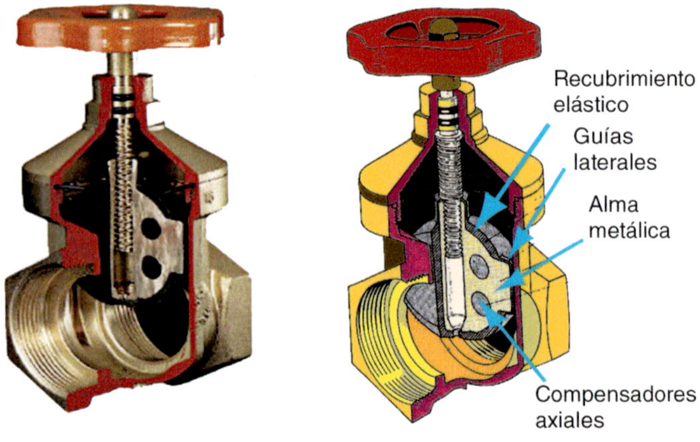

Figura 1.62. Llave de compuerta.

Existen en una gama de medidas muy amplia desde 12 mm hasta 1200 mm y más. Son muy apreciadas y utilizadas porque a plena abertura no tienen apenas pérdida de carga.

Son muy adecuadas para redes de caudales elevados como toda la red de abastecimiento público y acometidas, en las de grandes dimensiones pueden llevar algún sistema de accionamiento mecánico como husillos de tornillo sinfín, manuales o motorizados, para vencer la gran resistencia que presentan a su manipulación por la inercia del fluido.

Se las puede encontrar en todos los sistemas de unión: roscadas, soldadas, encoladas, por compresión, electrofusión, etcétera.

De mariposa

Estas válvulas se basan en el cierre que produce una mariposa de eje vertical u horizontal, que con un giro de 90º consiguen la total apertura u obturación de la misma (Figura 1.63). El cierre lo consiguen con un anillo elástico donde hace su asiento el borde de la mariposa. Estas válvulas se ven sometidas a grandes esfuerzos en el eje debido al empuje axial de la vena líquida sobre los lados de la mariposa, por lo cual en grandes diámetros hay que poner reductores en los husillos de cierre para poder realizar movimientos lentos y progresivos, tanto en cierre como en apertura (Figura 1.64).

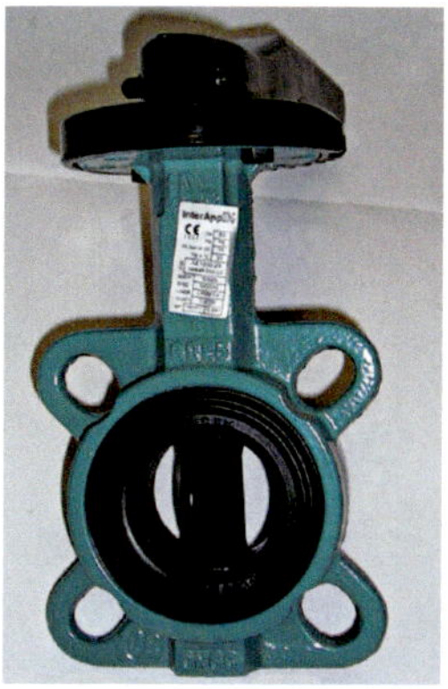

Figura 1.63. Mariposa.

Figura 1.64. Válvulas con reductores de husillo.

De bola

Son válvulas basadas en el cierre que proporciona una esfera perforada al girar movida por una palanca dentro del cuerpo de válvula sobre unos anillos de cierre de teflón (Figura 1.65). Producen muy poca pérdida de carga y son muy simples en sus mecanismos internos y fácilmente desmontables, por lo cual son baratas y muy adecuadas en instalaciones con caudales moderados como los que circulan por las instalaciones de fontanería. Se dispone de una gran variedad de ellas para todos los sistemas de unión, soldadas, roscadas, por presión, de anillo corredizo, etc. Esta gran versatilidad es el motivo de que sean las más utilizadas actualmente.

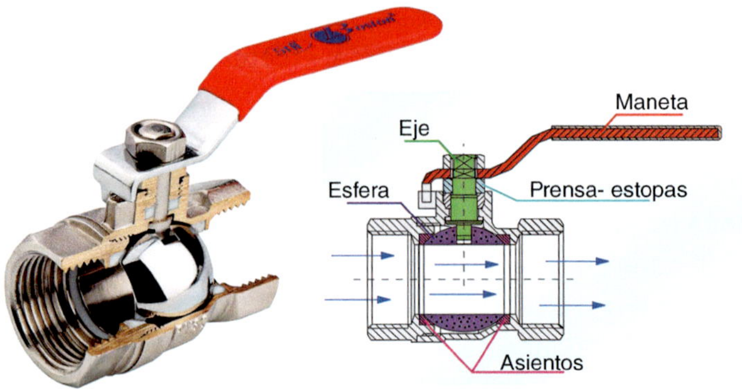

Figura 1.65. Válvula o llave de bola.

Una variedad de estas últimas son las llamadas «llaves de escuadra» (debido a que la salida del agua forma un ángulo de 90º con la entrada de la misma). Se utilizan para conectar mediante un latiguillo flexible la salida de la instalación con el grifo del aparato sanitario, ya sea lavabo, bidé, inodoro, etc. (Figura 1.66).

Figura 1.66. Válvula de escuadra seccionada.

1.6.1.2. Válvulas de regulación y control

Son las encargadas de controlar los fluidos en todas sus funciones, tales como la temperatura, la presión, el caudal, la circulación, etc. proporcionando, en la mayoría de los casos, un control automatizado de estas funciones que contribuye notablemente al funcionamiento armonioso de las instalaciones y circuitos. Hay un gran abanico de ellas, entre las más utilizadas las:

- De retención.
- Ventosas.
- Limitadoras reductoras.
- Mezcladoras.
- Fluxores.

De retención

Son las que permiten el paso del fluido en un sentido de la corriente y lo impiden en el contrario, también se las llama antirretorno, porque impiden automáticamente la inversión del flujo. Según el lugar de la instalación y la función que va a desempeñar, las encontramos de: clapeta, muelle y pistón, bola, pie, Venturi, etc. (Figuras 1.67).

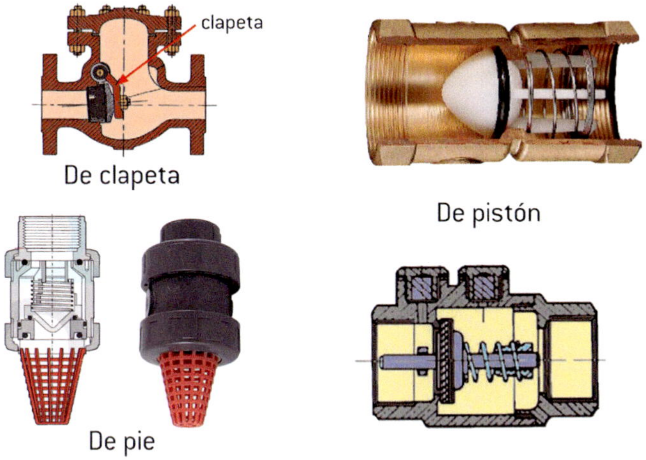

Figura 1.67. Válvulas de retención diversas.

Ventosas

Son válvulas que sirven para eliminar el aire de las canalizaciones. Se suelen usar en instalaciones de grandes caudales como en abastecimiento público.

Funcionan con un flotador que en caso de la existencia de aire en el circuito caen por el peso abriendo la válvula superior permitiendo la salida del mismo y cuando el agua llena el cuerpo de la válvula empuja el flotador y cierra la salida. Se colocan en los puntos altos de la red que es donde el aire se aloja y es más fácil evacuarlo (Figura 1.68).

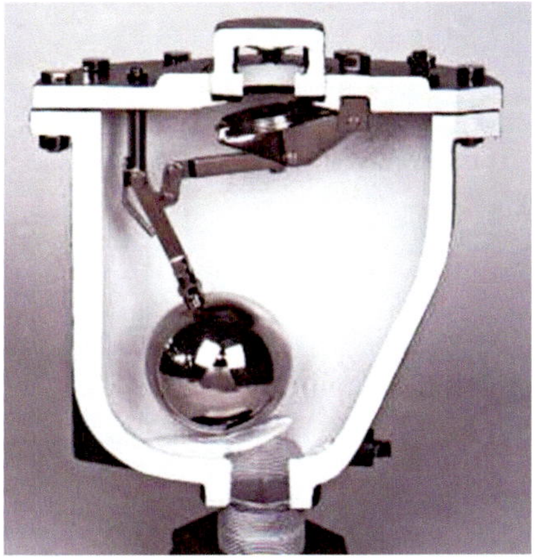

Figura 1.68. Válvula de ventosa.

Limitadoras-reductoras de presión

Las válvulas limitadoras o reductoras de presión sirven para establecer una presión máxima regulando o reduciendo el exceso existente en la entrada de válvula dejando en el lado de salida la presión regulada, con el objetivo de proteger la instalación de ruidos y golpes de ariete, fundamentalmente (Figura 1.69).

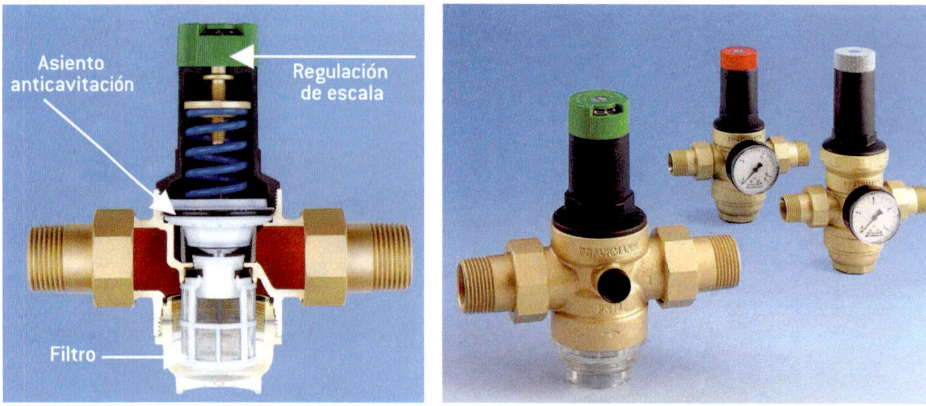

Figura 1.69. Válvulas limitadoras reductoras.

Mezcladoras

Cuando necesitamos ACS a una temperatura regulada para utilización colectiva o individual en toda la instalación, se pueden utilizar válvulas mezcladoras en línea (Figura 1.70), que se instalan al principio de la instalación y mezclan las dos aguas, fría y caliente, para obtener la temperatura deseada en todos los grifos posteriores. Estas válvulas dan un excelente resultado en pequeñas instalaciones como las duchas o baños colectivos de obras, cuarteles, etcétera.

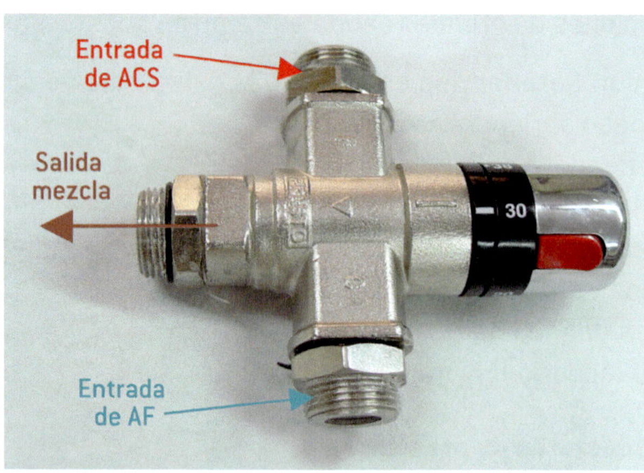

Figura 1.70. Válvula mezcladora.

Fluxores

Se denomina fluxor o válvula de descarga a un grifo de cierre automático capaz de proporcionar un elevado caudal de agua en un corto espacio de tiempo, que puede ser variado a voluntad mediante regulación y que se emplea en inodoros, urinarios y vertederos (Figura 1.71).

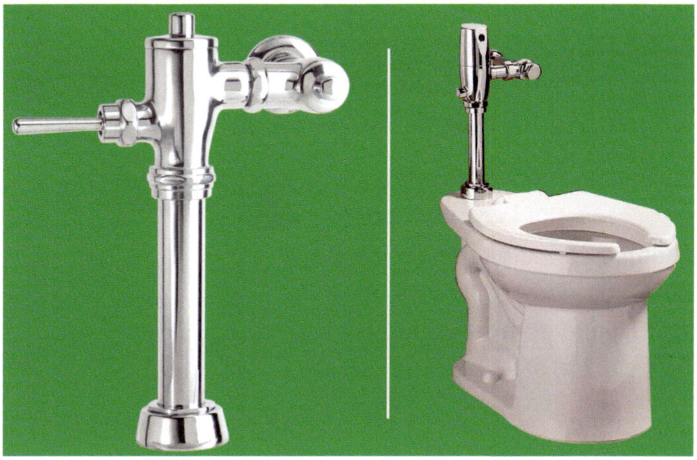

Figura 1.71. Modelo de fluxor e inodoro con fluxor.

El fluxor necesita un elevado caudal instantáneo (de 1,25 a 2 l/s), muy superior al de los restantes aparatos domésticos, exigiendo además una presión mínima a la entrada del aparato, no inferior a 0,7 bar.

Se utilizan preferentemente en lugares públicos con gran afluencia de gente.

Provocan una gran descarga de agua consiguiendo un arrastre mecánico muy eficaz, que viene a sustituir la falta de participación en la limpieza, con la conocida escobilla, de la mayoría los usuarios de estos lugares. No son adecuadas, en general, en viviendas particulares, ya que en estas los diámetros habituales de las tuberías son muy escasos para estos aparatos y en caso de montarlos no suelen funcionar aceptablemente por su escaso caudal, además de producir deficiencias en el suministro del resto de aparatos, en caso de estar funcionando simultáneamente.

1.6.1.3. Válvulas de seguridad

Son las encargadas de proteger las instalaciones de los posibles peligros tanto de excesos de presión como de altas temperaturas u otros fenómenos como los golpes de ariete (Figura 1.72). En los circuitos de fontanería doméstica son poco utilizadas, pero sí en aparatos tal como calderas de calefacción.

Figura 1.72. Válvulas de seguridad en un termo.

1.6.2. Bombas hidráulicas

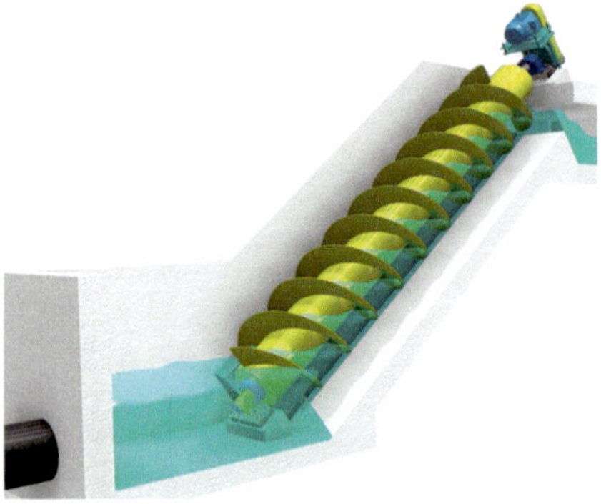

Figura 1.73. Esquema de funcionamiento del «Tornillo de Arquímedes» (cortesía SINERTECH).

Las bombas hidráulicas son elementos mecánicos trascendentales en la fontanería porque están presentes en todos los episodios del transporte del agua desde la captación hasta la evacuación.

Es un mecanismo que convierte energía mecánica en energía fluida o hidráulica. La primera bomba conocida fue descrita por Arquímedes en el siglo III a. C., el conocido «Tornillo de Arquímedes» (Figura 1.73).

A través de los siglos se fueron modificando hasta llegar a las todavía existentes bombas de palanca basadas en los principios aspirante-impelente (Figura 1.74), consistente en un émbolo alternativo que sube y baja dentro de un cilindro y por medio de sendas válvulas de retención colocadas en sentido inverso permiten aspirar un volumen al ascender el émbolo a través de la válvula inferior abierta por la succión y al bajar el pistón se cierra esta válvula abriéndose la superior, permitiendo la salida del volumen acumulado. Son bombas de desplazamiento positivo o volumétricas.

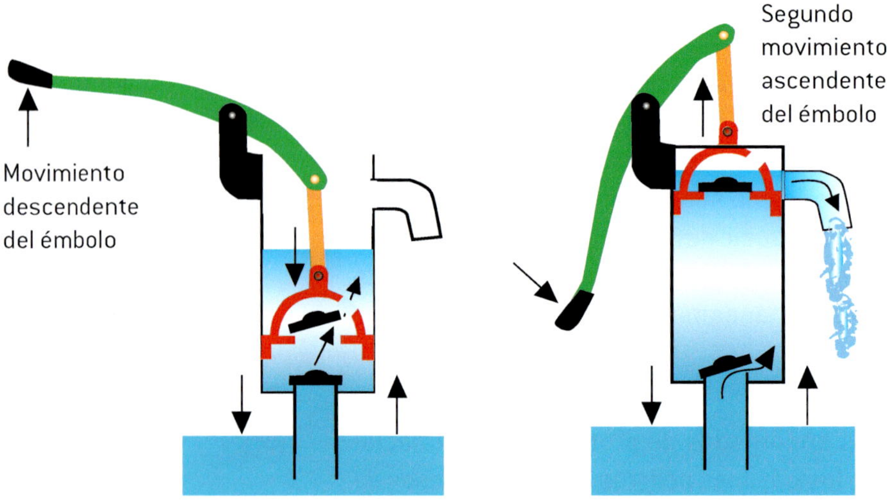

Figura 1.74. Esquema de funcionamiento de bomba aspirante-impelente.

Desde entonces hasta la fecha actual han sufrido un cambio considerable, como es natural, pero siguen manteniendo los mismos principios de funcionamiento, es decir, recogen el líquido de un lugar y lo transportan a otro mediante un dispositivo mecánico accionado por una fuerza.

¡OJO CON ESTO!

Antes de continuar, es preciso concretar cuál es la misión de las bombas y desmontar la creencia tan extendida como inexacta de que las bombas dan presión.

¡Las bombas solo proporcionan caudal! (transportan un volumen de agua en la unidad de tiempo).

Todos los detalles se explican en el apartado «Presión hidrodinámica» en la página 93.

Tipos de bombas

Hay muchísimos tipos de bombas y se podrían hacer diversas clasificaciones atendiendo a sus componentes internos, usos, tamaños, y un largo etcétera, pero aquí vamos a dividirlas o clasificarlas atendiendo al principio de funcionamiento en el que se basan, así diremos que las bombas se clasifican en:

- Bombas de desplazamiento positivo o volumétricas, rotatorias.
- Dinámicas centrífugas.

De desplazamiento positivo

En este tipo de bombas (Figura 1.75), en cada ciclo, el órgano propulsor genera un volumen dado o cilindrada, por lo que también se denominan bombas volumétricas. En caso de poder variar el volumen máximo de la cilindrada sehabla de bombas de volumen variable. Si ese volumen no se puede variar, entonces se dice que la bomba es de volumen fijo.

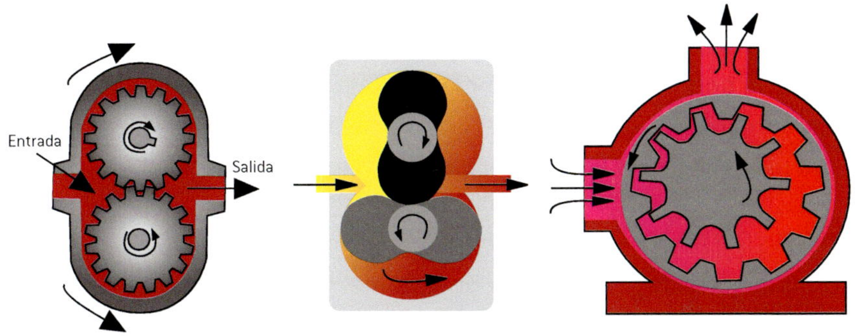

Figura 1.75. Bombas volumétricas de engranajes, de rotores y de engranajes internos.

¿SABÍAS QUE...?

Las bombas se utilizan en prácticamente todos los sectores de la industria, con una gran variedad de modelos y diversas configuraciones y montajes. Se puede decir que forman un singular apartado de la rama de la mecánica.

Centrífugas

Estas bombas (Figura 1.76) generan el caudal por la velocidad que adquieren los fluidos al verse sometidos a la fuerza centrífuga que les infiere un impulsor dentro de una carcasa. El líquido suele entrar por la parte central y salir siguiendo una trayectoria periférica por la tangente.

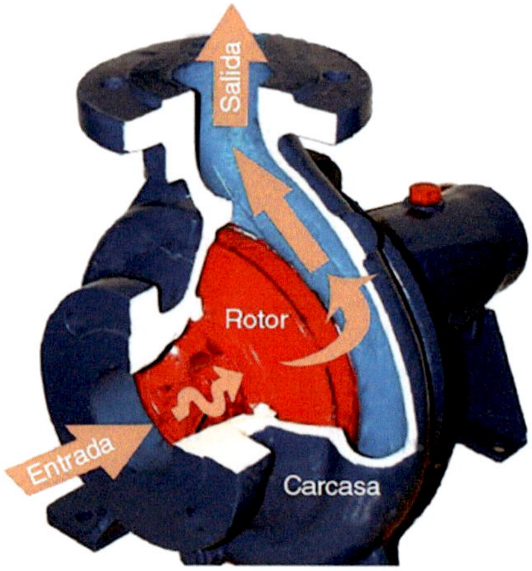

Figura 1.76. Estructura de una bomba centrífuga simple.

Es un tipo de bomba hidráulica que transforma la energía mecánica de un impulsor rotatorio, llamado rotor, en energía cinética y potencial. El fluido entra por el centro del rotor, que dispone de unos álabes para conducirlos, y por efecto de la fuerza centrífuga originada por la velocidad es impulsado hacia el exterior donde es recogido por la carcasa o cuerpo de bomba, que por la geometría de su contorno en forma de voluta lo conduce hacia la salida o hacia el siguiente rodete, en caso de montar varios. Aunque la fuerza centrífuga producida depende tanto de la velocidad en la periferia del impulsor como de la densidad del líquido, la energía que se aplica por unidad de masa del líquido es independiente de la densidad del líquido. Por lo tanto, en una bomba dada que funcione a cierta velocidad y que maneje un volumen definido de líquido, la energía que se aplica y transfiere al líquido es la misma para cualquier líquido sin que importe su densidad.

Funcionamiento de las bombas centrífugas

Las bombas centrífugas mueven un volumen de líquido entre dos niveles; son, pues, máquinas hidráulicas que transforman un trabajo mecánico en otro de tipo hidráulico. Los elementos constructivos de que constan son:

1. **Tubería de aspiración**, que concluye prácticamente en la brida de aspiración.
2. **Impulsor o rodete**, formado por una serie de álabes de diversas formas que giran dentro de una carcasa circular (Figura 1.77). Este rotor también llamado rodete va unido solidariamente al eje y es la parte móvil de la bomba. El líquido penetra axialmente por la tubería de aspiración hasta el centro del rodete, que es accionado por un motor, experimentando un cambio de dirección más o menos brusco, pasando a radial (en las centrífugas), o permaneciendo axial (en las axiales), adquiriendo una aceleración y absorbiendo un trabajo.

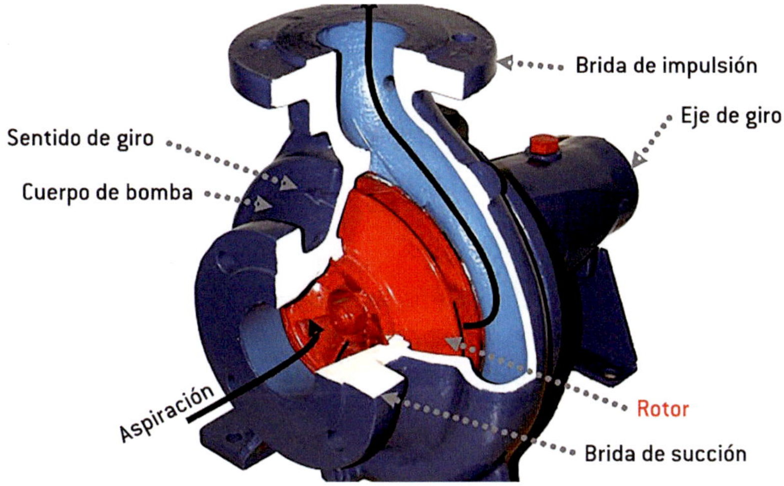

Figura 1.77. Estructura de una bomba centrífuga simple. Fuente: elaboración propia.

3. **Carcasa o voluta**, está dispuesta en forma de caracol, de tal manera, que la separación entre ella y el rodete es mínima en la parte superior; la separación va aumentando hasta que las partículas líquidas se encuentran frente a la abertura de impulsión; en algunas bombas existe, a la salida del rodete, una directriz de álabes que guía el líquido a la salida del impulsor antes de introducirlo en la voluta. La finalidad de la voluta es la de recoger el líquido a gran velocidad, cambiar la dirección de su movimiento y encaminarlo hacia la brida de impulsión de la bomba.

   Los álabes del rodete someten a las partículas del líquido a un movimiento de rotación muy rápido, siendo proyectadas hacia el exterior por la fuerza centrífuga, de forma que abandonan el rodete hacia la voluta a gran velocidad, aumentando su presión en el impulsor según la distancia al eje. La elevación del líquido se produce por la reacción entre este y el rodete sometido al movimiento de rotación; en la voluta se transforma parte de la energía dinámica adquirida en el rodete en energía de presión, siendo lanzados los filetes líquidos contra las paredes del cuerpo de bomba y evacuados por la tubería de impulsión (Figura 1.78).

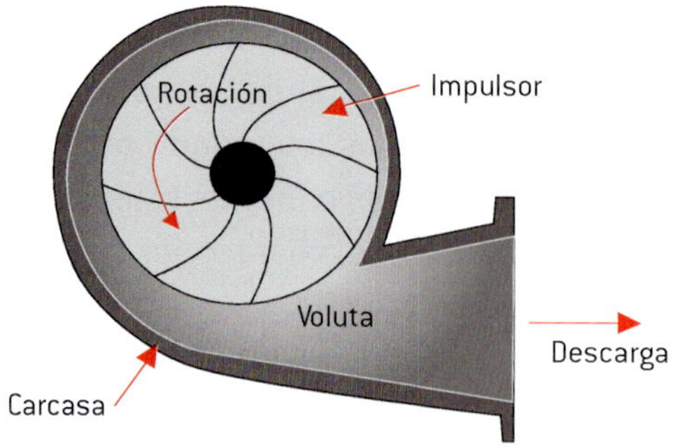

Figura 1.78. Esquema de la carcasa con forma de voluta.

4. **Tubería de impulsión**, es la tubería de salida en contacto con el lado de la instalación, que normalmente está bajo presión.

Estructura de las bombas

La estructura de las bombas centrifugas depende del uso al que se destinen. Así podemos ver bombas en las que el motor de accionamiento y el cuerpo de bomba forman un solo conjunto compacto y se las llama de rotor húmedo. A este último grupo pertenecen las de la Figura 1.79, las de la izquierda son los llamados circuladores, porque se utilizan mayormente como elementos de ayuda para la circulación del fluido caloportador en circuitos cerrados de calefacción y similares, tales como calderas, sistemas de energía solar térmica, etc., y a la derecha de la figura aparece otro tipo de bomba de rotor húmedo, en este caso un modelo de bomba vertical para fangos.

Figura 1.79. Bombas de rotor húmedo.

Y las que el cuerpo está separado del motor de accionamiento y en este caso se llaman de rotor seco (Figura 1.80)

Figura 1.80. Bomba de rotor seco.

Bombas múltiples

Estas bombas son las conocidas como multifase, multietapa o multicelulares debido a su gran rendimiento y su relativo poco volumen. Consisten en colocar sucesivos rodetes (Figura 1.81) en un mismo cuerpo de bomba o carcasa, de forma que el volumen de salida del primero se introduce en la entrada del segundo y así sucesivamente, consiguiendo alturas manométricas elevadísimas.

Figura 1.81. Bomba múltiple.

Se puede decir que estas bombas son un conjunto de bombas montadas en serie, por eso se consiguen grandes alturas manométricas (presión de altura), aunque el caudal no es la consecuencia de la suma de todos los rodetes, sino solamente la del último, pero beneficiado mecánicamente por la circunstancia de que no consume energía en aspirar, puesto que el anterior rodete le introduce todo su caudal forzado (Figura 1.82).

De esta forma se acumulan las presiones parciales que ofrece cada uno de ellos, pudiéndose lograr de este modo alturas de elevación del orden de los 1200 metros.

Estas bombas, en muchos casos, están formadas por células llamadas de anillo líquido, que tienen una configuración especial con un rodete/turbina en forma de hélice metida en un canal anular consiguiendo una gran capacidad de aspiración, lo que las convierte en autocebantes o autoaspirantes, ya que son capaces de aspirar el aire (Figura 1.83).

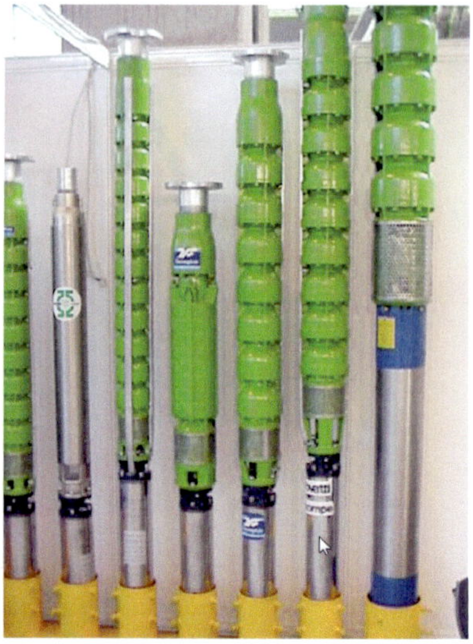

Figura 1.82. Bombas múltiples autocebantes.

Figura 1.83. Esquema de bomba centrífuga de anillo líquido.

Este tipo de montaje se utiliza en muchísimas ocasiones, en equipos de sobreelevación, bombas sumergidas verticales, etc., ya que, como se decía anteriormente, se pueden conseguir grandes prestaciones con bombas de poco diámetro total.

Conclusión

Las bombas centrífugas, debido a sus características, son las bombas que más se aplican en la industria. Las razones de estas preferencias son las siguientes:

- Son aparatos giratorios sin órganos articulados y los mecanismos de acoplamiento son muy sencillos.
- La impulsión eléctrica del motor que las mueve suele ser bastante sencilla.

- Para una operación definida, el gasto (volumen entregado) es constante y no se requiere dispositivo regulador.
- Se adaptan con facilidad a muchas circunstancias.
- El precio de una bomba centrífuga es aproximadamente la cuarta parte del precio de la bomba de émbolo equivalente.
- El espacio requerido es aproximadamente la octava parte del de la bomba de émbolo equivalente y el peso es relativamente pequeño y, por lo tanto, las cimentaciones también lo son.
- El mantenimiento de una bomba centrífuga solo se reduce a renovar el aceite de las chumaceras (soportes donde se apoyan los ejes), los empaques del presaestopa y el número de elementos que se debe cambiar es muy pequeño.

Autoevaluación

1.1. La columna seca de un sistema de extinción de incendios, ¿a qué tipo de instalación pertenece?

a) A las semifijas.

b) A las de espuma.

c) A las fijas.

1.2. Las instalaciones de desagüe de una vivienda se rigen por una normativa del CTE. Pero ¿en qué documento se desarrollan?

a) En la Exigencia Básica HS4.

b) En las NTE.

c) En la Exigencia Básica HS5.

1.3. El manguetón que recoge las aguas negras de un inodoro, ¿a qué grupo de evacuación pertenece?

a) A la red de pequeña evacuación.

b) A ninguna.

c) A la red de gran evacuación.

1.4. ¿Cuál es el primer elemento en la captación/conducción de aguas pluviales de una terraza?

a) La propia bajante.

b) La caldereta o sumidero.

c) El colector vertical.

1.5. Una red de distribución de agua que tiene como característica principal que el agua discurre siempre en el mismo sentido la llamamos:

a) Red mallada.

b) Red ramificada.

c) Red mixta.

1.6. En un armario de contador general hay varios elementos. ¿Cómo se llama el que ocupa el último lugar?

a) Llave de salida.

b) Contador.

c) Llave de corte general.

1.7. Las bajantes que conducen las aguas residuales de los edificios. ¿Es necesario ventilarlas?

a) Sí, porque puede ocurrir desifonamiento.

b) No, porque funcionan por gravedad.

c) No, solo es necesario ventilar los colectores.

1.8. Para la conducción de aguas para abastecimiento y evacuación, ¿se pueden utilizar cualquier tipo de tubería que lleve el sello CE?

a) Sí, es suficiente.

b) Debe cumplir la normativa recogida en el CTE.

c) Vale cualquier tubería que se vende en los establecimientos del ramo.

1.9. ¿Cómo se define el concepto de transportar un volumen de líquido en una unidad de tiempo?

a) Presión.

b) Energía fluida.

c) Caudal.

1.10. ¿Qué es una bomba múltiple?

a) Una bomba que sirve para distintos fluidos.

b) Una bomba con varios rodetes dispuestos en serie.

c) Una bomba de centrifugado axial.

2. Dimensionado de instalaciones

Introducción

Para entender algunos de los muchos fenómenos que ocurren en las instalaciones de agua es menester conocer los principios físicos por los que se rigen, tales como presión, caudal, etcétera.

Igualmente, estas instalaciones están sujetas a unas normas que determinan las características que han de tener las mismas en cuanto a la disposición de los elementos constitutivos.

Para cumplimentar correctamente las anteriores exigencias, se deben realizar cálculos sobre el dimensionado de las tuberías y todos los elementos que constituyen las instalaciones.

En este capítulo se desarrollan los conocimientos suficientes para realizar con rigor estos preceptos.

Contenido

2.1. Conceptos elementales

2.2. Normativa aplicable al diseño de instalaciones y dimensionado

2.3. Caudales mínimos de dimensionado

2.4. Coeficientes de simultaneidad. Clasificación de suministros, cálculo de diámetros de tuberías

2.1. Conceptos elementales

2.1.1. El agua

Las características principales del agua son:

- Densidad del agua líquida 1 kg/dm^3
- Densidad del hielo 0,92 kg/dm^3
- Temperatura de congelación 0 °C
- Temperatura de ebullición 100 °C

Puede adoptar cualquiera de los tres estados de la materia: sólido, líquido o gaseoso.

Al agua, según la definición clásica, se la conoce por lo que no tiene: ni olor, ni color, ni sabor.

No es un elemento simple, sino que es un compuesto de hidrógeno y de oxígeno. Dicho de manera más científica, el agua está compuesta por dos átomos de hidrógeno (H) y uno de oxígeno (O), siendo su símbolo químico H_2O, o lo que es lo mismo: dos partes de hidrógeno y una de oxígeno.

En su configuración atómica, es eléctricamente neutra, pero debido a que el hidrógeno es electropositivo y el oxígeno electronegativo su comportamiento es dipolar.

Este comportamiento es el que determina, por ejemplo, que sea capaz de disolver muchas substancias y también influye en que se mantenga líquida en un rango muy amplio de temperaturas (de 0 a 100 °C).

Dilatación anómala del agua

El agua tiene una propiedad física muy curiosa: su dilatación anómala.

La experiencia nos dice que cuando calentamos un cuerpo se dilata y cuando lo enfriamos se contrae, pero en el agua esto no es así, la densidad varía con la temperatura. Su máxima densidad (1 kg/dm^3) la alcanza con 3,98 °C. Es decir, de 3,98 °C hasta 0 °C (hielo) aumenta el volumen y baja su densidad y de 3,98 °C hasta 100 °C también aumenta su volumen y baja su densidad (Figura 2.1).

Su efecto, bien conocido, es que cuando el agua se congela se dilata, por eso el hielo tiene mayor volumen que el agua y revienta las tuberías por donde circula, y cuando se calienta también dilata, por eso las calefacciones, cuyo portador o transmisor térmico es el agua, llevan el vaso de expansión. Estas propiedades, junto a otras, son las que la hacen tan útil en tantos campos de la vida y la industria.

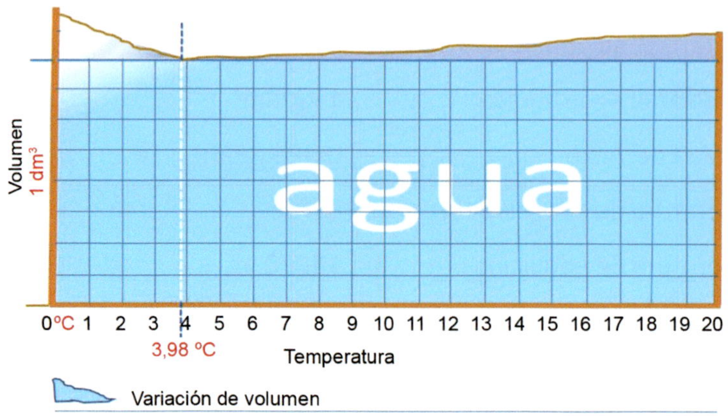

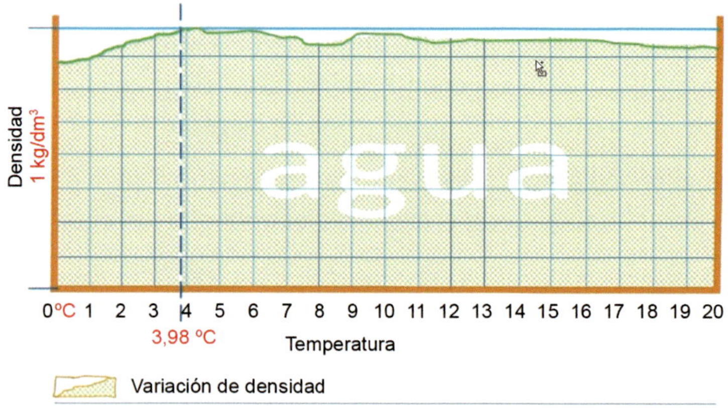

Figura 2.1. Gráficas de variación de volumen y densidad del agua con la temperatura.

pH del agua

La escala de pH varía entre 0 y 14, y el valor medio 7 indica que una sustancia no es ni ácida ni una base, es decir, es neutra (Tabla 2.1). El agua es el ejemplo típico de una sustancia de pH neutro.

La temperatura influye sobre el pH del agua. De hecho, el agua pura tiene un pH de 7 solo exactamente a 25 grados Celsius. A medida que la temperatura del agua sube, el pH disminuye. Lo contrario también es cierto: el agua más fría tiene un valor de pH más alto. A los 60 grados Celsius, el agua pura registra un valor de pH de 6,96. En otras palabras, el cambio es muy ligero y no puede ser registrado con las técnicas de medición rudimentarias, como las tiras de ensayo de pH.

Tabla 2.1. Valores del pH del agua

Calificación del agua según su pH, a una temperatura de 25 °C	
Ácida	Menor que 7
Neutra	Igual a 7
Básica	Mayor que 7

Las características de ebullición del agua

Cuando el agua se calienta empieza a hervir a 100 °C en un recipiente abierto. Pero solo si la presión atmosférica es de 1 atmósfera.

Cada presión atmosférica diferente a este valor origina modificaciones en el punto de ebullición de 100 °C. Por ejemplo, a 3000 m de altura el agua hierve a una temperatura de 90 °C. La causa de este comportamiento es la disminución de la presión atmosférica con el aumento de la altitud. Es decir, cuanto menor sea la presión atmosférica más baja será la temperatura de ebullición del agua, ya que a sus moléculas, al estar menos presionadas, les cuesta menos moverse y desplazarse y, como consecuencia, la temperatura de ebullición disminuye.

2.1.2. Conceptos básicos

Aquí solo vamos a tratar algunos conceptos básicos muy necesarios para comprender el comportamiento de los líquidos en las instalaciones y los parámetros de medición de los mismos, tales como: caudal, velocidad, fuerza, presión, etc., conceptos que no siempre se utilizan adecuadamente.

Caudal

Es el desplazamiento de un volumen de líquido en una unidad de tiempo y lo expresaremos, según de qué tratemos, en litros por segundo, en metros cúbicos por hora, etcétera.

El caudal, por extensión del término, es la cantidad de agua que fluye de un manantial, o el agua que lleva un río y, en nuestro caso, el agua que circula por una tubería.

Velocidad

En física se define como «el espacio recorrido por un móvil en la unidad de tiempo»; si la adaptamos a nuestro lenguaje sería «el espacio recorrido por el fluido (agua) en la unidad de tiempo». Se suele expresar en metros por segundo.

La velocidad de circulación del agua dentro de las conducciones depende de cuatro factores, como son: la sección de las mismas, el caudal, la densidad y la viscosidad del fluido, y es un parámetro muy importante porque de él dependen los ruidos en las instalaciones y los golpes de ariete.

Fuerza

Es «toda acción o influencia capaz de modificar el estado de movimiento o de reposo de un cuerpo». En hidráulica, la fuerza, al tratarse de uno de los dos componentes (fuerza y superficie) de la presión, la percibimos como la acción que «empuja» a los fluidos a desplazarse por las tuberías.

Densidad

Es una propiedad física característica de cualquier materia. Es la magnitud que expresa la relación entre la masa y el volumen de un cuerpo (m/v); es decir, es la cantidad de materia (masa) que tiene un cuerpo en una unidad de volumen. Su unidad en el Sistema Internacional es el kilogramo por metro cúbico, pero por razones prácticas se utiliza normalmente el gramo por centímetro cúbico.

Cada sustancia, en su estado natural, tiene una densidad característica. Por ejemplo, 1 litro de agua en estado líquido se considera que tiene una masa de 1 kilogramo: decimos que la densidad del agua es 1 kg/l.

- Densidad del agua líquida 1 kg/dm^3
- Densidad del hielo 0,92 kg/dm^3

En el agua, la densidad varia con la temperatura (a más temperatura menor densidad), por ello, un aumento de temperatura implica un aumento de volumen por dilatación y un aumento de la presión, una disminución de volumen por compresión, permaneciendo en ambos casos la masa constante.

Algunas veces nos fijamos en que unos cuerpos flotan en el agua y otros se hunden, esto se debe a la diferencia de densidad entre ellos. Los cuerpos menos densos que el agua, como un trozo de madera o aceite, flotan sobre ella, mientras que los más densos, como un huevo o una piedra, tienden a hundirse en el fondo del agua.

Viscosidad

La viscosidad es la oposición de un fluido a las deformaciones tangenciales, es debida a las fuerzas de cohesión moleculares. Todos los fluidos conocidos presentan algo de viscosidad, siendo el modelo de viscosidad nula una aproximación bastante buena para ciertas aplicaciones. Un fluido que no tiene viscosidad se llama fluido ideal.

La viscosidad es una propiedad que nada tiene que ver con la densidad, así, por ejemplo, el fuel es más viscoso que el agua, y sin embargo su densidad es menor, como se demuestra al flotar este sobre el agua.

La viscosidad solo se manifiesta en líquidos en movimiento, se ha definido la viscosidad como la relación existente entre el esfuerzo cortante y el gradiente de velocidad. Esta viscosidad recibe el nombre de viscosidad absoluta o viscosidad dinámica. Generalmente se representa por la letra griega μ.

¡OJO CON ESTO!

La viscosidad influye notablemente en el caudal.

Temperatura

La temperatura de un cuerpo es una medida de la energía cinética promedio de las moléculas de un cuerpo. A mayor energía, mayor temperatura. Las escalas que comúnmente se usan son: el grado Celsius (°C) y el grado Fahrenheit (°F) que se encuentran relacionadas entre sí por:

$$C = (F - 32) \times \frac{5}{9} \qquad F = C \times \frac{9}{5} + 32$$

En los trabajos científicos se utiliza la escala absoluta o kelvin.

Cuando dos objetos con diferente temperatura se ponen en contacto, se transfiere calor energía de uno a otro, este proceso de transferencia seguirá hasta que el sistema (formado por los dos cuerpos) alcance una condición estable llamada equilibrio térmico, y ya no habrá más transferencia de energía.

Se dice que dos objetos se encuentran en equilibrio térmico solo si tienen la misma temperatura. Al proceso que se lleva a cabo de transferir energía térmica lo llamaremos calor, por lo que podemos decir que:

> El calor se define como la transferencia de energía térmica debida a una diferencia de temperatura.

La temperatura afecta a las características del agua, por ejemplo:

Mientras que la temperatura de un líquido aumenta su viscosidad disminuye. Es decir, un líquido fluye más fácilmente cuando está caliente que cuando está frío. La viscosidad de un líquido se incrementa a medida que la presión sobre el mismo sube.

¿SABÍAS QUE...?

El grado Celsius (°C) sustituyó, desde 1948, como unidad de medida al tradicionalmente conocido como grado centígrado, aunque ambas unidades son iguales en valor.

Presión

Para definir la presión se debe recurrir a la noción más elemental de fuerza: «La presión es la magnitud que indica cómo se distribuye la fuerza sobre la superficie a la cual está aplicada».

La medida de la presión se puede calcular entonces dividiendo la intensidad de la fuerza por el área de la superficie:

$$Presión = \frac{Fuerza}{Superficie}$$

El concepto de presión es muy general y por ello puede emplearse siempre que exista una fuerza actuando sobre una superficie. Sin embargo, su empleo resulta especialmente útil cuando el cuerpo sobre el que se ejercen las fuerzas es «deformable». Los fluidos no tienen forma propia y constituyen el principal ejemplo de aquellos casos en los que es más adecuado utilizar el concepto presión que el de fuerza.

Ya hemos visto en apartados anteriores que el término «presión» se confunde a menudo y se emplea para referir la velocidad, mayor o menor, con que el agua fluye por un grifo o por una manguera de riego de las utilizadas en los jardines. Evidentemente, el agua circula porque dentro de la conducción hay agua sometida a presión, pero el parámetro que define esa salida con más o menos rapidez es la velocidad, no la presión, por eso lo correcto es decir que el agua sale «bajo presión».

Clases de presión

Un valor muy utilizado como referencia para entender el concepto presión es la presión atmosférica, que es la fuerza por unidad de superficie que ejerce el aire sobre la superficie terrestre y se define como: «El peso de la atmósfera, ejercida sobre una unidad de superficie». Se mide con el barómetro, por lo que también se la llama presión barométrica.

El valor de la presión atmosférica en condiciones normales y a nivel del mar es el equivalente a una columna de mercurio de 760 mm y se denomina atmósfera física.

Presión absoluta y relativa

Hay dos formas de medir la presión: la presión absoluta y la presión relativa.

La presión absoluta es la que toma como base de medida el cero absoluto. Por lo tanto, no hay presión absoluta negativa, todas son positivas. Esta medición se suele utilizar para realizar cálculos teóricos.

En la superficie terrestre sabemos que siempre hay una presión que es la atmosférica, por eso para facilitar las mediciones aparece el concepto de presión relativa.

La presión relativa toma como base (o como su cero) la presión atmosférica.

Es la que medimos con los manómetros, por eso también se la conoce por presión manométrica.

Cuando la presión medida es menor que 0, es decir, menor que la atmosférica, decimos que es presión negativa o presión de vacío. Los manómetros que solo miden presiones negativas se llaman vacuómetros. Por lo tanto, podemos decir que la presión absoluta es la suma de la barométrica o atmosférica más la relativa.

$$\textit{Presión absoluta} = \textit{presión atmosférica} + \textit{presión relativa}$$

2.1.3. Hidráulica

La hidráulica es la parte de la física que estudia el comportamiento de los fluidos en sus múltiples manifestaciones, tanto líquidos como gases. Es una ciencia complejísima que requiere para su estudio profundo un sinfín de conocimientos de matemáticas y física.

Para su mejor estudio y comprensión, se suele dividir en dos partes (Figura 2.2):

- Hidrostática.
- Hidrodinámica.

Figura 2.2. Ejemplos de líquido en reposo (estático) y en movimiento (dinámico).

2.1.3.1. Hidrostática. Principios fundamentales

La hidrostática es la rama de la mecánica de fluidos que estudia los fluidos en reposo, especialmente los líquidos. Hay dos grandes principios:

Principio de Pascal

Uno de los grandes principios de la hidrostática es el principio de Pascal, que dice: «los líquidos transmiten las presiones que reciben».

La presión aplicada en un punto de un líquido contenido en un recipiente se transmite con el mismo valor a cada una de las partes del mismo.

Por lo tanto, cuando en un sistema abierto por los dos extremos (por ejemplo, un tubo que contiene un líquido) se ejerce presión en uno de sus extremos, esa presión se producirá en el otro extremo. En realidad, la presión se manifiesta igualmente sobre las paredes del tubo, pero la rigidez y la resistencia del mismo la neutraliza, haciendo que se transmita hacia el otro extremo.

La prensa hidráulica constituye la aplicación fundamental del principio de Pascal y es donde se entiende mejor su funcionamiento (Figura 2.3).

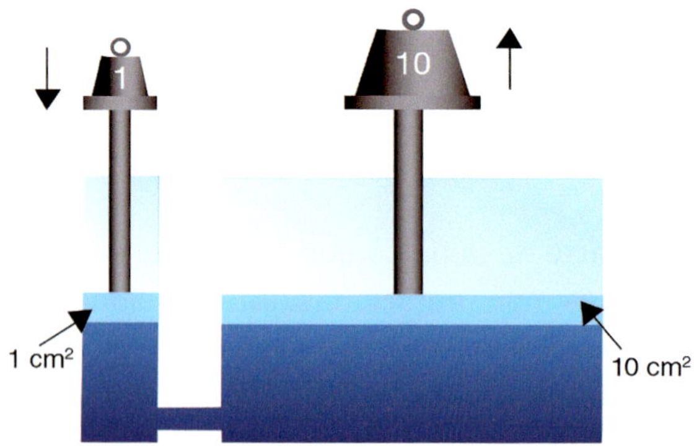

Figura 2.3. Aplicación del principio de Pascal de la prensa hidráulica.

Principio de Arquímedes

«Todo cuerpo sumergido en un fluido recibe un empuje hacia arriba igual al peso del volumen del fluido desplazado».

Empuje (E) = $\rho \times g \times V$

V: volumen del fluido desplazado

Es el principio por el que se rigen los barcos.

2.1.3.2. Hidrodinámica. Principios

La hidrodinámica estudia la dinámica de fluidos no compresibles.

Como ciencia es complejísima, pero nosotros solo nos vamos a referir someramente a determinados comportamientos de los líquidos en los circuitos o instalaciones para conocer los fenómenos que provocan y que tienen interés para este oficio.

El concepto que distingue la hidrostática de la hidrodinámica es que en la primera el fluido está quieto y en la segunda este fluido se mueve originando un caudal.

El caudal ya quedó definido en párrafos anteriores y como ejemplo del mismo podemos citar:

El caudal que lleva un río, por ejemplo, 20 m^3/seg. El caudal también lo origina la antigua noria de cangilones, por ejemplo, 2000 l/hora. Y caudal transportan las tuberías de fontanería, por ejemplo, 2,3 l/seg.

Presión hidrostática e hidrodinámica

Dependiendo del estado del líquido, en reposo o en movimiento, la presión se origina de forma distinta:

- En reposo: presión estática.
- En movimiento: presión dinámica.

Presión hidrostática

Todos los líquidos pesan. Por ello, cuando están contenidos en un recipiente las capas superiores oprimen a las inferiores, generándose una presión debida al peso. En consecuencia, la presión en un punto determinado del líquido dependerá de la altura de la columna de líquido que tenga por encima.

La presión estática de un fluido en reposo en un punto dado será la altura en metros que tenga por encima de ese punto.

Y la unidad de medida es, por lo tanto, metros de columna de agua o mca.

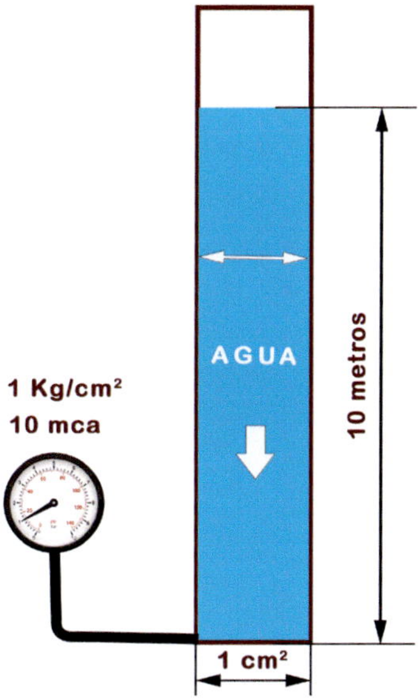

Figura 2.4. Esquema del concepto de presión estática.

Esta equivalencia vendrá reflejada en cualquier tabla de unidades, pero por su utilización en muchos ejercicios de cálculo la desarrollamos para una mejor comprensión.

En la Figura 2.4, se ve una columna de agua de 10 m de altura y 1 cm^2 de sección, o lo que es lo mismo 1000 cm × 1 cm^2 = 1000 cm^3 = 1 dm^3 =1 litro de agua = 1 kg.

Como este peso se está ejerciendo sobre 1 cm^2, los 10 m de columna de agua o 10 mca, equivalen, efectivamente, a 1 kg/cm^2.

Es evidente que la forma del recipiente no influye en la presión, pero sí la profundidad, ya que de ella depende dicho valor.

En la Figura 2.5, en la que se representa la distribución de agua a una población, se ve gráficamente cómo influye la altura en la presión disponible en cada punto de un suministro. A más altura desde la horizontal de la parte superior del agua en el depósito o aljibe de suministro al punto de suministro, más presión hidrostática.

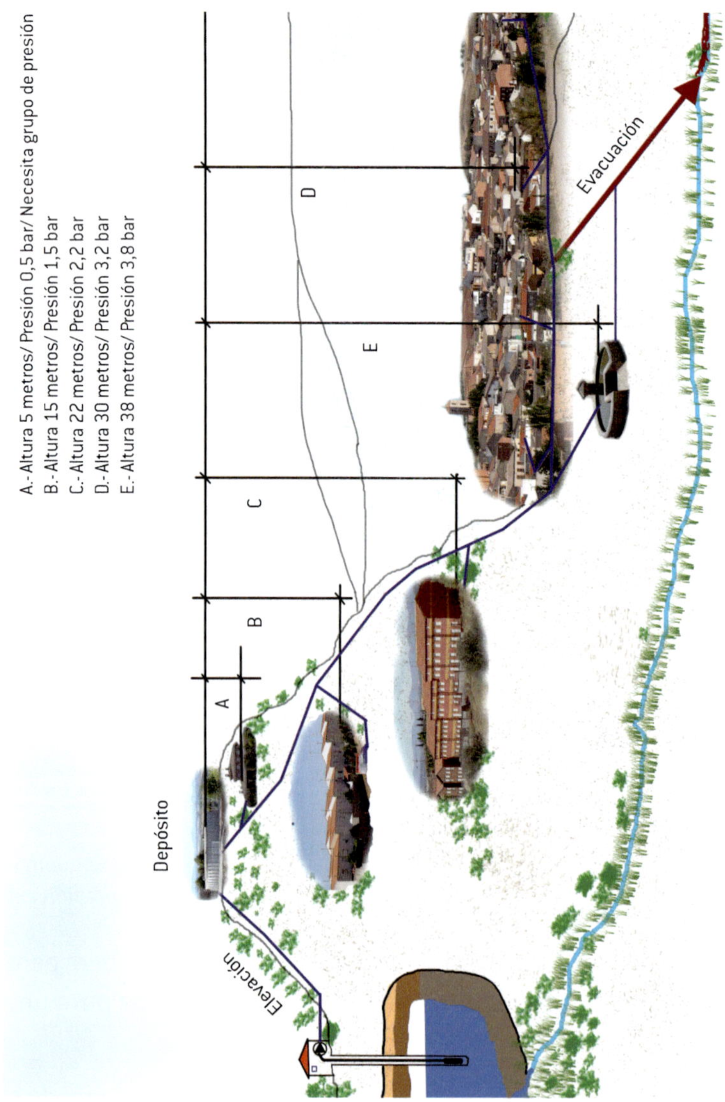

Figura 2.5. Presiones hidrostáticas en el abastecimiento a una población.

Presión hidrodinámica

En hidrostática hemos visto que la presión es una magnitud debida al peso de la columna de agua ejercida sobre la base o superficie donde se considera, con sus múltiples variables de situación. Pero en hidrodinámica, debido a que el fluido está en movimiento, la presión se manifiesta a consecuencia de la fuerza de una masa de agua cuyas moléculas son empujadas por las que vienen detrás, impulsadas a su vez por una bomba hidráulica o la gravedad de una columna de agua.

Cuando esta masa de líquido discurre libremente por una conducción, se puede decir que no genera presión sobre los conductos y circula con mayor o menor velocidad, dependiendo de la sección de la tubería y del caudal en circulación. Pero cuando elevamos en altura su salida o bien obstruimos parcialmente la libre circulación o su salida, la masa de agua se ve ralentizada por esa dificultad generando una presión que se ejerce en todas las direcciones. De esta situación se deduce la definición que se utiliza en hidráulica.

¡OJO CON ESTO!

La presión es originada por la resistencia que se opone al caudal.

Por lo tanto, como ya se apuntó en el Apartado 1.6.2., las bombas son órganos generadores de caudal, no de presión. En el esquema de la Figura 2.6 se puede apreciar gráficamente esta explicación:

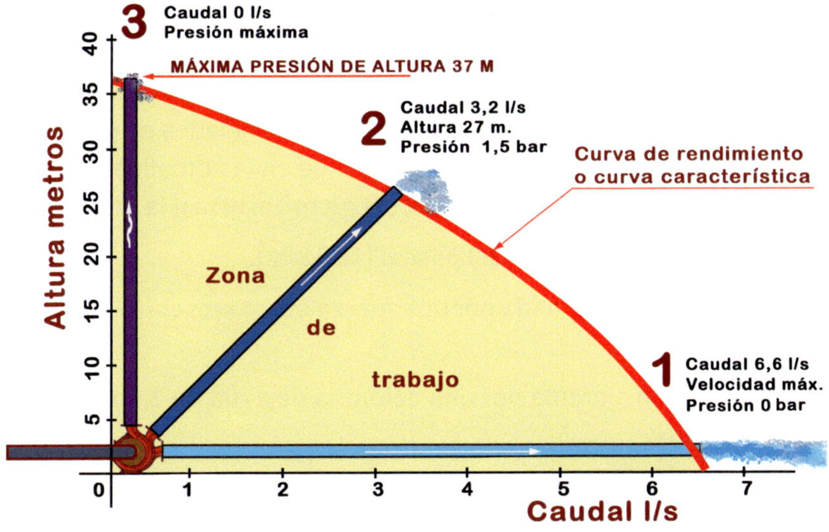

Figura 2.6. Esquema de trabajo de bombas.

Posición 1, la bomba trabaja sin resistencias apreciables de elevación ni de obstrucción, por lo que el caudal es el máximo que la capacidad de la bomba impulsa y su velocidad es la máxima del sistema, pero la presión no existe porque no hay resistencias.

Posición 2, ya hay una elevación del caudal que le supone una resistencia a la circulación y, en consecuencia, el caudal y la velocidad disminuyen generando a su vez una presión proporcional.

Posición 3, la resistencia por altura es tal que la bomba no puede seguir entregando caudal y en esa situación la presión es la máxima que ese circuito puede generar y, en consecuencia, se ha conseguido lo que los fabricantes la llamen **altura máxima de presión**. En esta situación lo más probable es que la bomba colapse por calentamiento. Para evitarlo cuando se diseña un circuito hay que tenerlo en cuenta y decidir un dimensionamiento adecuado con márgenes de seguridad y dotar a la instalación de los dispositivos de control adecuados.

¡TOMA NOTA!

La zona de trabajo es el espacio caudal/altura donde cada bomba puede trabajar según las especificaciones que el fabricante ha implementado.

Unidades de presión

En el SI la unidad de presión es el pascal, se representa por Pa y se define como la presión correspondiente a una fuerza de un newton de intensidad actuando perpendicularmente sobre una superficie plana de un metro cuadrado. 1 Pa equivale, por lo tanto, a 1 N/m^2.

Como el pascal es una unidad muy pequeña, se utilizan otras unidades de presión que sin corresponder a ningún sistema de unidades en particular han sido consagradas por el uso y se siguen usando en la actualidad junto con el pascal. Entre ellas se encuentran el bar, el kg/cm^2, el mca y la atmósfera.

El bar es realmente un múltiplo del pascal (100 kPa).

El kg/cm^2 es la presión ejercida por una fuerza de un kp sobre una superficie de 1 cm^2.

El mca es la presión ejercida por una columna de agua de 1 metro de altura sobre 1 cm^2.

La atmósfera (atm) se define como la presión que a 0 ºC ejerce sobre su base el peso de una columna de mercurio de 760 mm de altura y 1 cm^2 de sección (corresponde a la presión atmosférica normal).

La columna de mercurio es una forma tradicional de medir la presión basada en la altura de una columna de mercurio que puede sostener una presión determinada.

PSI. La unidad PSI significa *pounds per square inch,* en español: libras por pulgada cuadrada. Es una unidad de presión del sistema anglosajón de unidades, muy común en Estados Unidos y en sectores como la industria, la automoción y también en la fontanería y sistemas de calefacción.

RECUERDA QUE...

Las unidades más utilizadas en fontanería tienen la equivalencia siguiente:
1 bar = 10 mca = 1 kg/cm² = 1 atm = 760 mmHg = 100 kPa = 14,7 psi

2.1.3.3. Flujos laminares y turbulentos

Los flujos de los líquidos se pueden clasificar en laminares o turbulentos teniendo en cuenta la estructura interna del flujo (Figura 2.7).

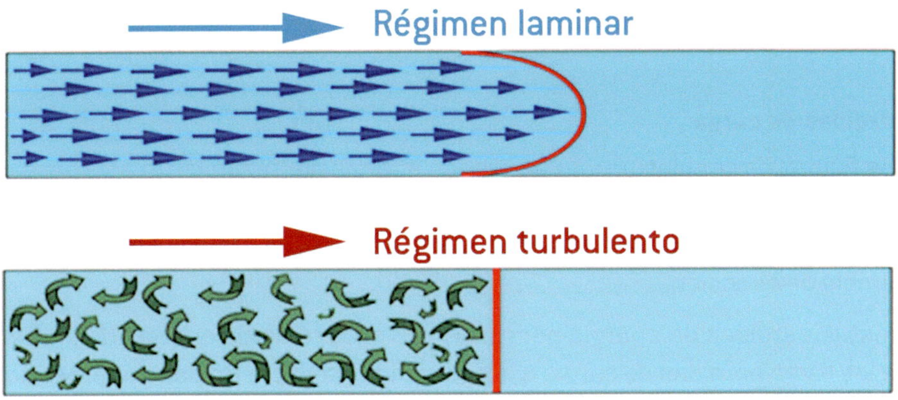

Figura 2.7. Representación gráfica de los regímenes laminar y turbulento.

Flujo laminar

En el régimen laminar las partículas se desplazan siguiendo trayectorias paralelas, formando así en conjunto capas o láminas, de ahí su nombre, el movimiento del fluido es ordenado, estratificado, suave, se mueve en láminas paralelas sin entremezclarse y cada partícula de fluido sigue una trayectoria suave, llamada línea de corriente.

El perfil laminar de velocidades en una tubería tiene forma de una parábola, donde la velocidad máxima se encuentra en el eje del tubo y la velocidad es igual a cero en la pared del tubo. En este caso, la pérdida de energía es proporcional a la velocidad media, mucho menor que en el caso de flujo turbulento.

Flujo turbulento

Se llama flujo turbulento o corriente turbulenta al movimiento de un fluido que se da en forma caótica, en que las partículas se mueven desordenadamente y las trayectorias de las partículas se encuentran formando pequeños remolinos aperiódicos, como, por ejemplo, el agua en un canal de gran pendiente. Debido a esto, la trayectoria de una partícula se puede predecir hasta una cierta escala, a partir de la cual la trayectoria de la misma es impredecible, más precisamente caótica y esta circulación es la que determina ruidos y vibraciones.

EN DETALLE

Podemos concluir que un régimen laminar es aquel en el que las moléculas agrupadas como la masa del líquido, circulan armoniosamente, y al contrario en el régimen turbulento estas moléculas circulan desordenadas debido a secciones insuficientes, cambios bruscos de trayectoria, estrechamientos, etc., que provocan vórtices y remolinos ruidosos con grandes pérdidas de carga.

Pérdidas de carga

Los fluidos en circulación van perdiendo energía por rozamiento a su paso por las canalizaciones, también pierden energía debido a todos los accesorios como pueden ser curvas, estrechamientos, válvulas, etc., que provoquen un cambio de dirección.

A estas pérdidas de energía por rozamiento (pérdida de energía de presión) se las llama pérdidas de carga, y las podemos clasificar en dos tipos: pérdidas de carga lineales, en los tramos rectos de conducciones, y localizadas, originadas por los accesorios. Para conocer ambas pérdidas recurriremos a las tablas que proporcionan los fabricantes de materiales o a los ábacos donde, en función del diámetro, la naturaleza del material, las superficies internas y otras características, obtendremos el valor de la pérdida correspondiente.

Las pérdidas de carga se suelen dar en mm de columna de agua (mmca) por cada metro de tubería.

Efecto Venturi

El efecto Venturi consiste en que un fluido en movimiento dentro de un conducto cerrado disminuye su presión al aumentar la velocidad cuando pasa por una zona de sección menor. Si en este punto del conducto se introduce el extremo de otro conducto, se produce una aspiración del fluido contenido en este segundo. El efecto Venturi se explica por el principio de Bernoulli y el principio de continuidad de masa. Si el caudal de un fluido es constante, pero la sección disminuye, necesariamente la velocidad aumenta al atravesar esta sección. Por el teorema de la energía, si la energía cinética aumenta, la energía determinada por el valor de la presión disminuye forzosamente.

El tubo de Venturi es el que se puede ver en la Figura 2.8, con dos tubos verticales. La diferencia de altura del líquido en los tubos verticales es proporcional a la variación de presión. Lo que nos cuenta Venturi es que al aumentar la velocidad del fluido, disminuye su presión de forma proporcional.

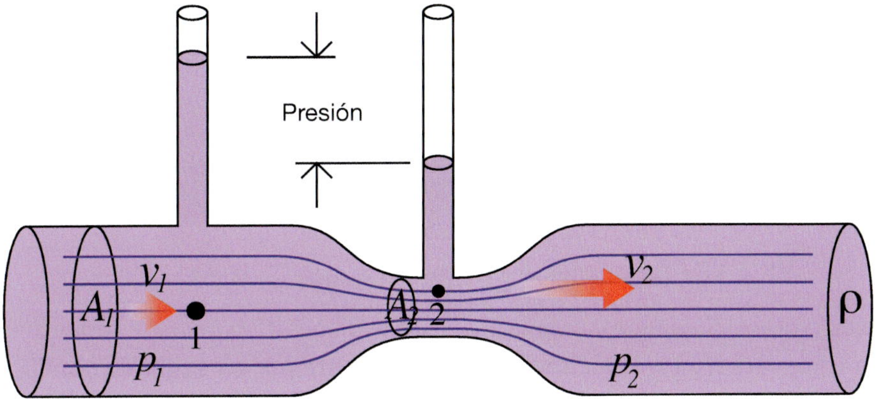

Figura 2.8. Tubo de Venturi.

Principio de Bernoulli

Teorema de Bernoulli, principio físico que implica la disminución de la presión de un fluido (líquido o gas) en movimiento cuando aumenta su velocidad. Fue formulado en 1738 por el matemático y físico suizo Daniel Bernoulli.

El teorema afirma que la energía total de un sistema de fluidos con flujo uniforme permanece constante a lo largo de la trayectoria de flujo. Puede demostrarse que, como consecuencia de ello, el aumento de velocidad del fluido debe verse compensado por una disminución de su presión.

Ecuación de continuidad

Basada en el anterior principio, la ecuación de continuidad o conservación de masa es una herramienta muy útil para el análisis de fluidos que fluyen a través de tubos o conductos con diámetro variable. En estos casos, la velocidad del flujo cambia debido a que el área transversal varía de una sección a otra del conducto.

Si se considera un fluido con un flujo estable a través de una conducción fija, como una tubería con una entrada y una salida, la razón con la que el fluido entra en la conducción debe ser igual a la razón con la que el fluido sale de dicha conducción para que se cumpla el principio fundamental de conservación de masa (Figura 2.9).

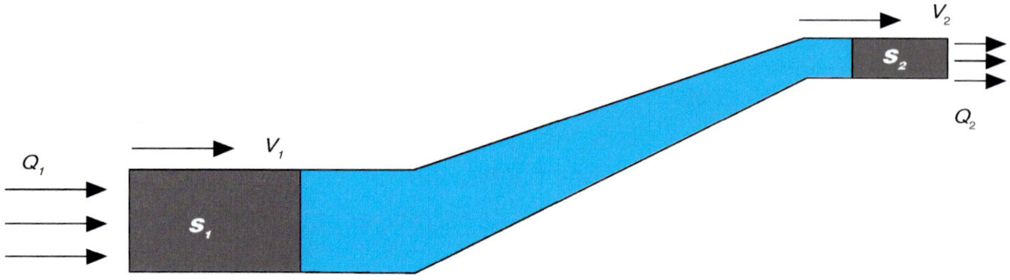

Figura 2.9. Representación gráfica de la ecuación de la continuidad.

Donde podemos observar que:

S1 > S2 (la sección 1 es mayor que la sección 2)

Q1 = Q2 (el caudal 1 es igual al caudal 2)

V1 < V2 (la velocidad 1 es menor que la velocidad 2)

Debido a que el flujo es estacionario, entra al dispositivo por un conducto con área transversal S1 y velocidad V1, y sale de este por un segundo conducto, con área transversal S2 a una velocidad V2. Luego se cumple que:

$$S1 \times V1 = S2 \times V2$$

Al suponer que el líquido es incomprensible, podemos deducir que:

1. El líquido entrante es igual que el saliente.
2. La velocidad de circulación será inversamente proporcional al diámetro de la conducción, de forma que en S2 el líquido circulará a más velocidad que en S1.
3. La presión dinámica será inversamente proporcional al diámetro de la conducción, de forma que en S1 habrá más presión que en S2.

¡TOMA NOTA!

Este aumento de la velocidad, debido a la disminución de la sección, es la causa principal de los ruidos en las instalaciones, que cuando la sección de los tubos es insuficiente determina una velocidad muy alta, que provoca ruidos.

2.2. Normativa aplicable al diseño de instalaciones y dimensionado

Las normativas son documentos que establecen los procedimientos de trabajo, pruebas y ensayos con especificaciones técnicas, para conseguir homogeneidad en el acabado final del producto en cuestión.

Se deben hacen con el visto bueno de todos los sectores interesados, ya sean fabricantes, consumidores, instaladores, Administraciones públicas, expertos, laboratorios, etcétera.

En España, la entidad con capacidad legal para aprobar normas es AENOR (Asociación Española de Normalización) y sus normas son las UNE.

Las normas UNE se publican de varias formas:

- Norma UNE: es una norma definitiva de aplicación nacional con vigencia total de contenidos aprobada por AENOR.
- Norma UNE–EN: es una norma definitiva de aplicación nacional también, pero que coincide con la norma europea.
- Norma UNE–EX/ENV: es una norma provisional o que está en experimentación.

Existen otros tipos de normas como, por ejemplo, las ISO (Organización Internacional de Normalización) o las normas alemanas DIN (acrónimo de *Deutsches Institut für Normung*).

Los buenos profesionales deben cumplir las normas de obligado cumplimiento, pero también han de conocer las informativas, así como las recomendaciones de los fabricantes que son los que mejor conocen los materiales y la forma óptima de utilizarlos.

Las normas por las que han de regirse las instalaciones de agua son muchas porque son muy variadas las instalaciones con el agua como elemento principal, pero al objeto de esta unidad formativa podemos decir que al tratar básicamente de instalaciones domésticas la norma principal es el Código Técnico de la Edificación, en su Documento Básico de Salubridad y más concretamente las Exigencias Básicas HS 4 y HS 5.

Documento Básico de Salubridad
Objeto Este Documento Básico (DB) tiene por objeto establecer reglas y procedimientos que permiten cumplir las exigencias básicas de salubridad. Las secciones de este DB se corresponden con las exigencias básicas HS 1 a HS 5. La correcta aplicación

de cada sección supone el cumplimiento de la exigencia básica correspondiente. La correcta aplicación del conjunto del DB supone que se satisface el requisito básico «Higiene, salud y protección del medio ambiente». Tanto el objetivo del requisito básico «Higiene, salud y protección del medio ambiente», como las exigencias básicas se establecen el artículo 13 de la Parte I de este CTE y son los siguientes:

Artículo 13. Exigencias básicas de salubridad (HS)

1. El objetivo del requisito básico «Higiene, salud y protección del medio ambiente», tratado en adelante bajo el término salubridad, consiste en reducir a límites aceptables el riesgo de que los usuarios, dentro de los edificios y en condiciones normales de utilización, padezcan molestias o enfermedades, así como el riesgo de que los edificios se deterioren y de que deterioren el medio ambiente en su entorno inmediato, como consecuencia de las características de su proyecto, construcción, uso y mantenimiento.
2. Para satisfacer este objetivo, los edificios se proyectarán, construirán, mantendrán y utilizarán de tal forma que se cumplan las exigencias básicas que se establecen en los apartados siguientes.
3. El Documento Básico «DB HS Salubridad» especifica parámetros objetivos y procedimientos cuyo cumplimiento asegura la satisfacción de las exigencias básicas y la superación de los niveles mínimos de calidad propios del requisito básico de salubridad.

Exigencia básica HS 4: Suministro de agua

Los edificios dispondrán de medios adecuados para suministrar al equipamiento higiénico previsto de agua apta para el consumo de forma sostenible, aportando caudales suficientes para su funcionamiento, sin alteración de las propiedades de aptitud para el consumo e impidiendo los posibles retornos que puedan contaminar la red, incorporando medios que permitan el ahorro y el control del agua. Los equipos de producción de agua caliente dotados de sistemas de acumulación y los puntos terminales de utilización tendrán unas características tales que eviten el desarrollo de gérmenes patógenos.

Exigencia básica HS 5: Evacuación de aguas

Los edificios dispondrán de medios adecuados para extraer las aguas residuales generadas en ellos de forma independiente o conjunta con las precipitaciones atmosféricas y con las escorrentías.

Ámbito de aplicación

El ámbito de aplicación en este DB se especifica, para cada sección de las que se compone el mismo, en sus respectivos apartados. El contenido de este DB se refiere

Documento Básico de Salubridad

únicamente a las exigencias básicas relacionadas con el requisito básico «Higiene, salud y protección del medio ambiente». También deben cumplirse las exigencias básicas de los demás requisitos básicos, lo que se posibilita mediante la aplicación del DB correspondiente a cada uno de ellos.

Criterios generales de aplicación

Pueden utilizarse otras soluciones diferentes a las contenidas en este DB, en cuyo caso deberá seguirse el procedimiento establecido en el artículo 5 del CTE, y deberá documentarse en el proyecto el cumplimiento de las exigencias básicas.

En cada una de las comunidades autónomas, e incluso en algunos ayuntamientos, existen normas comunitarias o locales que pueden particularizar determinados aspectos de las instalaciones, atendiendo fundamentalmente a peculiaridades urbanísticas u otras que pueden justificar diferencias de criterio a la hora de diseñar estas.

Estas normas comunitarias, en todo caso, son complementarias de las del CTE y en ningún supuesto pueden contradecir los preceptos recogidos en él. En caso de discrepancia prevalecerán los del CTE, por tener mayor rango normativo.

En cualquier caso, dependiendo de la comunidad autónoma en que nos movamos, debemos conocer, de haberlas, las normas particulares de la misma. A modo de ejemplo, a continuación, veremos las normas de la Comunidad de Madrid.

Normativa específica de la Comunidad de Madrid

Es obligatorio con carácter general:

1. La instalación de batería de contadores divisionarios.
2. En aquellos casos en que no fuese necesaria la instalación de batería de contadores divisionarios, la Dirección General de Industria, Energía y Minas facilitará documentos que lo acredite, debiendo ser presentado en la empresa suministradora al solicitar el servicio del agua.
3. La distribución de la instalación en viviendas será por el techo, siempre que exista falso techo. En aquellas zonas que no exista este, la instalación podrá discurrir también por la pared, en las condiciones establecidas en el punto 1.1.4.3 de las Normas Básicas para instalaciones interiores de suministro de agua, no obstante se considera conveniente que discurran a una distancia no superior a 10 centímetros del techo.

Normativa específica de la Comunidad de Madrid

4. Dotar de aislamiento térmico a las tuberías de agua caliente para evitar las pérdidas de calor y de fría para evitar las condensaciones.
5. Disponer de llaves de corte en los locales húmedos, excepto si suministra a un solo punto. **(El CTE obliga a ponerlas en todas las derivaciones HS 4 - 3.2.1.3.b.).**
6. Colocar grupo de sobreelevación en todos los inmuebles a partir de dos alturas, excepto en viviendas unifamiliares o en aquellas que la entidad suministradora garantice la presión en la red general.
7. Habrá como mínimo un grupo de presión por cada 60 suministros o fracción.
8. En el caso de instalar grupo de sobreelevación se deberá colocar dispositivo que permita el aprovechamiento de la presión de la red cuando esta sea suficiente (baipás).
9. Dotar de dispositivo automático que garantice la renovación del agua almacenada en los depósitos reguladores, al menos dos veces cada 24 horas (reloj programador con válvula solenoide o válvula de tres vías).
10. Disponer en el cuarto de grupo de presión, instrucciones de funcionamiento y mantenimiento del mismo, así como esquema general de la instalación.
11. Se considerarán tipo E a los suministros cuyo caudal sea de 3 litros/segundo.
12. Se mantendrá el diámetro de la derivación general en agua fría y caliente hasta la entrada y salida de caldera.

Normativa específica de la Comunidad de Madrid. Batería de contadores

Anexo n.º 5

Requisitos que debe reunir la instalación de la batería de contadores divisionarios

1. La batería de la que se derivan las tomas para cada vivienda, local o servicio y el cuarto o armario en que se aloja deberán reunir las condiciones siguientes:
2. La unión entre la acometida y batería de contadores se realizará mediante un tubo de alimentación, de acuerdo con las Normas Básicas para instalaciones interiores de suministro de agua (Orden Ministerial de 9 de diciembre de 1975).
3. El cuarto o armario que alberga la batería distribuidora estará situado en un lugar lo más próximo posible a la entrada del edificio, preferiblemente en planta baja y, excepcionalmente en el primer sótano, de fácil y libre acceso, de uso común en el inmueble; se destinará a uso exclusivo para todo lo relacionado con

agua potable y deberá disponer de cerradura de cuadradillo de 8 × 8 milímetros. Estará dotado de iluminación eléctrica y desagüe suficiente al alcantarillado con cota adecuada, provisto de sifón y convenientemente ventilado.

4. Excepcionalmente, en edificios singulares de altura, existe la posibilidad de instalarlos en varios cuartos o armarios.

5. Se puede instalar en un mismo cuarto la batería de contadores divisionarios y el grupo de presión, siempre que se respeten las distancias mínimas que figuran en el croquis del Anexo 6.

6. La fila superior de contadores quedará como máximo a 1,30 metros de altura desde el suelo y como mínimo a 0,50 metros del techo. La fila inferior quedará situada como mínimo a 0,30 metros del suelo.

7. La batería deberá disponer de tomas originales suficientes para atender a todas las viviendas, locales y servicios existentes en la finca. No está permitido perforar la batería para sacar ningún tipo de derivación de la misma. De igual forma, está prohibido introducir derivaciones en la instalación entre el contador principal y la propia batería.

8. Los servicios comunes al inmueble, tales como riego, garaje, etc., se atenderán mediante toma derivada de la batería. Si alguno de estos servicios necesitara un calibre superior a 30 milímetros, se exigirá instalación de acometida independiente.

9. En la batería deberán figurar perfectamente identificadas esquemáticamente y relacionadas las tomas de alimentación de cada vivienda, local o servicio existente en la misma, de forma que esta identificación sea de material inalterable y no sufra deterioro.

10. Si la batería dispone de más tomas de alimentación que las viviendas, locales y servicios existentes en el portal o escalera en que está instalada, deben estar debidamente condenadas con bridas ciegas.

11. Todas las tomas que se vayan a contratar deben tener instalada la llave anterior al contador, con un tapón y junta que impida el paso del agua; la segunda llave, posterior al contador, actuará como válvula de retención; ambas llaves serán acordes con el calibre del contador contratado. La instalación que enlaza la segunda llave y el tubo de alimentación de cada vivienda deberá ser flexible y homologada para este uso, de forma que permita la posterior manipulación para instalar el contador.

12. La instalación de los contadores se efectuará una vez realizada la contratación.

Normativa específica de la Comunidad de Madrid. Batería de contadores
** Junto con la petición de suministro deberá presentarse documento que facilitará la empresa suministradora, en el que el instalador autorizado certificará que la batería de contadores divisionarios y el cuarto o armario que la alberga reúne todos y cada uno de los requisitos anteriores, asimismo relacionará con detalle las viviendas, locales y servicios que se suministran de la batería y el calibre de los contadores que fija la norma básica en cada uno de ellos.* ** Estos extremos se comprobarán llevando a cabo una inspección en la finca y no se realizará la contratación en tanto en cuanto no se cumplan las condiciones citadas.*

Además de las normas citadas, existen regularizaciones sobre algunas instalaciones en particular como las referidas a los sistemas contraincendios, o precauciones sobre la legionelosis, calidad del agua, etcétera.

- Real Decreto 513/2017, de 22 de mayo, Reglamento de Instalaciones de Protección contra Incendios.
- Sistemas de Abastecimiento contra incendios Norma UNE 23500/2018.
- Real Decreto 3/2023, de 10 de enero, sobre criterios sanitarios de la calidad del agua de consumo humano.
- Real Decreto 487/2022, de 21 de junio, sobre Prevención y Control de la Legionelosis.

Además de cumplir con todas las normativas referidas, las instalaciones de edificios de nueva construcción requieren, la supervisión facultativa de los arquitectos y arquitectos técnicos correspondientes, ser efectuadas por al menos un instalador autorizado por la Delegación Provincial del Ministerio de Industria.

Medidas mínimas exigibles

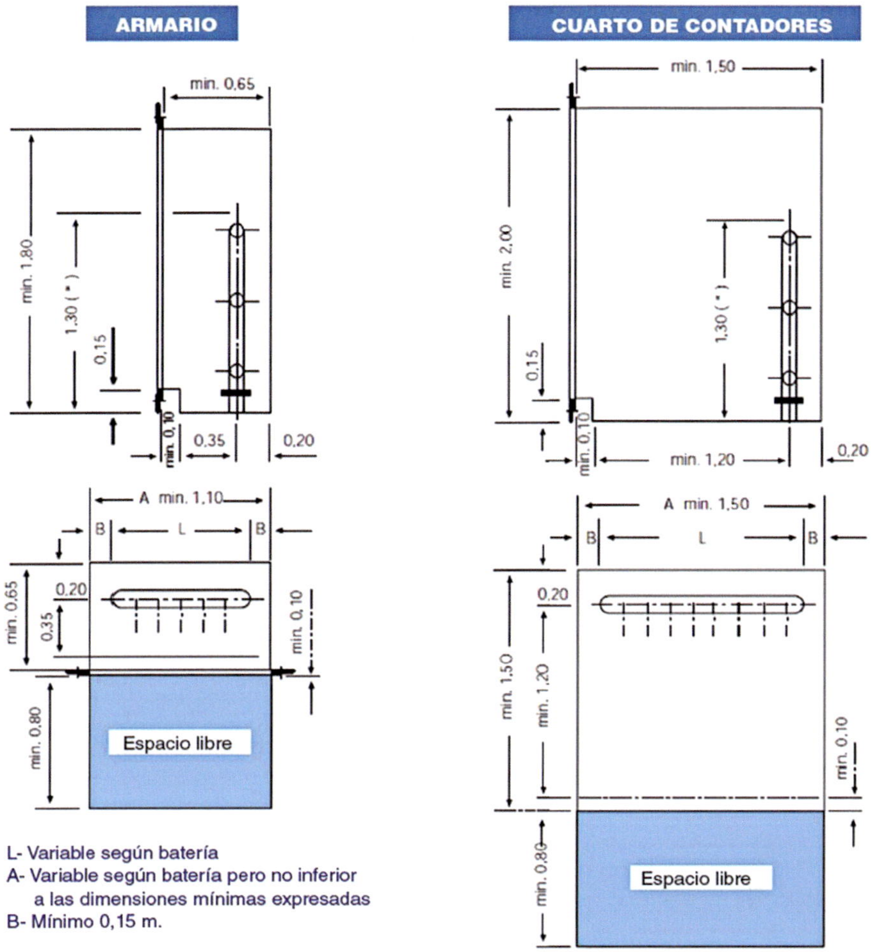

Figura 2.10. Anexo 6 de la CAM, referido a las medidas de los armarios y cuarto de contadores divisionarios con expresión de las medidas que han de tener las baterías.

2.3. Caudales mínimos de suministro

Condiciones de suministro

El CTE establece las condiciones de suministro a los abonados en los términos que figuran en las siguientes tablas de dicha normativa.

Los caudales de suministro se definen en el Apéndice A-Terminología del HS 4, de la siguiente forma:

- **Caudal instantáneo:** volumen de agua suministrado por unidad de tiempo.

- **Caudal instantáneo mínimo:** caudal instantáneo que deben recibir, como mínimo, los aparatos sanitarios con independencia del estado de funcionamiento.
- **Caudal simultáneo:** caudal que se produce por el funcionamiento lógico simultáneo de aparatos de consumo o unidades de suministro.

Para abastecer los suministros de agua en los edificios incluidos en el ámbito de aplicación de este código, las instalaciones deben cumplir unos parámetros de caudal mínimo y unas ratios de presión de suministro, así como que el agua debe reunir una serie de características de calidad.

2.3.1. Caudales mínimos

Atendiendo a estas premisas se fijan como caudales instantáneos mínimos para los aparatos sanitarios de las viviendas, los que figuran en la Tabla 2.2.

Tabla 2.2. Caudales instantáneos mínimos de los aparatos

TIPO DE APARATO	Caudal instantáneo mínimo de agua fría en dm^3/s (l/s)	Caudal instantáneo mínimo de ACS en dm^3/s (l/s)
Lavamanos	0,05	0,03
Lavabo	0,10	0,065
Ducha	0,20	0,10
Bañera de 1,40 m o más	0,30	0,20
Bañera de menos de 1,40 m	0,20	0,15
Bidé	0,10	0,065
Inodoro con cisterna	0,10	-
Inodoro con fluxor	1,25	-
Urinarios con grifo temporizado	0,15	-
Urinarios con cisterna (c/u)	0,04	-
Fregadero doméstico	0,20	0,10
Fregadero no doméstico	0,30	0,20
Lavavajillas doméstico	0,15	0,10
Lavavajillas industrial (20 servicios)	0,25	0,20
Lavadero	0,20	0,10
Lavadora doméstica	0,20	0,15
Lavadora industrial (8 kg)	0,60	0,40
Grifo aislado	0,15	0,10
Grifo garaje	0,20	-
Vertedero	0,20	-

Otros aparatos de suministro

Además de los citados en la Tabla 2.2, hay otros aparatos de suministro de agua, que el CTE no cita, pero que es conveniente conocer sus caudales instantáneos mínimos a efectos de cálculo al instalarlos. Son los de la Tabla 2.3.

Como complemento informativo a lo anterior, diremos que la determinación del consumo de agua caliente sanitaria varía de forma extraordinaria dependiendo, fundamentalmente, de las costumbres y el nivel de vida de los usuarios. Por lo tanto, se puede recurrir a valores medios basados en datos estadísticos.

Estos valores se refieren al consumo total de una utilización normal, es decir, si nos referimos a una ducha entendemos que en una ducha media se consumen 45 litros de agua caliente sanitaria (ACS).

Tabla 2.3. Caudales instantáneos mínimos de otros aparatos

CALENTADORES INSTANTÁNEOS DE GAS		OTROS		APARATOS CONTRAINCENDIOS	
7500 kcal/h	0,08 l/s	Polibán	0,15 l/s	B. I. E. de 25 m/m	1,60 l/s
12 000 kcal/h	0,13 l/s	Fuente de beber	0,05 l/s	B. I. E. de 45 m/m	3,30 l/s
15 000 kcal/h	0,17 l/s	Boca de riego de 30 m/m	1,50 l/s	B. I. E. de 80 m/m	8,33 l/s
21 200 kcal/h	0,22 l/s	Acumulador eléctrico 50 l	0,15 l/s	Hidrante de 80 m/m	8,33 l/s
22 800 kcal/h	0,25 l/s	Acumulador eléctrico 100 l	0,25 l/s	Hidrante de 100 m/m	16,66 l/s

El consumo de cada aparato por cada uso puede tomarse de la Tabla 2.4:

Tabla 2.4. Consumos y temperaturas de uso de los aparatos sanitarios

<table>
<tr><th colspan="5">CONSUMOS Y TEMPERATURAS DE USO</th></tr>
<tr><th rowspan="2">TIPO DE APARATO</th><th colspan="3">Consumo en litros</th><th>Temp. de uso</th></tr>
<tr><th>Bajo</th><th>Medio</th><th>Alto</th><th>° C</th></tr>
<tr><td>Lavabo</td><td>4</td><td>6</td><td>8</td><td>38</td></tr>
<tr><td>Ducha</td><td>35</td><td>45</td><td>55</td><td>40</td></tr>
<tr><td>Ducha hidromasaje</td><td>50</td><td>80</td><td>120</td><td>38</td></tr>
<tr><td>Bañera pequeña</td><td colspan="3">110</td><td rowspan="3">42</td></tr>
<tr><td>Bañera mediana</td><td colspan="3">140</td></tr>
<tr><td>Bañera grande</td><td colspan="3">320</td></tr>
<tr><td>Bidé</td><td>4</td><td>6</td><td>8</td><td>38</td></tr>
<tr><td>Fregadero</td><td>15</td><td>20</td><td>25</td><td>55</td></tr>
</table>

Al margen de los consumos instantáneos de los aparatos de las viviendas hay otro tipo de suministro que el CTE tampoco contempla, pero que a efectos de cálculo también se deben conocer sus consumos, en este caso no como caudales instantáneos mínimos, sino como consumo diario en litros por habitante (Tabla 2.5).

Tabla 2.5. Consumo de agua por habitante y día según establecimientos

CONSUMOS DE AGUA DIARIOS APROXIMADOS		
FUNCIÓN	**Tipo**	**Consumo**
Viviendas	De ciudad media de población rural de rural aislada	250 l/hab 150 l/hab 500 l/hab
Escuela	-	100 l/alu
Hospital	-	500 l/cama
Cuartel	-	300 l/hab
Camping	-	100 l/hab
Oficina	-	100 l/hab
Hotel	-	200 l/hab
Gimnasio	-	200 l/hab

2.3.2. Presión de suministro

En cuanto a la presión que la instalación debe tener, la normativa la fija entre unos valores mínimos y máximos.

Normativa CTE - HS 4 - 2.1.3

2.1.3. Condiciones mínimas de suministro

1. En los puntos de consumo la presión mínima ha de ser:
   - 100 kPa para grifos comunes **(1 bar)**.
   - 150 kPa para fluxores y calentadores **(1,5 bar)**.
2. La presión en cualquier punto de consumo no debe superar 500 kPa **(5 bar)**.

¡TOMA NOTA!

Aunque no se especifica, entendemos que estos valores se refieren a presión estática, es decir, la que podemos medir con un manómetro en cualquier punto del suministro en condiciones de reposo o, lo que es lo mismo, con todos los grifos cerrados. Ya que en caso de abrir uno o varios la presión se transforma a dinámica y dependiendo de los que estén abiertos esta presión variará.

2.4. Coeficientes de simultaneidad. Clasificación de suministros, cálculo de diámetros de tuberías

2.4.1. Clasificación de suministros

El cálculo del diámetro de las tuberías se ha de hacer siguiendo el procedimiento especificado en el Apartado 4.3 del HS 4, que dice:

«Los ramales de enlace a los aparatos domésticos se dimensionarán conforme a lo que se establece en la Tabla 4.2. En el resto, se tomarán en cuenta los criterios de suministro dados por las características de cada aparato y se dimensionará en consecuencia».

APARTADO HS 4 - 4.2

4.2. Dimensionado de las redes de distribución

1. El cálculo se realizará con un primer dimensionado seleccionando el tramo más desfavorable de la misma y obteniéndose unos diámetros previos que posteriormente habrá que comprobar en función de la pérdida de carga que se obtenga con los mismos.
2. Este dimensionado se hará siempre teniendo en cuenta las peculiaridades de cada instalación y los diámetros obtenidos serán los mínimos que hagan compatibles el buen funcionamiento y la economía de la misma.

4.2.1. Dimensionado de los tramos

1. El dimensionado de la red se hará a partir del dimensionado de cada tramo, y para ello se partirá del circuito considerado como más desfavorable que será aquel que cuente con la mayor pérdida de presión debida tanto al rozamiento como a su altura geométrica.
2. El dimensionado de los tramos se hará de acuerdo al procedimiento siguiente:
   a. El caudal máximo de cada tramo será igual a la suma de los caudales de los puntos de consumo alimentados por el mismo de acuerdo con la Tabla 2.1.
   b. Establecimiento de los coeficientes de simultaneidad de cada tramo de acuerdo con un criterio adecuado.
   c. Determinación del caudal de cálculo en cada tramo como producto del caudal máximo por el coeficiente de simultaneidad correspondiente.
   d. Elección de una velocidad de cálculo comprendida dentro de los intervalos siguientes:
      i. Tuberías metálicas: entre 0,50 y 2,00 m/s.
      ii. Tuberías termoplásticas y multicapas: entre 0,50 y 3,50 m/s.

APARTADO HS 4 - 4.2

e. Obtención del diámetro correspondiente a cada tramo en función del caudal y de la velocidad.

4.2.2. Comprobación de la presión

Se comprobará que la presión disponible en el punto de consumo más desfavorable supera con los valores mínimos indicados en el apartado y que en todos los puntos de consumo no se supera el valor máximo indicado en el mismo apartado, de acuerdo con lo siguiente:

a) Determinar la pérdida de presión del circuito sumando las pérdidas de presión total de cada tramo. Las pérdidas de carga localizadas podrán estimarse en un 20 % al 30 % de la producida sobre la longitud real del tramo o evaluarse a partir de los elementos de la instalación.

b) Comprobar la suficiencia de la presión disponible: una vez obtenidos los valores de las pérdidas de presión del circuito, se comprueba si son sensiblemente iguales a la presión disponible que queda después de descontar a la presión total, la altura geométrica y la residual del punto de consumo más desfavorable. En el caso de que la presión disponible en el punto de consumo fuera inferior a la presión mínima exigida, sería necesaria la instalación de un grupo de presión.

En el apartado anterior vemos cómo el CTE establece el procedimiento de cálculo, pero a continuación fija unos diámetros mínimos tanto para los ramales de enlace en la Tabla 2.6 (Tabla 4.2 del HS 4) como para el resto de tuberías que conforman la instalación. Son los que figuran en la Tabla 2.7 (Tabla 4.3 del HS 4).

Tabla 2.6. Diámetros mínimos para los aparatos sanitarios según CTE

HS 4 / TABLA 4.2 DIÁMETROS MÍNIMOS DE ALIMENTACIÓN		
APARATO O PUNTO DE CONSUMO	**DIÁMETRO NOMINAL DEL RAMAL DE ENLACE**	
	Tubo de acero en "	**Tubo de cobre o plástico mm**
Lavamanos	1/2	12
Lavabo, bidé	1/2	12
Ducha	1/2	12
Bañera <1,40 m	3/4	20
Bañera >1,40 m	3/4	20
Inodoro con cisterna	1/2	12
Inodoro con fluxor	$1\text{-}1^{1/2}$	25-40

HS 4 / TABLA 4.2	DIÁMETROS MÍNIMOS DE ALIMENTACIÓN	
Urinario con grifo temporizado	1/2	12
Urinario con cisterna	1/2	12
Fregadero doméstico	1/2	12
Fregadero industrial	3/4	20
Lavavajillas doméstico	1/2 (rosca a 3/4)	12
Lavavajillas industrial	3/4	20
Lavadora doméstica	3/4	20
Lavadora industrial	1	25
Vertedero	3/4	20

RECUERDA QUE...

Los ramales de enlace son las tuberías que conectan las derivaciones particulares a los puntos de consumo (Apartado 1.4.2.3, Figura 1.38).

Tabla 2.7. Diámetro nominal de abastecimiento a algunas partes de la instalación según el CTE

HS 4 / TABLA 4.3		DIÁMETROS MÍNIMOS DE ALIMENTACIÓN	
TRAMO CONSIDERADO		**Diámetro nominal del tubo de alimentación**	
		Acero (pulgadas)	**Cobre o plástico (mm)**
Alimentación a cuarto húmedo privado: baño, aseo, cocina		¾"	20
Alimentación a derivación particular: vivienda, apartamento, local comercial		¾"	20
Columna (montante o ascendente)		¾"	20
Distribuidor principal		1"	25
Alimentación para equipos de climatización	< 50 kW	½"	12
	50 - 250 kW	¾"	20
	250 - 500 kW	1"	25
	> 500 kW	1 ¼"	32

Otros suministros

Todo lo anterior está orientado a las instalaciones de viviendas, pero las instalaciones no solo existen en las viviendas, por ello es conveniente tener un procedimiento de cálculo que nos sirva para cualquier trazado, independientemente del uso a que se destine la instalación.

Los diferentes tramos que componen cualquier instalación deben calcularse atendiendo a una serie de parámetros que determinarán finalmente el diámetro interior óptimo de las tuberías según las condiciones de presión residual, caudal mínimo de los aparatos sanitarios, longitud de las tuberías, pérdidas de carga, etc., por ello hay que seguir un procedimiento adecuado para el cálculo de las mismas.

2.4.2. Procedimiento de cálculo

Para efectuar un cálculo fiable que facilite el buen funcionamiento de cualquier circuito hay que tener en cuenta varios condicionantes, como son:

- Valores de caudal-presión.
- Pérdidas de carga.
- Velocidad de diseño.

Valores de caudal-presión

Son los valores de caudal necesario en l/s para abastecer a los aparatos sanitarios, u otros, suministradores del agua. Y también en las condiciones de presión (mínima y máxima) bajo las que este caudal se suministra.

Pérdidas de carga

Estas pérdidas de carga, como quedó dicho anteriormente, son las pérdidas de energía de presión debidas a los rozamientos internos y los múltiples obstáculos que el trazado de las instalaciones ofrece a la libre circulación del caudal, y se materializan básicamente en los tres parámetros citados anteriormente:

- Las tuberías, según su naturaleza y longitud.
- Los accesorios y componentes de la instalación.
- El trazado ascendente o descendente de la misma.

Las tuberías, dependiendo de su naturaleza, se las cataloga como:

- Paredes lisas: cobre y plásticos.
- Paredes rugosas: acero galvanizado y fundición.

Estas rugosidades de las paredes suponen una mayor pérdida de carga (rugosas) o menor (lisas) por su mayor o menor dificultad a la libre circulación de los fluidos.

El otro factor que determina la pérdida de carga de las tuberías es su longitud, evidentemente a mayor longitud más pérdida de carga.

Con **los accesorios** ocurre otro tanto, pues dependiendo de qué tipo de accesorio estemos hablando: T, codo, reducción, válvula, etc., el valor de pérdida de carga sobre el circuito es diferente.

Por último, cuando planteamos el esquema de una instalación, puede darse que haya partes del **trazado** que están situadas sobre la horizontal del suministro y otras por debajo de dicha horizontal (Figura 2.11). Esta situación comporta una mayor o menor presión estática, dependiente, como sabemos, de la altura, factor este muy importante para los cálculos.

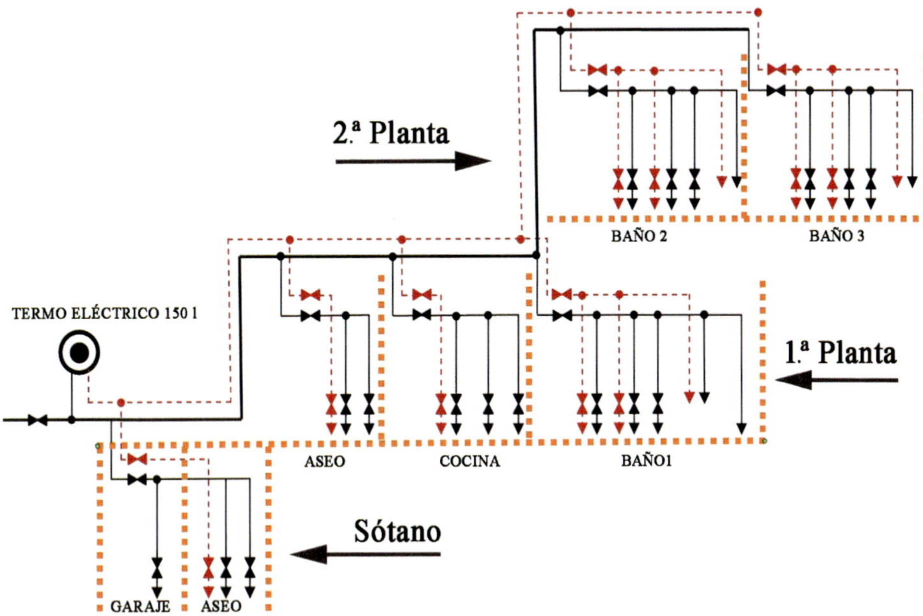

Figura 2.11. Esquema de una instalación interior, con dos plantas y sótano.

Calculo de pérdidas de carga

Para calcular con la máxima eficacia las pérdidas de carga, debemos dividir la instalación en tramos más o menos homogéneos en cuanto a su diámetro y aparatos para hacer el cálculo más sencillo y ordenado.

Una vez hecho esto, calcularemos las pérdidas de carga unitarias por metro lineal de las tuberías de cada tramo, para lo cual son muy útiles las tablas y los ábacos que los fabricantes proporcionan de sus materiales, y que evidentemente varían según su naturaleza.

Velocidad de diseño

La velocidad de diseño o de cálculo es la velocidad que nosotros decidimos como idónea para cada tipo de instalación.

Una velocidad adecuada a cada instalación es aquella que no provoca un exceso de ruido por exceso de velocidad, originado a su vez por mucha presión o por diámetros muy escasos. Situación esta que además favorece los riesgos de golpes de ariete.

Dependiendo del tipo de instalación y su uso decidiremos una velocidad promedio para que el nivel sonoro de la misma sea el más adecuado (no es lo mismo una instalación de un hospital que la de una granja de animales, una instalación de uso agrícola o una discoteca).

Una vez decidida esta velocidad debemos conseguir que no sea superada, para lo cual seremos muy cuidadosos en respetar realmente los diámetros de tubería, resultado de los cálculos.

El CTE contempla, a efectos de la elección de la velocidad de cálculo, dos tipos de tuberías: metálicas y plásticas, como vimos anteriormente, pero en muchos ábacos y tablas, con acertado criterio, siguen distinguiendo a las tuberías por sus rugosidades internas, ya que no se puede considerar a una tubería metálica igual a otra, pues, por ejemplo, el cobre es metálico y tiene las paredes con unas rugosidades similares al plástico, y desde luego muy diferentes a las del acero galvanizado que también es metálico.

Basándonos en el punto 4.2.1 del HS 4 donde se indica que las velocidades máximas son de 2 m/s para tuberías metálicas y 3,5 m/s para tuberías plásticas, hemos elaborado un cuadro (Tabla 2.8) de velocidades de diversos tramos de una instalación convencional que son muy fiables y aseguran unos cálculos con los que se evitarán riesgos de ruidos y golpes de ariete.

Tabla 2.8. Velocidad de algunos tramos de tubería según sea plástica o metálica

Tramo	Tuberías plásticas	Tuberías metálicas
	Velocidad en m/s	Velocidad en m/s
Derivación particular	2,0	1,5
Ascendente o montante	2,5	1,5
Tubo de alimentación	2,5	1,8
Acometida	3,0	2,0
Derivación de cuarto húmedo	2,0	1,5
Ramal de enlace	2,0	1,5
Derivación de grifo aislado	2,0	1,5

En definitiva, los diámetros de cada tramo van a ser la consecuencia final de todo lo explicado anteriormente y la magnitud de la que va a depender el correcto funcionamiento de la instalación.

2.4.3. Coeficiente de simultaneidad

Antes de definir el caudal de cálculo (Qc) requerido por la instalación conviene explicar el concepto de simultaneidad. Este factor, utilizado en los cálculos, es el siguiente:

Las instalaciones en general constan de una serie de aparatos de consumo, sean aparatos sanitarios u de otra índole, pues bien, estos aparatos no están siempre funcionando, sino que lo hacen alternativamente en la mayoría de los casos, por ello resulta inapropiado dimensionar las tuberías que los abastecen para una situación improbable de utilización de todos a la vez, o simultánea. Por ello el CTE determina que hay que aplicar estos coeficientes.

Normativa CTE – HS 4 – 4.2.1 Dimensionado de los tramos 2 b
Establecimiento de los coeficientes de simultaneidad de cada tramo de acuerdo con un criterio adecuado.

Esto significa que nos aproximemos adecuadamente en los cálculos a una situación real de utilización, previendo que, en vez de todos los aparatos, solo van a funcionar simultáneamente unos pocos. Obviamente al hacer los cálculos con este criterio vamos a dimensionar con un ahorro en material y espacios, consiguiendo así una instalación más acorde con la situación de funcionamiento real.

El coeficiente de simultaneidad se aplica tanto a edificios como a viviendas.

Coeficiente de simultaneidad de edificios

Cuando hablamos de edificios se trata de decidir, a efectos de cálculo, a cuántas viviendas o suministros (suponiéndoles todos sus aparatos funcionando) quedarían reducidas todas las viviendas del edificio, pues ya sabemos que en muchas de ellas no están siempre funcionando todos los aparatos sanitarios, lavadoras, etcétera.

Se utiliza una fórmula que da buenos resultados:

$$Ks = \frac{19 + n}{10 \times (n-1)}$$

siendo n el número de viviendas o suministros.

Este coeficiente no puede ser inferior a 0,2 (cuando el resultado sea inferior pondremos 0,2).

Con un ejemplo se entenderá mejor:

Tenemos un edificio con 32 suministros, y queremos saber a cuántas viviendas o suministros se queda reducida a efectos de cálculo (para los diámetros de los tubos comunes: tubo de alimentación, distribuidor principal, etcétera).

Aplicando la fórmula:

$$Ks = \frac{19 + 32}{10 \times (32-1)} = \frac{51}{310} = 0{,}16 \quad (\textit{mínimo } 0{,}20)$$

Pues bien, a efectos de cálculo las 32 viviendas se quedarán reducidas a 7, que es el resultado obtenido de multiplicar las viviendas reales (32) por el coeficiente de simultaneidad (0,2).

$$32 \times 0{,}2 = 6{,}4 \quad \textit{siempre que sea decimal redondeamos al n.º superior} = 7$$

Con estas 7 viviendas (en simultaneidad) haremos los cálculos pertinentes de los tubos comunes del edificio.

Coeficiente de simultaneidad de viviendas, por aparatos

Cuando lo que tratamos es de calcular el coeficiente de simultaneidad de un suministro o vivienda en concreto, lo hacemos basándonos en el número de aparatos que dispone dicho suministro o vivienda o de su caudal total, que viene a ser lo mismo. En este caso, vamos a utilizar un procedimiento de los más fiables, por su rigor científico. Es el que describimos a continuación, basado en la Norma UNE 149201-2008, basada a su vez en la norma alemana DIN 1988.

Esta norma proporciona varias fórmulas para establecer el caudal de cálculo ya resuelto, es decir, no nos da el coeficiente en sí, sino el coeficiente por el caudal total ya resuelto, en definitiva, el caudal de cálculo o simultáneo directamente.

Este coeficiente varía, según el uso que se dé a cada instalación, ya sea: vivienda, colegio, aeropuerto, discoteca, museo, bar, etc., porque evidentemente la simultaneidad en el uso de los aparatos sanitarios varía mucho según cuál sea su ubicación.

Estas fórmulas son relativamente complejas, pero determinan el valor del caudal con bastante aproximación a la situación real.

En el caso del ejercicio planteado vamos a adoptar la fórmula utilizada para viviendas, cuyo caudal sea menor de 20 l/s y no haya ningún aparato con un caudal unitario que supere los 0,5 l/s (solo lo superan los fluxores = 1,25 l/s).

En esta situación (que es mayoritaria), la fórmula referida es la siguiente:

$$Qc = 0{,}682 \times (Qt)^{0{,}45} - 0{,}14 = \textit{litros/segundo}$$

En donde:

Qc = Caudal de cálculo o caudal simultáneo.

Qt = Caudal total (suma de los caudales unitarios de cada aparato), en este caso 1,75 l/s.

Aplicamos la fórmula:

$$Qc = 0{,}682 \times 1{,}75^{0{,}45} - 0{,}14 = 0{,}73 \text{ l/s}$$

Este es el caudal de cálculo o simultáneo máximo que va a circular por la tubería general (derivación particular) que distribuye el agua a todos los puntos de consumo de la vivienda en cuestión: lavabo, fregadero, bañera, etcétera.

2.4.4. Tipos de caudales a efectos de cálculo

Antes de continuar conviene hacer referencia a dos tipos de caudal a efectos de cálculo que debemos distinguir:

Caudal total (Qt). Es el caudal resultante de sumar los caudales mínimos (Tabla 2.4) de todos los aparatos sanitarios.

Caudal de cálculo (Qc). Es el caudal real que va a circular por el tubo de alimentación de la instalación que estamos diseñando, es decir, es el resultado de aplicar el coeficiente de simultaneidad al caudal total establecido, por eso también se lo llama caudal simultáneo.

Procedimientos

Según se trate de instalaciones simples o más complejas podremos utilizar dos métodos para este cálculo: los ábacos o las fórmulas matemáticas.

Vamos a efectuar un ejemplo práctico de cálculo de una instalación tipo, que ilustre estos conceptos.

Ejemplo. Una vivienda tiene:

1 lavadora = 0,20 l/s

1 lavavajillas = 0,15 l/s

1 fregadero = 0,20 l/s

2 lavabos = 0,20 l/s

2 inodoros = 0,20 l/s

1 ducha = 0,20 l/s

1 bidé = 0,10 l/s

1 bañera 0,30 l/s

1 grifo de garaje = 0,20 l/s

Caudal total *Qt* = 1,75 l/s

2.4.5. Utilización del ábaco

Los ábacos son gráficos en donde, de una forma fácil, se pueden calcular algunos de los valores más importantes de las instalaciones como la pérdida de carga o el diámetro interior para una situación de caudal o velocidad dada.

Hay varios tipos, y cada fabricante adopta como propios los que mejor reflejan los valores de sus materiales. Aquí vamos a manejar uno muy utilizado (Figura 2.12), que resuelve con gran exactitud y facilidad los datos necesarios para una instalación normal con tuberías metálicas, aunque en un caso dado podríamos utilizarlo para plásticos como si fuera cobre porque los valores variarán muy poco.

Veamos su manejo:

Con el caudal de cálculo (Qc) una vez hallado anteriormente iremos al ábaco referido para efectuar los cálculos relativos a cada tramo, aplicando el siguiente proceso:

- Marcamos en la columna de la derecha (Caudal en l/s), un punto a la altura de 0,73 l/s.
- Marcamos otro punto en la columna de la izquierda (Velocidad en m/s) una vez hayamos decidido la velocidad de diseño, según nuestro criterio técnico. En nuestro ejercicio elegimos una velocidad de 1,5 m/s, velocidad muy adecuada para este tipo de instalación.
- Unimos ambos puntos por medio de una línea. Esta línea cortará a las otras dos columnas en un punto en el que nos indicará: en la columna Diámetro interior, el diámetro interior de la tubería que utilicemos sea de acero galvanizado en pulgadas o cobre en milímetros. Y en la columna Fe/Cu nos dirá los milímetros de columna de agua (mmca) de pérdida de carga (Pdc) por cada metro de la tubería utilizada, ya sea esta de cobre (Cu) o acero galvanizado (Fe).
- Obteniendo en este caso concreto, para un caudal de 0,73 l/s y una velocidad de 1,5 m/s en tubería de cobre, una pérdida de carga de 110 mmca por cada metro de tubería y un diámetro interior de **25 mm.**
- Pues bien, para ese tramo de tubería montaremos, como mínimo, el tubo que comercialmente encontremos más próximo, en este caso tubo de cobre de 26-28 mm.

VELOCIDAD, PÉRDIDAS DE CARGA, DIÁMETRO Y CAUDAL

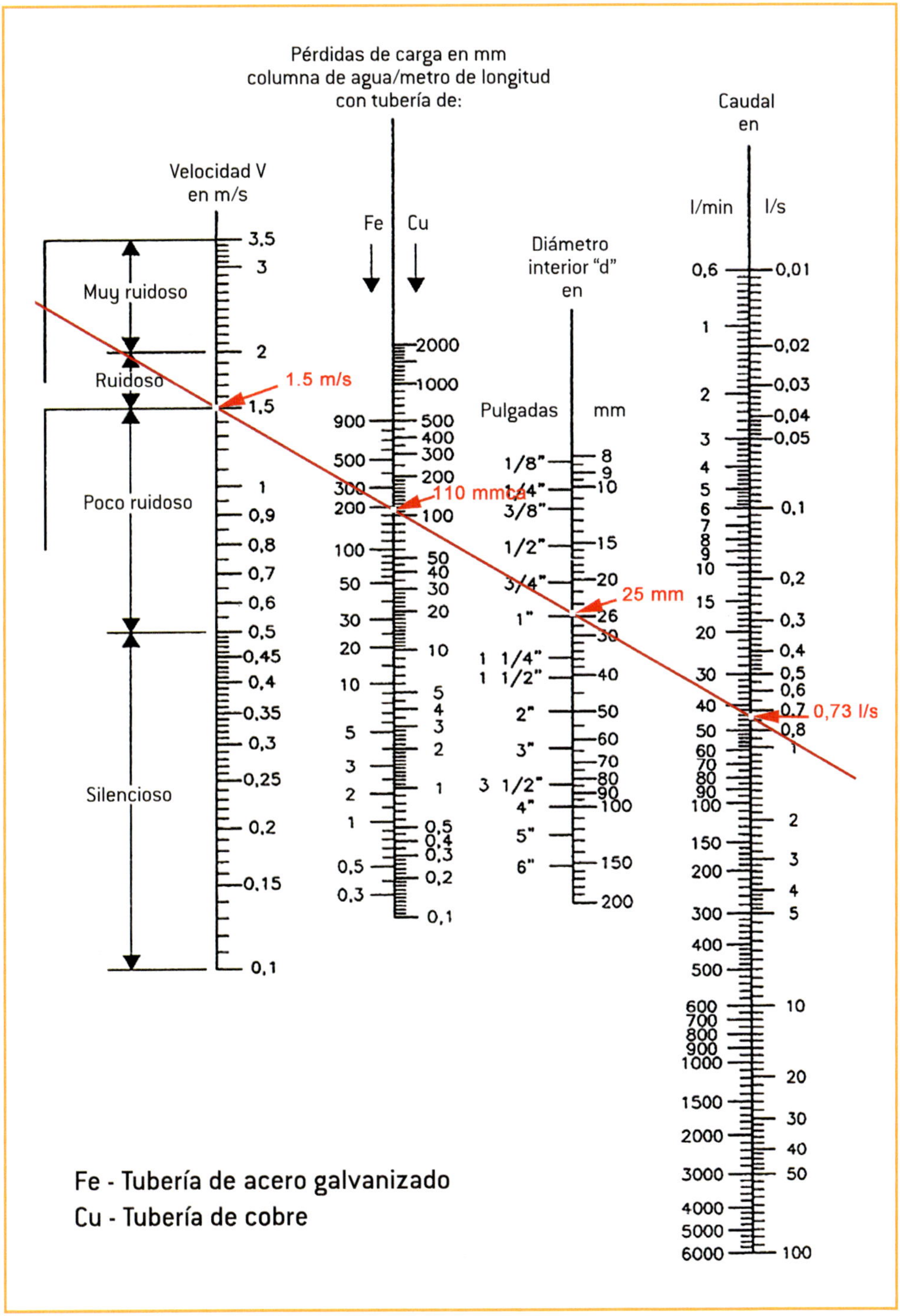

Figura 2.12. Velocidad, pérdidas de carga, diámetro y caudal.

2.4.6. Pérdida de carga localizada en metros de tubería (rugosa)

Cálculo por fórmulas matemáticas

Para conseguir el diámetro mínimo que estamos tratando, también podemos utilizar como alternativa a este procedimiento otro basado en la aplicación de las fórmulas que relacionan el diámetro interior, el caudal y la velocidad.

Relación entre caudal, velocidad y diámetro:

«El caudal es igual a la sección de la tubería por la velocidad del agua».

Q = Sección × velocidad

Esta es la fórmula universal si conocemos los datos de sección y velocidad, pero hay muchas veces que no conocemos la sección, pero sí el diámetro. Aunque es fácil calcularla con la fórmula $\pi \times r^2$, también podemos, de forma sencilla, utilizar el diámetro con el procedimiento siguiente:

Podemos relacionar las tres magnitudes: caudal ***Q***, velocidad ***V*** y diámetro ***d***, sin preocuparnos de pasar de unidad de medida utilizando los valores siguientes:

Para el caudal = ***Q*** = litros /segundo = l/s.

Para la velocidad = ***V*** = metros /segundo = m/s.

Para el diámetro = ***d*** = milímetros = mm.

Para operar con estas fórmulas siempre lo debemos hacer en las unidades expresadas, para no variar los resultados.

$$Q = \frac{V \times \pi \times d^2}{4000} = l/s \qquad V = \frac{Q \times 4000}{d^2 \times \pi} = m/s \qquad d = \sqrt{\frac{Q \times 4000}{v \times \pi}} = mm$$

Resolución del ejemplo anterior por este método

El caudal de cálculo que habíamos determinado era (Qc = 0,73 l/s).

Pues bien, para el tramo de la derivación particular, en cobre por ejemplo, aplicando la fórmula citada necesitará un diámetro interior mínimo de:

$$d = \sqrt{\frac{Qc \times 4000}{v \times \pi}} = \sqrt{\frac{0{,}73 \times 4000}{1{,}5 \times \pi}} = 24{,}89 \text{ mm}$$

Con el método del Ábaco recordamos que nos salía un diámetro de 25 mm y por medio de estas fórmulas nos sale 24,89 mm, por lo que podemos concluir que ambos métodos son adecuados, ya que la diferencia es despreciable.

La elección de un procedimiento u otro lo decidiremos en función de la complejidad o simpleza del tramo que se debe calcular, si bien es preciso señalar que con el ábaco además del diámetro nos proporciona la pérdida de carga (Pdc) unitaria.

2.4.6.1. Cálculo de la pérdida de carga (Pdc)

Pérdida de carga lineal y localizada. En todos los trazados hay pérdidas de carga (Pdc) atribuibles a los metros de tubería (pérdida de carga lineal) y pérdidas de carga derivadas de los accesorios: llaves, codos, T, etc., que componen el tramo concreto de la instalación que estamos calculando (pérdidas de carga localizadas),

Para el cálculo de la lineal, se trata de saber cuál es la pérdida de carga unitaria, es decir, la que tiene un tramo de tubería concreto de 1 metro de longitud, y sabiéndolo basta con multiplicar este dato por los metros de tubería total.

Para resolver la pérdida de carga unitaria recurriremos al ábaco de la figura 2.12, donde por el procedimiento descrito anteriormente las hallaremos utilizando las tablas específicas que los fabricantes facilitan en sus fichas técnicas.

Para el cálculo de las localizadas, podemos adoptar dos métodos:

Primer método. Consiste en utilizar el cuadro de la Figura 2.13, en la que nos refleja la pérdida de carga que cada accesorio suma al circuito dependiendo de su diámetro.

Esta pérdida de carga nos la da expresada «en metros de tubería equivalente de ese diámetro», es decir, que cada accesorio tiene una pérdida que se entiende como si de una tubería de tantos metros se tratara.

Se explica mejor con un ejemplo: un codo de 90º de 25 mm tiene una pérdida de carga de 0,76, esto quiere decir que ese codo aporta una pérdida igual que un tramo de tubería de ese diámetro que tiene una longitud de 0,76 metros.

Por lo tanto, si sumamos las pérdidas de todos los elementos de la instalación al final obtendremos × metros de tubería, por ejemplo, 18 metros de tubería equivalente.

Pues bien, si estos metros se los sumamos a los de tubería real obtendremos, por ejemplo:

36 metros de tubería real + 18 metros de tubería equivalente = **54 metros de tubería total**

Si la Pdc unitaria fuera 0,1 mca tendríamos que la Pdc total sería:

$$54 \text{ m} \times 0{,}1 \text{ mca} = 5{,}4 \text{ mca todo el tramo}$$

TIPO DE ACCESORIO	PULGADAS	3/8	1/2	3/4	1	1 1/4	1 1/2	2	2 1/2	3	4	5	6
	MILIMETROS	10	15	20	25	32	40	50	65	80	100	125	150
manguito de unión		0,00	0,00	0,02	0,03	0,04	0,05	0,06	0,09	0,12	0,15	0,20	0,25
cono de reducción		0,20	0,30	0,50	0,65	0,85	1,00	1,30	2,00	2,30	3,00	4,00	5,00
codo o curva de 45°		0,20	0,34	0,43	0,47	0,56	0,70	0,83	1,00	1,18	1,25	1,45	1,63
curva de 90°		0,18	0,33	0,45	0,60	0,84	0,96	1,27	1,48	1,54	1,97	2,61	3,42
codo de 90°		0,38	0,50	0,63	0,76	1,01	1,32	1,71	1,94	2,01	2,21	2,94	3,99
te de 45°		1,02	0,84	0,90	0,96	1,20	1,50	1,80	2,10	2,40	2,70	3,00	3,30
te arqueada o de curvas (pantalones)		1,50	1,68	1,80	1,92	2,40	3,00	3,60	4,20	4,80	5,40	6,00	6,60
te confluencia de ramal (paso recto)		0,10	0,15	0,20	0,30	0,40	0,50	0,60	0,70	0,80	0,90	1,00	1,20
te derivación a ramal		1,80	2,50	3,00	3,60	4,10	4,60	5,00	5,50	6,20	6,90	7,70	8,90
válvula retención de batiente		0,20	0,30	0,55	0,75	1,15	1,50	1,90	2,65	3,40	4,85	6,60	8,30
de pistón		1,33	1,70	2,32	2,85	3,72	4,67	5,75	6,91	8,40	11,1	12,8	15,4
válvula retención paso de escuadra		5,10	5,40	6,50	8,50	11,50	13,0	16,5	21,0	25,0	36,0	42,0	51,0
válvula de compuerta y de esfera		0,14	0,18	0,21	0,26	0,36	0,44	0,55	0,69	0,81	1,09	1,44	1,70
válvula de paso recto y asiento inclinado		1,10	1,34	1,74	2,28	2,89	3,46	4,53	5,51	6,69	8,80	10,8	13,1
válvula de globo		4,05	4,95	6,25	8,25	10,8	13,0	17,0	21,0	25,0	33,0	39,0	47,5
válvula de escuadra o ángulo (abierta)		1,90	2,55	2,35	4,30	5,60	6,85	8,60	11,1	13,7	17,1	21,2	25,5
válvula de asiento de paso recto		–	3,40	3,60	4,50	5,65	8,10	9,00	–	–	–	–	–
intercambiador		–	–	–	2,10	5,00	12,5	13,2	14,2	25,0	–	–	–
radiador		2,50	3,00	3,50	4,00	4,50	5,00	5,75	6,50	7,00	7,50	8,00	10,0
radiador con valvulería		3,75	4,40	5,25	6,00	6,75	7,50	8,80	10,1	11,4	12,7	14,0	15,0
caldera		2,50	3,00	3,50	4,00	4,50	5,00	5,75	6,50	7,00	7,50	8,00	10,0
contador general		4,5 m.c.d.a.											
contador individual o divisionario		10 m.c.d.a.											

Figura 2.13. Pérdida de carga localizada en m de tubería, en pulgadas (rugosa) y mm (lisa).

Segundo método. Consiste en seguir las indicaciones del CTE- HS 4 – 4.2.2. Donde simplifica los cálculos y establece que:

Normativa C.T.E – HS 4 – 4.2.2.

Las pérdidas de carga localizadas podrán estimarse de un 20 % al 30 % de la producida sobre la longitud real del tramo o evaluarse a partir de los elementos de la instalación.

Es decir, que si hemos calculado, por el ábaco, los datos del ejemplo anterior, que el tramo real de tubería supone una pérdida de carga de: 36 m × 0,1 mca = 3,6 mca.

Le añadimos el resultado de hallar ese 20 % o 30 % y quedará así:

$$\frac{3{,}6 \times \mathbf{20}}{100} = 0{,}72 \text{ mca}$$

$$\frac{3{,}6 \times \mathbf{30}}{100} = 1{,}08 \text{ mca}$$

Si a los 3,6 mca de la tubería real le sumamos, por ejemplo, el resultado del 30 %, tendremos

$$3{,}6 \text{ mca} + 1{,}08 \text{ mca} = 5{,}4 \text{ mca}$$

Como vemos, nos da exactamente lo mismo que el cálculo por tablas.

¡TOMA NOTA!

La elección del 20 o 30 % es criterio del instalador, atendiendo a la mayor o menor complejidad del circuito en cuestión.

Autoevaluación

2.1. El punto de ebullición del agua varía con la presión atmosférica. En el supuesto de hervir agua a 3000 m de altura, ¿cuál será la consecuencia?

a) Hervirá a unos 90 ºC.

b) Hervirá a unos 107 ºC.

c) No hervirá porque se evapora con mucha facilidad.

2.2. ¿El hielo es más o menos denso que el agua?

a) Tienen la misma, pero está más frío.

b) Tiene un poquito más por eso se va al fondo en los combinados alcohólicos.

c) Tiene menos.

2.3. Los grados Celsius, ¿son de mayor o menor magnitud que los centígrados?

a) Sí, son mayores.

b) Son iguales.

c) No tienen nada que ver el uno con el otro.

2.4. De las siguientes afirmaciones, ¿cuál es la cierta?

1. La hidrostática estudia los fluidos en movimiento.
2. La hidrostática es una disciplina matemática.
3. La hidrodinámica estudia el comportamiento de los fluidos no compresibles.

a) La 1.

b) La 2.

c) La 3.

2.5. La reducción de energía de presión debida a los rozamientos internos se la conoce como:

a) Resistencia interna.

b) Pérdida de carga.

c) Caída energética.

3. Materiales de las instalaciones

Introducción

Actualmente, son innumerables los materiales utilizados para la construcción de tuberías conductoras de fluidos, tanto de naturaleza metálica como de plástico. Asimismo, dependiendo del uso a que sean destinadas estas, los procedimientos de unión son muchos y muy diferentes entre sí. Por otra parte, en todos ellos es necesario asegurar la perfecta estanqueidad de las mismas a fin de evitar fugas y hacer de las instalaciones elementos seguros y limpios.

Todos estos materiales están sometidos a la acción de las aguas, que, como es sabido, tienen una acción corrosiva sobre la mayoría de los metales, por lo que hay que observar algunas cautelas en su manipulación y montaje.

En este capítulo desarrollamos estos temas con el fin de dotar al alumno de conocimientos suficientes para afrontar con eficacia la manipulación de estos elementos.

Contenido

3.1. Materiales metálicos, plásticos y aislantes: características y propiedades

3.2. Elementos y materiales de sellado y estanqueidad

3.3. Comercialización de los materiales

3.4. Reacción de las aguas sobre los distintos materiales

3.1. Materiales metálicos, plásticos y aislantes: características y propiedades

3.1.1. Tuberías

Las tuberías y los accesorios de unión de las mismas son los elementos más importantes de las instalaciones, ya que van a ser las que alojen en su interior el agua de consumo humano y, por ello, deben reunir una serie de características de índole sanitaria, para mantener las condiciones organolépticas del agua, así como unas propiedades mecánicas adecuadas para soportar presiones, dilataciones, corrosiones, etcétera.

Las tuberías se han utilizado desde la antigüedad, hay vestigios de ello desde las de arcilla, aparecidas en excavaciones de Irak, hasta las de cobre, aparecidas en Egipto.

Las tuberías, como todos los elementos de la industria, han seguido la evolución tecnológica utilizándose los materiales más idóneos en cada momento y los más adecuados según la situación socioeconómica de cada época.

En la década de los cuarenta del pasado siglo, debido al aumento de la construcción, las conducciones se realizaron durante un tiempo en plomo y fibrocemento, tanto para abastecimiento como para evacuación, y las de saneamiento con gres, hormigón y fundición.

Posteriormente, además de los citados, se han utilizado materiales diversos, como el cobre y el acero galvanizado, entre otros. Últimamente, algunos como el plomo y el fibrocemento están siendo prohibidos por disposiciones legales y sustituidos por otros más idóneos técnica y económicamente, como los plásticos, utilizados tanto para abastecimiento como para evacuación.

Los materiales usados en la actualidad para obras de ingeniería civil siguen siendo:

- El hormigón.
- La fundición dúctil.
- El acero.

Pero, a consecuencia del gran desarrollo en los polímeros plásticos, es cada vez más frecuente advertir un desplazamiento en el empleo de los materiales tradicionales por estos últimos. De los que son ejemplo:

- Policloruro de vinilo (PVC).
- Polietileno (PE).
- Polipropileno (PP).
- Poliéster reforzado con fibra de vidrio (PRFV).

En instalaciones interiores de abastecimiento a los edificios, así como en evacuación de aguas residuales, los materiales más utilizados los podemos agrupar en dos grandes bloques:

- Tuberías de metal.
- Tuberías plásticas.

El Código Técnico de la Edificación establece como válidas todas las que siguen:

Normativa CTE - HS 4 - 6.2

1. En función de las condiciones expuestas en el apartado anterior, se consideran adecuados para las instalaciones de agua de consumo humano los siguientes tubos:
   a) Tubos de acero galvanizado, según Norma UNE 19047:1996;
   b) Tubos de cobre, según Norma UNE EN 057:1996;
   c) Tubos de acero inoxidable, según Norma UNE 19049-1:1997;
   d) Tubos de fundición dúctil, según Norma UNE EN 545:1995;
   e) Tubos de policloruro de vinilo no plastificado (PVC), según Norma UNE EN 1452:2000;
   f) Tubos de policloruro de vinilo clorado (PVC-C), según Norma UNE EN ISO 15877:2004;
   g) Tubos de polietileno (PE), según Norma UNE EN 12201:2003;
   h) Tubos de polietileno reticulado (PE-X), según Norma UNE EN ISO 15875:2004;
   i) Tubos de polibutileno (PB), según Norma UNE EN ISO 15876:2004;
   j) Tubos de polipropileno (PP), según Norma UNE EN ISO 15874:2004;
   k) Tubos multicapa de polímero/aluminio/polietileno resistente a temperatura (PE-RT), según Norma UNE 53 960 EX:2002;
   l) Tubos multicapa de polímero/aluminio/polietileno reticulado (PE-X), según Norma UNE 53 961 EX:2002.
2. No podrán emplearse para las tuberías ni para los accesorios materiales que puedan producir concentraciones de sustancias nocivas que excedan los valores permitidos por el Real Decreto 140/2003, de 7 de febrero.
3. El ACS se considera igualmente agua de consumo humano y cumplirá, por lo tanto, con todos los requisitos al respecto.
4. Dada la alteración que producen en las condiciones de potabilidad del agua, quedan prohibidos expresamente los tubos de aluminio y aquellos cuya composición contenga plomo.

Normativa CTE - HS 4 - 6.2
5. Todos los materiales utilizados en los tubos, accesorios y componentes de la red, incluyendo también las juntas elásticas y productos usados para la estanqueidad, así como los materiales de aporte y fundentes para soldaduras, cumplirán igualmente las condiciones expuestas.

3.1.2. Tuberías metálicas

Las tuberías metálicas utilizadas son:

- De cobre.
- De acero galvanizado.
- De acero inoxidable.

Si bien las de acero galvanizado están prácticamente en desuso en instalaciones domésticas, aún siguen utilizándose en algunos tramos de las mismas y en instalaciones contraincendios y otras de tipo industrial.

3.1.2.1. Tuberías de cobre

El cobre es un metal de color rojo salmón, cuyo símbolo fisicoquímico es Cu, su densidad es 8,94 kg/dm^3 y funde a 1083 °C, es muy buen conductor térmico y eléctrico, por lo que su uso en la industria es muy utilizado desde la antigüedad. Presenta un buen comportamiento ante la oxidación, ya que en el interior de las tuberías ante la presencia del agua se recubre de una capa de óxido que lo protege de posteriores ataques, y por el exterior, si está debidamente protegido con funda de plástico, es prácticamente inalterable.

El cobre, por sus características, es sin duda uno de los materiales más apropiados para la fabricación de tubos para toda clase de aplicaciones, tanto en la construcción como en la industria. Como materia prima se utiliza cobre desoxidado al fósforo, con una pureza prácticamente del 99,9 %.

Características

Entre las características más destacadas del tubo de cobre se pueden reseñar las siguientes:

- Alta resistencia a la corrosión.
- Pequeñas pérdidas de carga, debido a una superficie interior lisa.
- Inalterable con el paso del tiempo, en sus características físicas y químicas.
- Permite montajes rápidos y fáciles, utilizando accesorios soldados por capilaridad.

- Excelente comportamiento con la práctica totalidad de los materiales de construcción habituales y de los fluidos que debe transportar.
- Soporta elevadas presiones interiores, facilitando usar tubos de pared de poco espesor.

Como consecuencia de estas características, el tubo de cobre ofrece algunas ventajas para las instalaciones:

- Garantiza un caudal constante debido a su pared interior completamente lisa.
- Permite montajes exteriores debido a su alta resistencia a la corrosión y a su impermeabilidad que impide el paso de rayos ultravioleta.
- Además, el cobre ofrece una completa impermeabilidad al oxígeno.
- Por su alta resistencia al ataque de los materiales empleados en la construcción (cemento, yeso, escayola, etc.), está especialmente indicado en instalaciones empotradas. Si bien, se ha de tener precaución con los cementos de fraguado rápido que contengan productos amoniacales, pues estos atacan al cobre.
- Ideal en instalaciones de calefacción, por su alta conductividad térmica.
- Protege el medio ambiente al ser reciclable en su práctica totalidad.
- Gran elasticidad que le permite adaptarse a los aumentos de presión originados por congelación del agua.

Hay una gran variedad de diámetros y espesores, tal como se ve en la Tabla 3.1.

Tabla 3.1. Formas de suministro y diámetros de las tuberías de cobre

	Espesor nominal de la pared en mm											
	0,5	0,6	0,7	0,8	0,9	1	1,1	1,2	1,5	2,0	2,5	3
Diámetro exterior en mm	**Diámetros interiores en mm**											
6	5	4,8		4,4		4						
8	7	6,8		6,4		6						
10	9	8,8	8,6	8,4		8						
12	11	108	10,6	10,4		10						
14			12,6	12,4		12						
15	14		13,6	13,4		13		12,6	12			
16				14,4		14		13,6				
18		16,8		16,4		16		15,6	15			

	Espesor nominal de la pared en mm											
22		20,8		20,4	20,2	20	19,8	19,6	19			
25						23		22,6	22			
28		26,8		26,4	26,2	26		25,6	25			
35			33,6	33,4		33	32,8	32,6	32	31		
40						38	37,8					
42				40,4		40		39,6	39	38		
54				52,4	52,2	52		51,6	51	50		
64									61	60	59	
66,7						64,7		64,3	63,7	62,7	61,7	
70										66	65	
76,1								73,7	73,1	72,1	71,1	
80						78				76		
88,9										84,9	83,9	82,9
108								105,6	105	104	103	102
133									130	129		127
159									156	155		153
219												213
267												261

- Las cifras con letra de mayor tamaño son las medidas exteriores normalizadas.
- En letra negrita tamaño medio son las medidas europeas recomendadas.
- Las cifras en rojo pertenecen a las medidas españolas normalizadas.
- El diámetro nominal es el exterior.
- Las cifras con letra normal son otras medidas europeas.

Los tubos de cobre para fontanería se suministran en dos formatos (Figura 3.1):

- Cobre duro en tiras rectas.
- Cobre recocido en rollos.

Cobre rígido en tiras rectas

Estos tubos se suministran en estado duro, con la estructura obtenida en las últimas operaciones de estirado, que le proporcionan buena rigidez, excelente resistencia al choque y un perfecto acabado. Es muy apropiado para instalaciones vistas.

Figura 3.1. Presentación de tuberías de cobre: rígido y en rollos.

El diámetro de los tubos en tiras es perfectamente circular y el acoplamiento a los accesorios se puede hacer sin calibrado previo.

Se suministran en longitudes de 5 metros y diámetros exteriores nominales que van desde 6 a 267 mm.

Cobre recocido en rollos

Los tubos recocidos se obtienen a partir de los duros por medio del tratamiento térmico del mismo nombre consistente en calentarlo a 500 °C y enfriamiento brusco, con lo que se consigue un material «más blando» debido a que pierde algo de resistencia a la tracción y aumenta considerablemente el porcentaje de alargamiento, aunque sigue manteniendo prácticamente las características más importantes. Los tubos en rollos se suministran hasta un diámetro exterior de 22 mm, con una longitud de 25 o 50 metros. Se pueden solicitar rollos con cromado exterior para instalaciones vistas. Se utilizan en instalaciones con recorridos de gran longitud, sinuosos o irregulares, cuando es necesario adaptarlos al lugar en que vayan a ser colocados.

Sistema de unión de las tuberías de cobre

Los sistemas de unión para las tuberías de cobre son diversos, entre los que cabe citar los accesorios roscados tipo Sambra y otros similares. Aunque el sistema de unión más utilizado para las tuberías de cobre, hasta 54 mm, es la soldadura blanda y fuerte, según los casos.

¡TOMA NOTA!

Las tuberías de cobre tienen unas cualidades excepcionales para las instalaciones de agua, pero en los últimos años han sufrido unas subidas de precios que han orientado las preferencias a otros materiales como los plásticos, especialmente a los polietilenos multicapa.

3.1.2.2. Tubería de acero

El acero es una aleación de hierro y carbono, en la que el contenido de carbono no es superior a un 1,5 %.

Las tuberías de acero galvanizado normalmente se ensamblan mediante accesorios roscados (Figura 3.2).

Las tuberías de acero pueden fabricarse sin soldadura (por extrusión) o con soldadura (partiendo de bandas para formar cilindros y soldándolas longitudinalmente o helicoidalmente).

El tubo de acero sin soldadura ha de cumplir los requisitos de la Norma UNE 19046: «Tubos de acero sin soldadura roscables». Para este tipo de tubo las medidas se expresan en milímetros.

Figura 3.2. Tuberías y accesorios de acero galvanizado.

El tubo de acero con soldadura ha de cumplir los requisitos de la Norma UNE 19045: «Tubos de acero soldados roscables». Para este tipo de tubo las medidas se expresan en pulgadas.

Las protecciones usuales son el galvanizado (recubrimiento por inmersión en un baño de zinc (el cual se adhiere al tubo formando una capa que soporta el ataque del oxígeno), las pinturas a base de plomo y alquitranes, y cuando va enterrado se protegen exteriormente con vendas bituminosas. También puede usarse el mortero de cemento.

Aplicaciones

- Instalaciones de calefacción.
- Instalaciones de aire acondicionado.
- Acometidas y redes de distribución de gas.
- Instalaciones de aire comprimido.
- Calderas.
- Instalaciones de refrigeración.
- Instalaciones contraincendios.
- Instalaciones de agua sanitaria fría y caliente (fontanería).

Sistemas de unión

- Uniones roscadas.
- Uniones soldadas.

- Uniones ranuradas.
- Uniones a presión.

Uniones roscadas

Son aquellas en que los elementos de unión se ensamblan mediante roscas. Son las más comunes. Véanse los Apartados 4.5.3, 4.6.3 y 5.7.1.

Uniones soldadas

Estas uniones se llevan a cabo en instalaciones de calefacción y abastecimiento de gas utilizando tubos desnudos de acero negro mediante soldadura oxiacetilénica o eléctrica por arco (Véase Capítulo 5.)

Uniones ranuradas

El sistema de ranurado de tuberías está diseñado para unión de tuberías de acero. Este sistema también se puede conocer como uniones *Victaulic* (Figura 3.3).

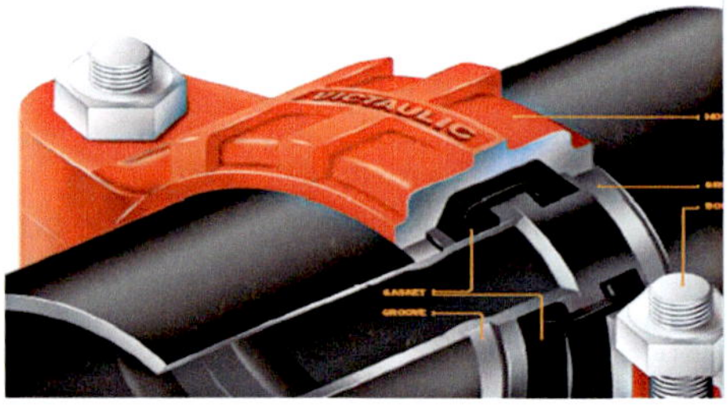

Figura 3.3. Esquema de unión ranurada *Victaulic*.

Uniones a presión

Las uniones a presión o «uniones rápidas» están especialmente diseñadas para conexionar tubos de extremos lisos mediante unión mecánica por compresión.

Estas uniones consisten en sujetar los tubos enfrentados mediante abrazaderas de acero y la estanqueidad se consigue por medio de juntas de goma. La marca GEBO tiene una gran variedad de modelos para todo tipo de contingencias (Figura 3.4).

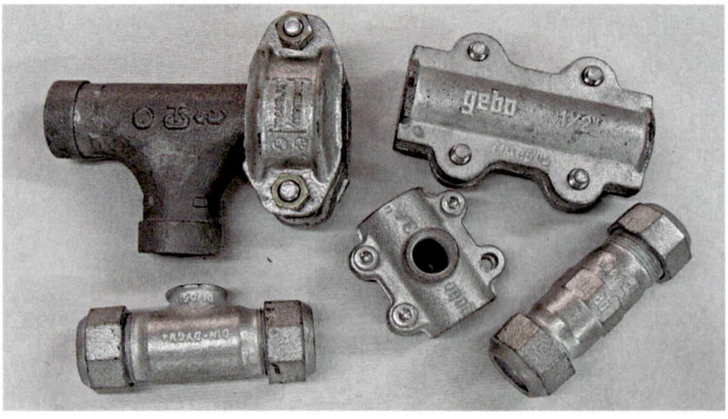

Figura 3.4. Accesorios GEBO.

3.1.2.3. Tuberías de acero inoxidable

Los tubos de acero inoxidable son de gran calidad y, por su gran resistencia a la oxidación y limpieza, se utilizan en diversos campos como:

- Aire comprimido.
- Calefacción-climatización.
- Sistemas contraincendios.
- Instalaciones sanitarias en hospitales.
- Energía solar.
- Agua potable.
- Industria naval y minería.
- Industria química.
- Industria alimentaria (láctea y vinícola).

Uno de los sistemas empleados es el mostrado en la Figura 3.5, consistente en un sistema de enchufe con cierre por anillos tóricos y retención de la unión mediante uña de presión. Este sistema es muy fácil de usar porque solo hay que medir e introducir el tubo en los accesorios, permitiendo el sistema la extracción de la unión con un simple anillo de materia plástica que presionándolo sobre la unión empuja el anillo axial y este, a su vez, libera la uña de presión permitiendo sacarlo con un leve tirón.

Figura 3.5. Sistema de unión de tubería de acero inoxidable.

Actualmente, en las uniones y ensamblaje de estas tuberías, se utiliza mucho el sistema por compresión ya citado anteriormente *pressfitting*, que permite unas ventajas de ejecución y limpieza insuperables.

Estas uniones consiguen la estanqueidad por medio de anillos tóricos o juntas especiales. Estas juntas pueden ser de distintos materiales y colores en función de su aplicación y, además de asegurar la estanqueidad de las uniones, son resistentes a los diversos aditivos o agentes agresivos que pueden contener los fluidos que conducen.

En la Figura 3.6 se muestra la disposición de elementos de estas instalaciones según dos de los fabricantes más importantes del sector Isotubi y Geberit Mapress.

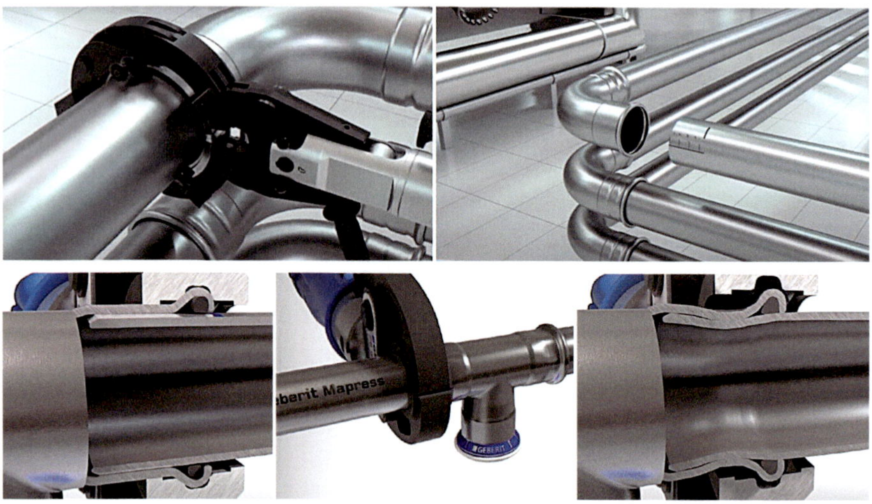

Figura 3.6. Sistema *pressfitting*. Arriba, sistema Isotubi; abajo, Geberit Mapress.

3.1.3. Tuberías plásticas

Dentro de las tuberías plásticas hay una gran variedad, tal como podemos ver en la Tabla 3.2 y en la Figura 3.7.

Tabla 3.2. Tipos de tuberías plásticas

Material base	Tipos
Policloruro de vinilo	PVC-U
	PVC-O
Polipropileno	Polipropileno homopolímero, PP-H
	Polipropileno copolímero Random, PP R
	Polipropileno copolímero bloque, PP B

Material base	Tipos
Polietileno	Polietileno, PE
	Polietileno reticulado, PEX
	Poletileno multicapa, PEX-AL-PEX
	Poletileno multicapa, PERT-AL-PERT
Polibutileno	Polibutileno, PB
Poliéster	Poliéster reforzado con fibra de vidrio

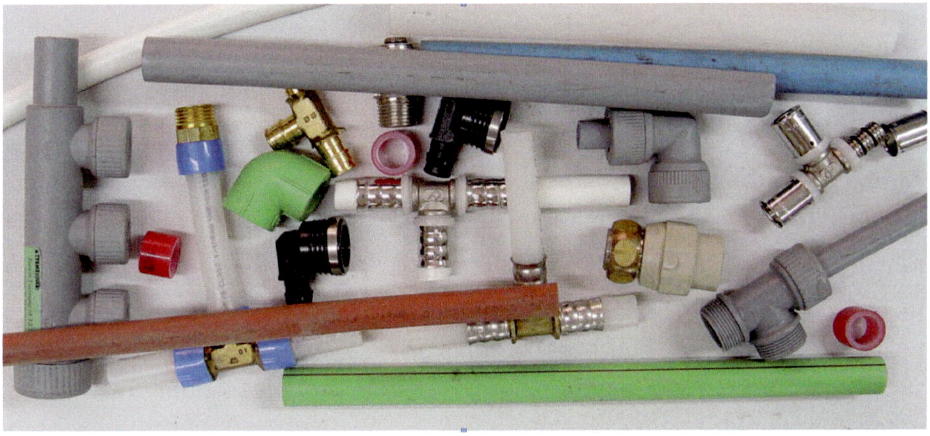

Figura 3.7. Muestras de tuberías plásticas y sus accesorios.

3.1.3.1. PVC, policloruro de vinilo

Se utilizan dos tipos básicamente:

- El policloruro de vinilo no plastificado, PVC-U (normal).
- El policloruro de vinilo orientado molecularmente, PVC-O.

El policloruro de vinilo no plastificado PVC-U

Procede de la polimerización del monómero cloruro de vinilo, subproducto del petróleo (43 %) y del cloro obtenido de la sal común (57 %). Lleva fabricándose 60 años y su uso está muy extendido.

Es atóxico, no transmite olor ni sabor al agua y no es propagador del fuego, por lo que la llama se autoextingue cuando cesa la fuente del fuego. Tubos y accesorios para redes de distribución de agua potable, evacuación de aguas residuales y pluviales, drenaje y acometidas generales de redes de riego.

El PVC-U es el más común y se fabrica para las siguientes aplicaciones:

Abastecimiento de agua a presión

Las tuberías de PVC de presión tienen un amplio campo de utilización debido a sus buenas prestaciones unido a la facilidad de montaje y los precios competitivos. Sus usos van desde instalaciones en piscinas, sala de control de salas hídricas, por ejemplo, en centros penitenciarios y hospitales, en sistemas de riego, algunas instalaciones agrícolas, alimentarias, etc. Estos materiales se encuentran para presiones de 10, 16, 20 y 25 bar.

Fabricadas de acuerdo a la Norma UNE-EN 1452.

Tubería de pared compacta, superficie interior y exterior lisa.

Se pueden unir por unión encolada (en diámetros desde 20 mm hasta 315 mm y longitud, 5 metros) y por junta elástica (en diámetros desde 63 mm hasta 1000 mm y longitud, 6 metros).

También existen en el mercado accesorios terminales roscados que se encolan en la tubería y nos permiten posteriormente realizar conexiones a rosca con diversos elementos constitutivos de las instalaciones.

Asimismo, existen en el mercado accesorios metálicos para unión de tubos a presión, entre los que cabe destacar las uniones Gibault, cuyo uso está bastante extendido para abastecimiento de pequeñas redes de abastecimiento, como son las poblaciones rurales.

Para saneamiento

Las tuberías de PVC con sus accesorios (Figura 3.8) para saneamiento quizá sea el ámbito donde más se las reconoce su auge. Debido fundamentalmente a sus buenas prestaciones, su poco peso y ligereza, su facilidad de montaje, etc., características que han motivado su gran penetración en el mercado, tanto de la pequeña evacuación como en la gran evacuación. Entre las muchas variedades podemos dividirlas, por su forma de unión y ámbito de aplicación, en tres tipos:

- Unión por encolado.
- Unión por junta elástica.
- De pared estructurada.

Figura 3.8. Accesorios de PVC.

3.1.3.2. Tuberías de polipropileno

El polipropileno (PP-R) es un polímero que se obtiene por polimerización del monómero propileno. La resistencia química del polipropileno combinada con la alta resistencia a las tensiones mecánicas hace de este polímero un material excelente para fabricar tubos y accesorios.

Cuando hablamos de polipropileno en tuberías nos referimos al PP-R, polipropileno copolímero Random o también conocido como tipo 3, que es el tipo de polipropileno habitual en los sistemas de tubos y accesorios (Figura 3.9) para conducción de agua fría y caliente a presión.

Dependiendo del sistema de polimerización, se obtienen diferentes moléculas dando lugar a distintos tipos de polipropileno:

- PP homopolímero (PP-H), se utiliza para tuberías industriales a presión.
- Polipropileno copolímero Random (PP-R), es el utilizado para tuberías en aplicaciones domésticas para agua fría y caliente.
- Polipropileno copolímero Bloque (PP-B), se utiliza para evacuación y saneamiento en tuberías enterradas.

Los sistemas de unión son los siguientes:

- Por termofusión a tope con polifusores (véanse Figuras 4.39 a 4.41).
- Por electrofusión con manguitos electrosoldables.
- También se hacen derivaciones en asiento y soldaduras de reparación.

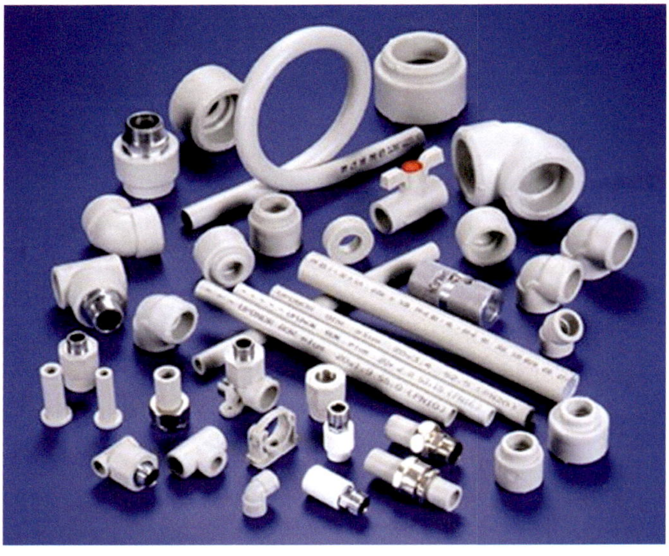

Figura 3.9. Tuberías y accesorios de polipropileno.

3.1.3.3. Tuberías de PP para saneamiento

Las aplicaciones de las tuberías de polipropileno son muy variadas, desde tuberías para abastecimiento a presión, evacuación en el interior de edificios de aguas pluviales y residuales, hasta saneamiento enterrado.

Dependiendo de la aplicación, los tubos de polipropileno (PP) pueden tener un espesor de pared compacto (p. ej., tubos para evacuación en el interior de edificios), o bien un espesor de pared estructurado (p. ej., tubos de doble pared corrugados para saneamiento enterrado sin presión).

Dentro de la gama de tuberías de saneamiento en PP existen diversos tipos de tubos, en función del tipo de estructura de pared.

Actualmente, la experiencia existente en redes de saneamiento se basa en tubos estructurados de doble pared corrugada y en tubos estructurados nervados.

Tuberías de pared estructurada

La gran ventaja que aportan los tubos estructurados (Figura 3.10) es que con el diseño de la pared externa se consigue aumentar el momento de inercia de la sección del tubo, aumentando su resistencia anular o, lo que es lo mismo, a igualdad de SN, se consigue una disminución de materia prima con la consiguiente reducción económica.

Figura 3.10. Tubería de pared estructurada para saneamiento.

Los diseños de pared usualmente empleados son los siguientes:

- Tubos de estructura nervada.
- Tubos de doble capa con una pared interior lisa y una pared exterior con refuerzos transversales.
- Tubos de doble pared corrugada.
- Tubos de doble capa con una pared interior lisa y una exterior corrugada.

Los tubos de PP se pueden unir mediante tres técnicas principales:

- Unión por junta elástica.

- Unión por soldadura a tope.
- Unión con accesorios mecánicos.

3.1.3.4. Polietileno

El polietileno se obtiene por la polimerización del monómero de etileno, que proviene de la fase gaseosa del petróleo y del gas natural.

En la actualidad, las tuberías fabricadas con polietileno permiten ser utilizadas en todas las aplicaciones de transporte de fluidos: abastecimiento, riego, saneamiento...

PE 32 Polietileno de Baja Densidad (PEBD).

PE 50 B Polietileno de Media Densidad (PEMD).

PE 50 A Polietileno de Alta Densidad (PEAD).

Norma UNE-EN 12201/2003: para conducciones de agua de consumo humano tubos de color azul o tubos color negro con bandas azules, que no aportan sabor al agua (Figura 3.11).

Norma UNE-EN 13244/2003: para tubos de consumo no humano tubos negros o negros con banda marrón.

Las tuberías de PE, por su elevada flexibilidad, se presentan en rollos de gran longitud, normalmente hasta un diámetro de 110 milímetros y en barras de hasta 12 metros de longitud.

Figura 3.11. Tuberías de polietileno alimentario.

Los tubos de polietileno (PE) pueden unirse de las siguientes formas:

- Soldadura a tope por termofusión.
- Soldadura por electrofusión.
- Por accesorios mecánicos.

Polietileno reticulado (PEX)

Es una variante del PE en el cual las moléculas están organizadas en retícula, de ahí su nombre.

Es el más utilizado actualmente para conducciones de agua fría y caliente en instalaciones domésticas, así como en calefacción por suelo radiante.

Se comercializa en bobinas de hasta 200 m y en tiras de 6 m y en diámetros exteriores de 12 hasta 125 mm.

EN DETALLE

Estos y otros sistemas de unión los veremos en el Capítulo 5. Sistemas de unión.

Los tubos de polietileno (PEX) se unen mediante tres técnicas diferentes, dependiendo del uso al que vayan destinados:

- Sistema *quick & easy*.
- Sistema *pressfitting*.
- Casquillo corredizo.

Multicapa

Las tuberías multicapa PEX/AL/PEX consisten en un tubo multicapa cuya capa interior es un tubo de polietileno reticulado fabricado conforme a la Norma Europea EN 12318.

Es decir, se trata de un tubo de polietileno reticulado estándar al que se le añade una capa de aluminio soldada a tope por láser y una capa exterior de polietileno de alta densidad que sirve como protección contra las agresiones mecánicas y contra la corrosión (Figura 3.12).

Esta capa de aluminio le da consistencia mecánica y evita grandes dilataciones y deformaciones.

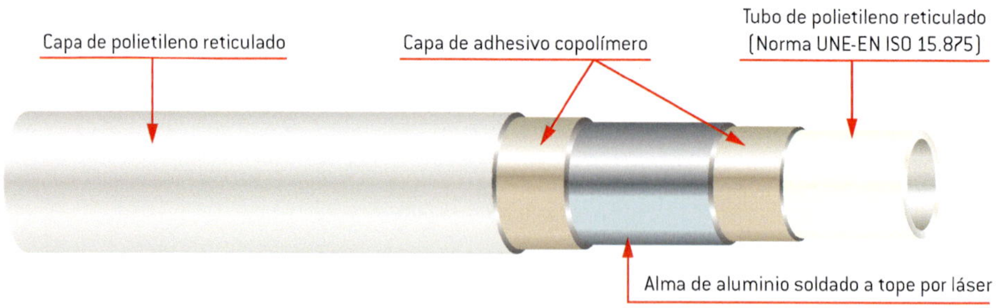

Figura 3.12. Tubo multicapa con disposición de las mismas.

Estas tuberías son empleadas para instalaciones sanitarias, conducción de agua fría y caliente, sistemas de calefacción convencional y suelo radiante, conducciones de climatización y aplicaciones industriales.

Los sistemas de unión se realizan mediante los sistemas de casquillo corredizo y *pressfitting*, ya citados.

Figura 3.13. Sistema por compresión con prensa.

Actualmente se utilizan muchos sistemas de unión entre los cuales cabe destacar el sistema de compresión con prensa (Figura 3.13) y por compresión roscada, basada en el sistema Hermeto (Figura 3.14).

Figura 3.14. Accesorios del sistema por compresión roscada.

3.1.3.5. Polibutileno

Es otro producto derivado del petróleo. Se utiliza en instalaciones de agua fría y caliente de carácter temporal, como en ferias, casetas de obra, etc. Su sistema de unión es por medio de manguitos roscados.

En este sistema, el cierre se consigue por la presión ejercida por la arandela y la abrazadera sobre la grapa, consiguiendo que esta se clave sobre la tubería con lo que soporta la fuerza axial que produce el agua sometida a presión (Figura 3.15).

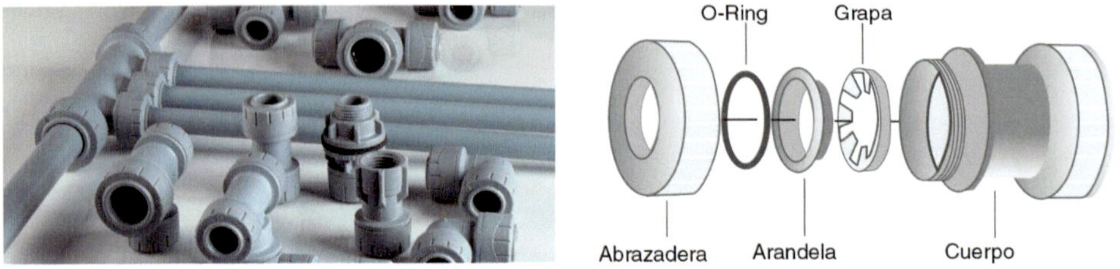

Figura 3.15. Tuberías de polibutileno con esquema de accesorios de montaje.

Es muy fácil de montar porque solo requiere marcar, cortar y ensamblar metiendo el tubo en la unión que ya viene montada.

En el extremo del tubo siempre hay que meter una cápsula de aluminio del diámetro interior del tubo correspondiente que es el que soporta, sin permitir deformación del tubo, el apriete de la grapa.

También se pueden unir mediante termofusión y polifusión eléctrica.

3.1.3.6. Poliéster reforzado con fibra de vidrio (PRFV)

Estos tubos y accesorios de grandes diámetros se utilizan para redes de abastecimiento de agua, alcantarillado, drenaje y aplicaciones industriales (Figura 3.16), por lo que aquí solo dejaremos constancia de sus características principales.

Las tuberías de poliéster reforzadas con fibra de vidrio están formadas por una resina de poliéster, fibras de vidrio o sintéticas, cargas estructurales (áridos, carbonato cálcico...) y aditivos.

Figura 3.16. Instalación con tuberías de poliéster.

Características técnicas

Los tubos de PRFV se clasifican según la Norma UNE 53323 EX, según su diámetro nominal y serie, rigidez nominal, presión nominal y el tipo de unión.

Los tubos tienen una longitud normalmente de 6 o 12 metros, si bien también pueden suministrarse longitudes de 18 metros.

Las dimensiones van desde 100 hasta 3000 mm de diámetro nominal.

3.1.3.7. Tubos flexibles

Son unas tuberías compuestas de una manguera de caucho, blindada con una malla de acero inoxidable. Se conocen con el nombre de latiguillo o racor. Hay una gran variedad de medidas y diámetros (Figura 3.17).

Se utilizan como elementos de enlace entre las instalaciones y los aparatos de consumo, como, por ejemplo, el lavabo, inodoro, la ducha, etc. En este último caso el latiguillo consta de una envolvente más «amable» sin alambre trenzado para evitar lesiones en las manos al utilizarla.

Figura 3.17. Latiguillo de ducha y de instalación.

3.2. Elementos y materiales de sellado y estanqueidad

Estanqueidad. Por definición es «la cualidad de lo que es estanco, cerrado e incomunicado».

En construcción, podemos definirla como «un sistema de protección para evitar el paso del agua a través de una construcción o de los elementos constructivos exteriores».

En la derogada NIA (Normas Básicas para las instalaciones interiores de suministro de agua), en el apartado de materiales se decía que «Los materiales empleados en tuberías y grifería de las instalaciones interiores deberán ser capaces (de resistir) de forma general y como mínimo para una presión de trabajo de 15 kg/cm^2, en previsión de la resistencia necesaria para soportar la de servicio y los golpes de ariete provocados por el cierre de los grifos».

Pero existía una contradicción porque después en el apartado de pruebas se decía que «todas las tuberías, elementos y accesorios que integran la instalación serán objeto de una prueba de resistencia mecánica y estanqueidad con presión hidráulica, dicha prueba se efectuará a 20 kg/ cm^2».

Estas contradicciones, inexplicablemente, se mantienen a veces en los textos oficiales.

A este respecto el CTE solo determina en el punto 6.2.2 que «Las válvulas y llaves serán resistentes a una presión de servicio de 10 bar».

En cualquier caso estas presiones de uso son considerables y, por esta razón, las uniones, todas las uniones, deben asegurar la inexistencia de fugas tan perjudiciales para el buen funcionamiento, así como para preservar las mismas de corrosiones, humedades, etc. y conseguir de paso una apariencia constructiva acorde con las exigencias estéticas más elementales.

3.2.1. Elementos y materiales de estanqueidad

Para conseguir la estanqueidad en las uniones existen distintas soluciones dependiendo del tipo de unión, pero básicamente todas tienen en común lo que llamamos «junta».

Se denomina junta mecánica, junta de estanqueidad o empaquetadura a unos componentes de material adaptable que sirve para sellar bien la unión de las caras mecanizadas de elementos de cierre para evitar fugas de fluidos.

Los tipos de juntas comúnmente utilizados para estas tareas son: los retenes (para aceites y grasas), collarines (en neumática e hidráulica), juntas tóricas, juntas planas, empaquetaduras trenzadas, cierres mecánicos, espirometálicas y metálicas (RTJ, juntas dentadas), cintas de PTFE politetrafluoretileno, masillas, etcétera.

Dependiendo de las condiciones de servicio, cada operación requiere un material de junta concreto con propiedades diferentes, ya sea por el tipo de fluido de contacto (ácido, alcalino, oxidante, viscoso, etc.), temperatura, presión o vacío y velocidad lineal del punto que se debe sellar si se trata de hacer un sellado dinámico.

3.2.1.1. Estanqueidad estática

Se denomina estanqueidad estática aquella en la que el elemento sellador no está sometido a ningún tipo de rozamiento, fricción o movimiento con respecto a otra parte del equipo o máquina. La junta de una olla a presión o la de la culata de un motor de coche son ejemplos de ello.

No obstante, también se suele denominar estática la que realizamos sobre un eje, un vástago o cualquier punto de un equipo con movimiento rotativo o alternativo cuya velocidad no supere los 2 m/s.

3.2.1.2. Estanqueidad dinámica

Es aquella estanqueidad que realizamos sobre un eje, vástago o pieza en movimiento, ya sea este alternativo o rotativo, pero con una velocidad igual o superior a 2 m/s.

Elementos de estanqueidad

- Retenes radiales.
- Juntas tóricas estándar y fabricación especial.
- Collarines para hidráulica y neumática.
- Juntas de pistón.
- Empaquetadoras, guías, etcétera.
- Cierres mecánicos.
- Empaquetadura trenzada.

Las juntas constituyen el elemento de unión, tramo a tramo, en las tuberías, es, por lo tanto, un elemento fundamental, de nada serviría una buena tubería, si no se dispone de una estanqueidad total en las uniones o empalmes.

3.3. Comercialización de los materiales

La comercialización de los materiales utilizados en montaje de tuberías se realiza a través de los proveedores del sector, que normalmente son los almacenes del ramo de la fontanería-calefacción. Dentro de estos, dependiendo de la zona geográfica donde nos encontremos, son muy variables, aunque todos tienen en común la comercialización de las marcas más habituales con su catálogo más o menos extenso, dependiendo del elemento que se trate.

Los materiales están sometidos o regulados por una norma o varias de ellas y para su comercialización deben cumplir un gran abanico de pruebas, medidas, colores, presentación, etcétera.

Los materiales generalmente tienen un código de pertenencia a un lote de fabricación, por lo que en caso de defecto se ha de recurrir a él para reclamar las responsabilidades derivadas de una rotura accidental, o la alteración de los parámetros higiénico-sanitarios o de otra índole, que puedan dar como consecuencia perjuicios a terceros.

Es obvio que cualquier empresa o autónomo debe conservar albaranes de entrega y facturas de los materiales adquiridos para su posterior reclamación, ya que sin ellos no se puede acreditar la responsabilidad de cualquier defecto acontecido en los materiales.

Siempre debemos utilizar materiales con marca, es decir, que el propio accesorio o tubo o elemento de instalación lleve un marcado que identifique a su fabricante (Figura 3.18).

NORMA UNE-EN 1254-1

Cada accesorio debe marcarse de forma legible y duradera, con:

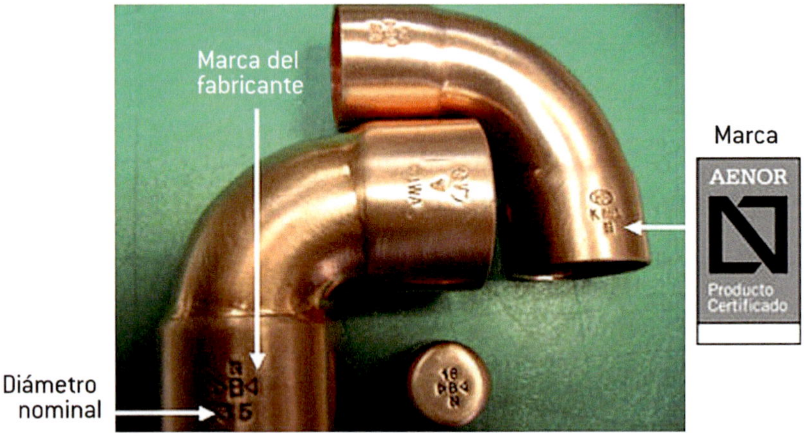

Figura 3.18. Detalles de marcado sobre un codo de cobre.

¡OJO CON ESTO!

Conozco una anécdota que ejemplifica hasta qué punto esto es importante:

Se realiza una instalación de calefacción por el suelo. Dicha instalación va en cobre con accesorios soldados con soldadura fuerte. El suelo de la vivienda va en tarima acuchillada de madera. Cuando se entrega la vivienda, los propietarios detectan que uno de los radiadores no calienta, hacen la reclamación pertinente y el constructor reclama a la empresa instaladora su supervisión. El instalador que realizó dicha obra se persona en la vivienda y tras muchísimas indagaciones, concluye que en la conexión de los tubos de ese radiador hay algo anómalo. Se levanta la tarima de madera y aunque la conexión de ida y retorno son correctas, se desueldan y se descubre que una de las T está ciega. Por un defecto en la fabricación uno de los lados está tapado por una membrana de cobre que no había sido perforada con lo cual el fluido no circula. Se plantea llevar dicho accesorio al fabricante para presentar la correspondiente reclamación, pero: ¡La T en cuestión no tiene marca! es, digámoslo en lenguaje cotidiano, «pirata».

Consecuencia: los gastos de la reparación y derivados han de correr por cuenta de la empresa instaladora, a pesar de que los responsables son los fabricantes de la pieza, pues sus controles de calidad no han funcionado. Al margen de las interpretaciones que se puedan hacer jurídicamente, debemos comprobar que tienen una marca y están rotulados adecuadamente para evitar estos problemas.

3.4. Reacción de las aguas sobre los distintos materiales

Las aguas comportan una serie de efectos sobre las tuberías que dependiendo de la composición de las aguas, su temperatura, velocidad de circulación, etc. y la naturaleza de las propias tuberías serán unos u otros. De entre estos efectos podemos destacar los siguientes:

- Condensación.
- Corrosión y desgaste.
- Incrustaciones.
- Ruidos.

3.4.1. Condensación

El vapor en el aire se vuelve líquido (se condensa) al contacto con las superficies más frías.

En esencia, cuando el aire alrededor de una tubería se enfría, pierde su capacidad para mantener el agua contenida en él, en forma de vapor. El vapor cambia a su estado líquido cuando la temperatura desciende por debajo del punto de rocío, y se transforma en esas gotas que vemos en los lugares que se manifiesta la condensación. La presencia de esta agua o humedad en las tuberías (Figura 3.17) se puede transformar en moho y dar lugar a corrosiones y suciedades, y, a veces, a goteos que manchan de humedad los falsos techos o paredes por donde discurren las mismas.

Para evitarlo hay que dotar a las mismas de aislamiento.

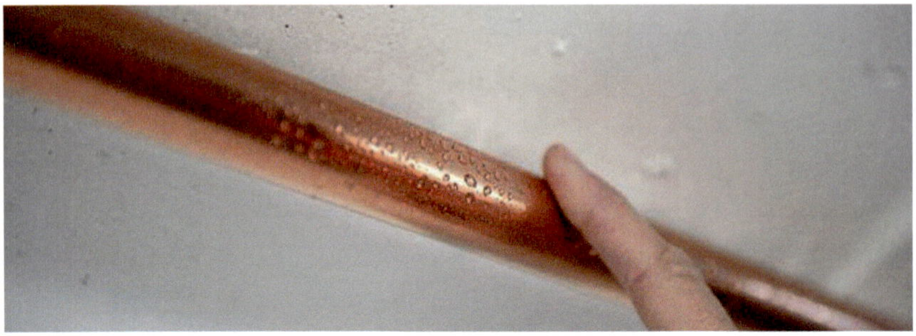

Figura 3.19. Efectos de la condensación en un tubo de cobre.

3.4.2. Corrosión y desgaste

Se define la corrosión como el fenómeno de ataque o destrucción de un material metálico, por la acción del medio en que se encuentre (agua, atmósfera, tierra...), realizándose este proceso mediante reacciones químicas y electroquímicas (Figura 3.20).

La corrosión es el desgaste superficial que sufren las tuberías como consecuencia de las reacciones químicas y electroquímicas entre el material de las tuberías y el agua. Esta no solo depende del tipo de aguas (duras, blandas, salinas, etc.), sino también del material del que están hechas las tuberías.

Figura 3.20. Aspecto de corrosión superficial sobre un metal.

Así, por ejemplo, las aguas blandas de dureza baja, con carácter agresivo por exceso de CO_2 y valor de pH bajo, producen corrosiones en tuberías de hierro, cobre y acero galvanizado. Además, no solo son atacados los tubos por el agua que la recorre, sino también por los materiales que las recubren como: cal, cemento y hormigones, productos bituminosos, etcétera.

La superficie de las tuberías debe ser muy homogénea, porque si no las partículas arrastradas por el agua se depositan en estas irregularidades, produciendo la llamada corrosión de punto o picadura. En las instalaciones hay determinadas zonas donde se producen desgastes por la erosión de la circulación del agua especialmente en regímenes turbulentos (Figura 3.21).

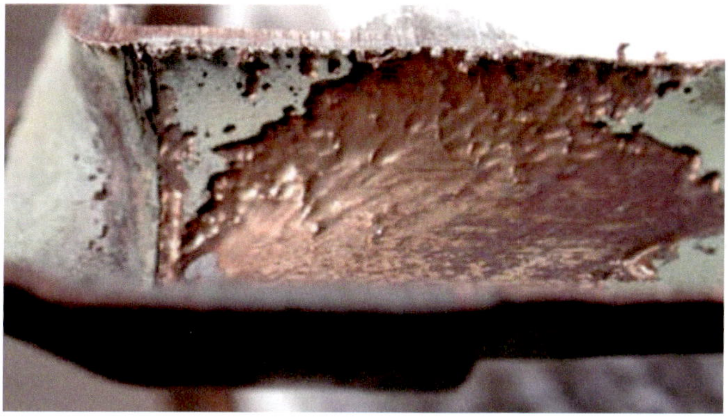

Figura 3.21. Desgaste interior producido en una tubería de cobre.

El fenómeno de la corrosión es muy importante en las instalaciones de fontanería, climatización y ACS.

El deterioro producido por este fenómeno en los materiales empleados, con el transcurso del tiempo hace que se debiliten hasta la rotura o se transformen en otro tipo de material, variando sus características de comportamiento mecánico.

3.4.2.1. Clases de corrosión

Según las consideraciones anteriores, podemos decir que hay tres tipos de corrosión:

- Corrosión química.
- Corrosión electroquímica.
- Corrosión galvánica.

Corrosión química

Es la debida a la reacción química del metal con un medio circundante no iónico (aire), sin cargas eléctricas, generalmente a alta temperatura. Este es el caso de la oxidación de un metal en aire a alta temperatura.

Corrosión electroquímica

La mayoría de los fenómenos de corrosión metálica son de naturaleza electroquímica. Esta se produce cuando los metales están en contacto con medios que tienen conductividad electrolítica, como son las disoluciones salinas, las aguas o la simple humedad ambiental. Este electrolito es capaz de conducir las corrientes que se producen (estas son las que se producen en las instalaciones de climatización y ACS).

En estas circunstancias y debido sobre todo a diferencias de potencial electroquímico que se presentan entre diferentes puntos de la superficie de un mismo metal (como diferencias en su superficie) se producen micropilas galvánicas en las que unas zonas actúan como ánodos y otras como cátodos y el agua como electrolito. La consecuencia de estos procesos es la progresiva destrucción del metal con formación de productos de la corrosión.

Corrosión galvánica

Cuando se encuentran en contacto dos metales diferentes a través de un medio electrolítico, se crea la pila galvánica o par galvánico que hemos visto anteriormente, base de la corrosión electroquímica, llamada en este caso corrosión galvánica o bimetálica (Figura 3.22).

De los metales en contacto, el más noble permanecerá inalterado y será el cátodo, mientras que el más activo será el ánodo y sufrirá los efectos de la corrosión.

Figura 3.22. Corrosión galvánica en tubos cobre-acero.

La intensidad de la corrosión viene determinada por la diferencia de potenciales electroquímicos de cada uno de los metales. Si en una instalación tenemos en contacto cobre y aluminio o hierro, en estos últimos metales existirá una corrosión por estar en contacto con el cobre a través del electrolito (agua) que es conductor de la corriente eléctrica. La intensidad de corrosión será más intensa en el radiador de aluminio, porque la diferencia de potencial con el cobre es mayor que en el caso de este con el hierro. Para disminuir el efecto de la corrosión, deberemos utilizar manguitos antielectrolíticos en las uniones de ambos elementos (Figura 3.23), teniendo en cuenta lo previsto por el CTE.

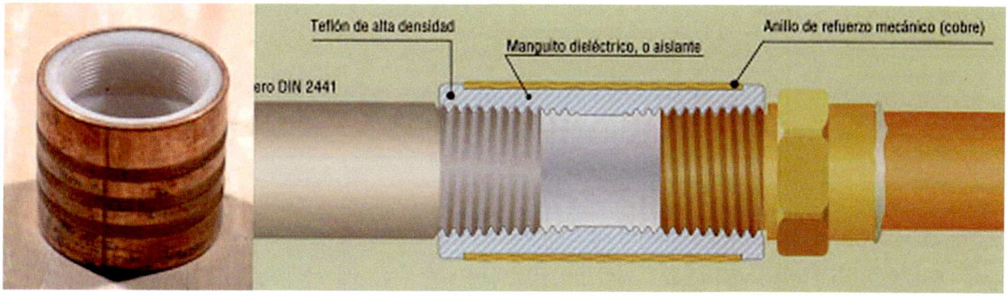

Figura 3.23. Manguito antielectrolítico y su montaje.

Estos manguitos están fabricados con materiales que tienen una resistencia eléctrica muy grande (plástico, teflón, etc.). La progresión o no del proceso depende de la capacidad que tengan los productos de generar una barrera que aísle a estos del agente agresivo.

En el caso de los productos férricos, los productos de la corrosión son óxidos ferroso-férricos hidratados, que son porosos y, por lo tanto, no aíslan el metal del agente corrosivo, por lo que se destruyen paulatinamente. No ocurre así con los recubrimientos galvánicos cuyo producto de corrosión del zinc es un carbonato básico de zinc hidratado que es insoluble, adherente y poco poroso que forma una capa de pasivación que protege al metal base. Además, al tener el zinc un potencial electroquímico de disolución menor que el hierro, actuará como ánodo y, por lo tanto, el ataque corrosivo se localizará en el recubrimiento en lugar del acero base, así mientras haya zinc el tubo férrico estará protegido.

A este respecto, el CTE determina que:

Normativa CTE - HS 4 - 6.3.2.1

Medidas de protección frente a la incompatibilidad entre materiales:

1. Se evitará el acoplamiento de tuberías y elementos de metales con diferentes valores de potencial electroquímico excepto cuando según el sentido de circulación del agua se instale primero el de menor valor.

Normativa CTE - HS 4 - 6.3.2.1

2. En particular, las tuberías de cobre se colocarán después de las conducciones de acero galvanizado, según el sentido de circulación del agua, para evitar la aparición de fenómenos de corrosión por la formación de pares galvánicos y arrastre de iones Cu^{+} hacia las conducciones de acero galvanizado, que aceleren el proceso de perforación.
3. Igualmente, no se instalarán aparatos de producción de ACS en cobre colocados antes de canalizaciones en acero.
4. **Excepcionalmente**, por requisitos insalvables de la instalación, se admitirá el uso de **manguitos antielectrolíticos**, de material plástico, en la unión del cobre y el acero galvanizado.
5. Se autoriza, sin embargo, el acoplamiento de **cobre después de acero galvanizado**, montando una válvula de retención entre ambas tuberías.
6. Se podrán acoplar al acero galvanizado elementos de acero inoxidable.
7. En las vainas pasamuros, se interpondrá un material plástico para evitar contactos inconvenientes entre distintos materiales.

3.4.2.2. Corrosión en tuberías

La corrosión de las tuberías depende principalmente del medio ambiente en que están colocadas, del material de su fabricación y del régimen de funcionamiento a que se ven sometidas. Los factores que influyen en la corrosión de tuberías metálicas o de las armaduras de las tuberías de hormigón pueden encuadrarse en los grupos siguientes:

a) La porosidad del suelo, que determina la aireación y, por lo tanto, la afluencia de oxígeno a la superficie de la pieza metálica.

b) Los electrolitos existentes en el suelo, que determinan su conductividad.

c) Factores eléctricos, como pueden ser la diferencia de potencial existente entre dos puntos de la superficie del metal, el contacto entre dos metales distintos y las corrientes parásitas.

d) El pH de equilibrio del agua y del terreno.

e) La acción bacteriana, que influye en la corrosión de tuberías enterradas junto con la aireación y la presencia de sales solubles.

f) El aumento de la agresividad, producido por la superposición de dos o más de los factores anteriores.

Todas las tuberías metálicas están expuestas a los efectos de la corrosión, razón por la cual vamos a conocer algunos de sus aspectos más importantes.

Podemos distinguir dos tipos de corrosión dependiendo del lugar donde se localice el fenómeno.

- Corrosión interior.
- Corrosión exterior.

Corrosión interior

Es el deterioro del material de la tubería debido a reacciones químicas con el fluido que transporta, o con el entorno interno de la tubería. Esta corrosión puede provocar obstrucciones, roturas y reducción de la calidad del fluido transportado. El medio en contacto con la superficie interior de las tuberías es generalmente el agua, que contiene gases y sales disueltas que influyen sobre sus propiedades corrosivas frente a los metales. El factor más importante de la corrosión de los metales por el agua es el oxígeno disuelto en ella.

Esta corrosión interior en tuberías está influenciada por la velocidad del agua y su temperatura. Al aumentar la velocidad del agua, se incrementa no solo el aporte de oxígeno, sino también su facilidad para llegar a la superficie metálica por disminución de la capa estacionaria de agua adyacente a ella.

Respecto a la influencia de la temperatura sobre la velocidad de la corrosión, como la de otras muchas reacciones, aumenta con la temperatura, debido al incremento de la movilidad de los iones y la disminución de la resistividad.

Protección interior

Para proteger las tuberías galvanizadas de la corrosión interior es conveniente que:

- Las uniones siempre se hagan por medio de accesorios galvanizados roscados.
- No calentarlos para curvarlos.
- Eliminar las rebabas del roscado y corte.
- Evitar el contacto con tuberías de cobre (pares galvánicos). Poner el acero aguas arriba.
- Evitar el empleo de bombas que introducen aire en las conducciones.
- Limpiar la instalación dejando correr libremente el agua durante un rato.
- No vaciar ni dejar medio llena la instalación una vez terminadas las pruebas.
- No utilizar cobre para sustituir tramos de una instalación de acero.

- No utilizar la instalación como toma de tierra de aparatos eléctricos.
- Adecuar la velocidad de circulación del fluido.
- Evitar en lo posible los tramos totalmente horizontales para permitir el desplazamiento de los gases y su purga en los puntos altos.
- Evitar o disminuir la coexistencia de materiales metálicos diferentes.
- En tuberías de acero galvanizado, procurar que la temperatura del agua no sobrepase los 60 °C.
- Utilizar inhibidores adecuados. Los inhibidores de corrosión son sustancias químicas a las que, además, se les suele dotar de propiedades dispersantes para permitir mantener los lodos en suspensión. Su adicción se realiza habitualmente mediante bomba dosificadora de tipo membrana, que añade una cantidad concreta de producto cada cierto caudal de agua. Son empleados los silicatos o polifosfatos, nitrito de sodio y sustancias de tipo orgánico, teniendo siempre en cuenta las dosificaciones permitidas por la normativa vigente.
- Cuando no sea posible realizar lo anterior, la unión debe realizarse con manguitos antielectrolíticos.

Corrosión exterior

Es la que ocurre debido a la interacción de la superficie externa de la tubería con factores ambientales, como el suelo, el aire y el agua. Esta corrosión puede manifestarse como depósitos minerales, óxido o picaduras, dependiendo del tipo de tubería y las condiciones ambientales.

Protección exterior

El medio más eficaz para combatir esta corrosión exterior es evitar estas situaciones y proteger las tuberías con alguno de los remedios al efecto, tales como:

- Instalar las tuberías en galerías ventiladas y registrables.
- Cubrir las tuberías con pinturas y barnices.
- Cubrir las tuberías con lechadas de cemento tipo Portland.
- No cubrir las tuberías con lanas de vidrio o similares (que retienen la humedad).
- Aislar las tuberías con coquillas adecuadas.

3.4.2.3. Corrosión en instalaciones de ACS

Estos circuitos se caracterizan por un aporte continuo de agua, lo cual representa a su vez aporte de sales, oxígeno, etcétera.

Además, este circuito debe conservar su carácter de agua potable, lo cual supone ciertas dificultades para la protección de los mismos.

La técnica más clásica para proteger estos circuitos de la corrosión es la dosificación de inhibidores, principalmente silicatos y polifosfatos. Esta dosificación debe efectuarse de forma proporcional al caudal de agua de consumo y siempre teniendo en cuenta las dosis máximas permitidas para estos productos.

Asimismo, también se deben proteger los depósitos de acumulación del ACS mediante ánodo de sacrificio o una instalación de corriente impresa.

3.4.3. Incrustaciones

El fenómeno de incrustación calcárea (Figura 3.24,) al contrario que la corrosión, es un problema propio del agua, independientemente del material que lo recorra. Estos procesos se manifiestan por la aparición en la tubería de costras calcáreas constituidas por cristales insolubles de carbonatos cálcicos y magnésicos acompañados a veces de otras sustancias extrañas.

Figura 3.24. Incrustación o deposición calcárea en una tubería de fundición.

Este fenómeno, marcado por la dureza del agua, produce obstrucciones en las tuberías, sobre todo en las válvulas, provocando una disminución de caudal y mayores pérdidas de carga, lo cual da lugar a sobrepresiones.

3.4.4. Ruidos

Los ruidos en las tuberías son un fenómeno muy importante porque atentan contra el bienestar de las personas.

Son debidos principalmente a fenómenos como los golpes de ariete, producidos por un exceso de presión interior en el circuito (recuérdese que el CTE obliga a no superar los 5 bar en las instalaciones domésticas) y a un exceso de velocidad, muy relacionado con el exceso de presión, pero sobre todo con un mal dimensionado de los diámetros de la instalación. Es relativamente habitual una mala praxis en la realización de algunas instalaciones o más bien en instalaciones reformadas, pues se llevan a cabo por personal poco cualificado o que prima el factor económico o de rentabilidad y se utilizan diámetros «raquíticos», dando como consecuencia velocidades de circulación muy altas y por ello caudales de salida por los grifos, cisternas etc., muy violentos y ruidosos.

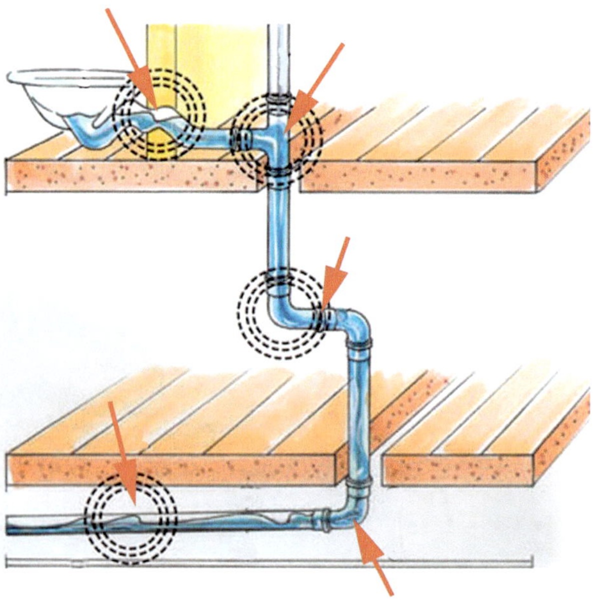

Figura 3.25. Lugares habituales donde se originan los ruidos en las tuberías de evacuación.

En las redes de saneamientos los ruidos a veces son muy molestos porque se transmiten a través de las estructuras al interior de las viviendas. La formación de ruidos en la red de saneamiento suele deberse al diferencial de presión de la red, al no estar correctamente ventilada esta comienza a vibrar, generando ruidos molestos. También se generan ruidos en las bajantes de los edificios provocados por los golpes (Figura 3.27) que originan las descargas de los inodoros al caer desde alturas importantes. Para evitarlos hay que diseñar dichas bajantes con los criterios especificados en HS 5 del CTE.

Autoevaluación

3.1. La siguiente definición corresponde a una de las tuberías más utilizadas en fontanería: «Soporta elevadas presiones interiores, facilitando usar tubos de pared de poco espesor». ¿A cuál nos referimos?

a) Al acero galvanizado.

b) Al cobre.

c) Al gres.

3.2. El nombre comercial GEBO, ¿qué te sugiere?

a) Un fármaco para la fatiga.

b) Un sistema de unión rápido por presión.

c) Un sistema de unión *pressfitting.*

3.3. Las tuberías multicapa son tuberías compuestas por:

a) Polietileno y varias capas de resina epóxica.

b) Acero recubierto de cinta bituminosa.

c) Polietileno con interior de aluminio.

3.4. ¿Qué aguas crees que son más agresivas para las tuberías metálicas?

a) Las de pH bajo llamadas «blandas».

b) Las gaseosas.

c) Las que contienes muchas sales minerales.

3.5. «Un sistema de protección para evitar el paso del agua a través de una construcción o de los elementos constructivos exteriores». ¿Por qué nombre lo conocemos?

a) Empaquetadura.

b) Junta.

c) Estanqueidad.

4. Técnicas de mecanizado de tuberías

Introducción

En la preparación de las tuberías para su ensamblado y puesta en funcionamiento intervienen multitud de operaciones mecánicas y manipulaciones técnicas, así como la utilización de diversos materiales, dependiendo del tipo de tubería y del tipo de instalación.

Todas estas operaciones requieren de un conocimiento profundo tanto de las herramientas que se utilizan como de las técnicas y habilidades propias de cada una, y las características de los propios elementos que forman parte del proceso.

En este capítulo analizamos las herramientas, los materiales y las técnicas más comunes a esta especialidad, pues sin el conocimiento preciso de las mismas es imposible conseguir buenos resultados profesionales.

Contenido

4.1. Técnicas y herramientas de corte y escariado

4.2. Técnicas de lubricación: grasas, aceites, vaselinas

4.3. Técnicas para el recocido de tubería de cobre

4.4. Técnicas y herramientas de curvado

4.5. Técnicas y herramientas de aterrajado

4.6. Técnicas para el sellado de uniones

4.1. Técnicas y herramientas de corte y escariado

Para poder realizar los trazados de tuberías, hay que proceder a una serie de manipulaciones consistentes en preparar los diferentes tramos de las mismas y ensamblarlas con los accesorios pertinentes en cada uno de ellos.

Generalmente, lo primero que se ejecuta es la medición y el corte de las tuberías para lo cual hay que proceder a realizar cortes precisos en las mismas utilizando técnicas diversas dependientes del tipo de material de cada una de ellas y de su tamaño.

Hay multitud de herramientas de corte con muchas variaciones según los materiales para las que estén destinadas, además de infinitos diseños según cada fabricante, pero se pueden simplificar debido a que en esencia todas son similares, siendo las más importantes: los arcos de sierra, los cortatubos, las tijeras y las radiales portátiles. En los últimos tiempos, proliferan las herramientas eléctricas con batería que proporcionan fiabilidad y seguridad, y suponen por ello una gran ayuda en los trabajos.

También se consideran herramientas de corte los escariadores que son utensilios con formas diversas para eliminar las rebabas dejadas por las propias herramientas de corte. Es absolutamente conveniente quitar estas rebabas porque suponen dificultades y riesgos de corte en su manipulación, además de provocar resaltos y obstrucciones para la circulación de los fluidos.

¡OJO CON ESTO!

En los plásticos, como el PEX, es imprescindible el escariado porque sin él es inviable la buena ejecución de las uniones.

HERRAMIENTAS DE CORTE	
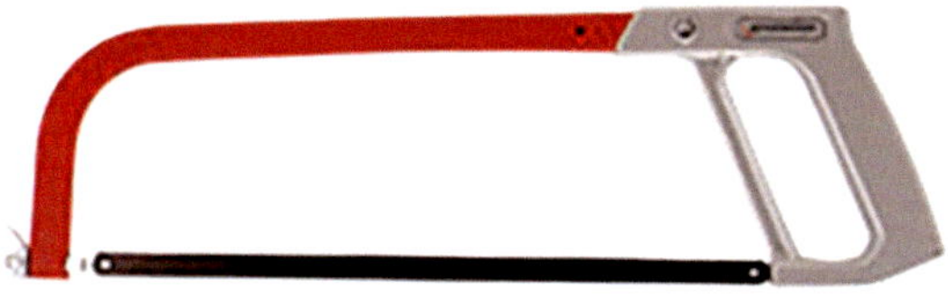	Arco de sierra. Es la herramienta de corte más utilizada porque sirve para toda clase de materiales.
	Mango portasierras. Es muy práctico para sitios poco accesibles.

	Sierra eléctrica de «sable». Muy versátil por sus múltiples utilidades para todos los materiales sustituyendo las diversas sierras que disponen.
	Cortatubos de cobre convencional. Es el más utilizado por su precisión, facilidad de manejo y versatilidad. Suele servir para tubos de 12 mm hasta 28 mm.
	Minicortatubos. Es muy práctico para reparaciones donde suele haber poco espacio.
	Cortatubos para tubo de acero. Sirve para cortar las tuberías de acero galvanizado. Lleva un largo mango como brazo de palanca que facilita el corte.
	Grip con cortatubos de cadena. Se utiliza para tuberías metálicas de cobre, bronce, aluminio y acero de paredes finas y para tuberías con revestimiento plástico. Es ideal para tuberías con poco acceso, tal como cuando van paralelas.
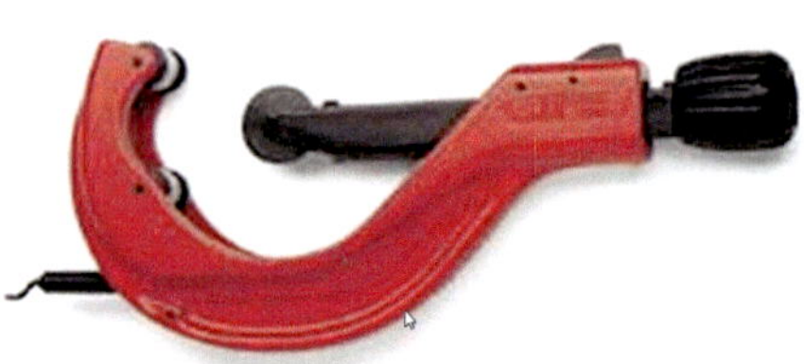	Cortatubos para plásticos. Son similares a los de tuberías de cobre, pero con aberturas apropiadas para las tuberías de plástico, de más diámetro generalmente.

<table>
<tr><td></td><td>Cizalla para plástico.
Son específicas para cortar tuberías de PVC, PEX, PP, Pb…
Las hay de varios diseños y proporcionan un corte recto y sin desprendimiento de virutas.</td></tr>
<tr><td></td><td>Radial portátil.
Herramienta muy popular debido a sus muchas utilidades. Se utiliza para cortar tuberías de todo tipo, metálicas y plásticas mayoritariamente, para cortar tubos de PVC y preparación de arañas de sujeción de manguetones.</td></tr>
<tr><td></td><td>Cúter.
Es una herramienta muy versátil y actualmente imprescindible por su afilado corte, y su cuchilla recambiable, que nos permite disponer de una hoja nueva cada vez que se deteriora el corte, simplemente partiendo la deteriorada y desplazando otra nueva.</td></tr>
<tr><td>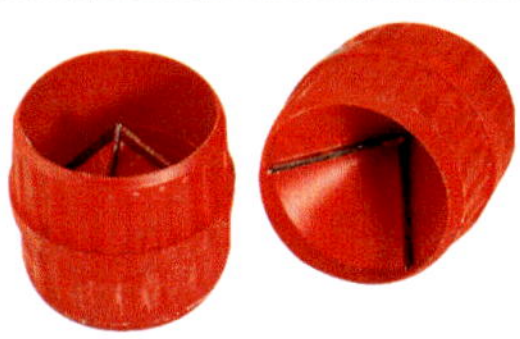</td><td rowspan="3">Escariadores para eliminar las rebabas producidas en el proceso de corte de los tubos de cobre y acero.</td></tr>
<tr><td>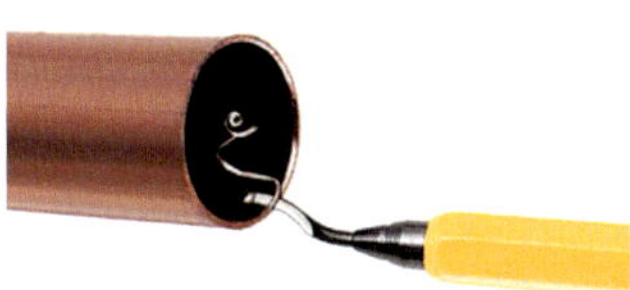</td></tr>
<tr><td></td></tr>
<tr><td></td><td>Escariador para tubos de polietileno PEX-AL-PEX.</td></tr>
</table>

4.2. Técnicas de lubricación: grasas, aceites, vaselinas

Grasas y aceites lubricantes

Cuando dos cuerpos sólidos se frotan entre sí, hay una considerable resistencia al movimiento dependiente de la calidad de las superficies en contacto. Esta resistencia se debe a la acción abrasiva de las aristas y rugosidades, en algunos casos microscópicas, y la energía necesaria para superar esta fricción se disipa en forma de calor o como desgaste de las partes móviles. La fricción se puede reducir por el uso de partes móviles de superficie baja que se deslizan con facilidad una sobre otra. El polietileno, el nailon y otros materiales metálicos, como los casquillos sinterizados en bronce autolubricado, son materiales con un índice de fricción bajo que se utilizan en aplicaciones especializadas, es más usual emplear lubricantes para reducir la fricción.

En conclusión, un lubricante es: **una sustancia que reduce la fricción entre superficies.**

Comercialmente hay dos productos lubricantes que cumplen está misión, en lenguaje cotidiano: la grasa y el aceite.

La grasa generalmente se utiliza en la lubricación de elementos tales como cojinetes de fricción y antifricción, levas, guías, correderas, etcétera.

El aceite, por su parte, tiene su mayor aplicación en la lubricación de compresores, motores de combustión interna, y como fluidos hidráulicos.

Existen diferentes grados de grasas y aceites dependiendo de la necesidad que se tenga y de los factores de operación.

¿SABÍAS QUE...?

Históricamente, los primeros lubricantes tenían origen animal, se elaboraban con el tejido adiposo de cerdos, bueyes, ballenas..., y se utilizaban para engrasar las ruedas, herramientas y maquinaria primitiva.

4.2.1. Grasas lubricantes

La grasa es un producto que va desde sólido a semilíquido y está compuesta de un agente espesante y un líquido lubricante que dan las propiedades básicas de la grasa. Las grasas convencionales, generalmente son aceites que contienen jabones como agentes que le dan cuerpo, el tipo de jabón depende de las necesidades que se tengan y de las propiedades que debe tener el producto (Figura 4.1).

Figura 4.1. Utilización de grasa convencional.

Las grasas se utilizan en determinadas aplicaciones en vez de los aceites, sobre todo cuando la utilización de estos no es posible por el diseño de los elementos. Y su uso tiene algunas ventajas sobre el aceite:

- La propiedad más importante que debe tener la grasa es la de ser capaz de formar una película lubricante lo suficientemente resistente como para separar las superficies metálicas y evitar el contacto metálico, reduciendo así la fricción y el desgaste.
- Protegen frente a la corrosión.
- Es idónea para su uso en máquinas donde no es posible hacer llegar el aceite mediante un sistema de conducción continua. Debido a que esta puede permanecer retenida en el punto de lubricación.
- Resisten un cierto grado de centrifugado sin originar pérdidas de fluido.
- Ejercen propiedades sellantes, evitando el agua y otros contaminantes.
- Minimizan la contaminación de otros productos.
- Reducen la frecuencia de relubricación.

Pero también tienen algunas desventajas:

- Menor capacidad de enfriamiento.
- Menor resistencia a la oxidación.
- No arrastran las partículas y los contaminantes como lo hacen los fluidos.

4.2.2. Aceites lubricantes

Están constituidos por moléculas largas hidrocarbonadas complejas, de composición química y aceites orgánicos y aceites minerales (Figura 4.2).

Figura 4.2. Acción del aceite lubricante.

Aceites orgánicos: se extraen de animales y vegetales. Cuando aún no se conocía el petróleo, eran los únicos utilizados; hoy en día se emplean mezclados con los aceites minerales que les confieren ciertas propiedades tales como adherencia y pegajosidad a las superficies. Estos aceites se descomponen fácilmente con el calor y a temperaturas bajas se oxidan formando gomas, haciendo inútil su utilización en la lubricación.

Aceites minerales: son derivados del petróleo cuya estructura se compone de moléculas complejas que contienen entre 20 y 70 átomos de carbono por molécula. Un aceite mineral está constituido por una base lubricante y un paquete de aditivos químicos, que ayudan a mejorar las propiedades ya existentes en la base lubricante o le confieren nuevas características.

Aditivos

La base de un lubricante por sí sola no ofrece toda la protección que necesita un motor o componente industrial, por lo que en la fabricación del lubricante se añade un compuesto determinado de aditivos atendiendo a las necesidades del fabricante del motor (homologación o nivel autorizado) o al uso al que va a ser destinado el lubricante en cuestión.

Los aditivos usados en el lubricante son:

Antioxidantes: retrasan el envejecimiento prematuro del lubricante.

Antidesgaste: extrema presión (EP): forman una fina película en las paredes que se van a lubricar. Se emplean mucho en lubricación por barboteo (cajas de cambio y diferenciales).

Antiespumantes: evitan la oxigenación del lubricante por cavitación reduciendo la tensión superficial y así impiden la formación de burbujas que llevarían aire al circuito de lubricación.

Antiherrumbre: evita la formación de óxido en las paredes metálicas internas del motor y la condensación de vapor de agua.

Detergentes: son los encargados de arrancar los depósitos de suciedad fruto de la combustión.

Dispersantes: son los encargados de transportar la suciedad arrancada por los aditivos detergentes hasta el filtro o cárter del motor.

Espesantes: es un compuesto de polímeros que por acción de la temperatura aumentan de tamaño aumentando la viscosidad del lubricante para que siga proporcionando una presión constante de lubricación.

Diluyentes: es un aditivo que reduce los microcristales de cera para que fluya el lubricante a bajas temperaturas.

4.2.2.1. Clasificación

Los aceites y lubricantes se clasifican atendiendo a dos aspectos fundamentales: al nivel de servicio (API) y al grado de viscosidad (SAE).

Existen diversos tipos de clasificaciones de lubricantes según el ámbito geográfico, sus propiedades y el fabricante de la máquina que se va a lubricar.

Según el ámbito geográfico podemos encontrar la clasificación americana **API** (American Petroleum Institute), la clasificación Japonesa **JASO** (Japanese Automotive Standards Organization) y la Europea **ACEA** (Asociación de Constructores Europeos Asociados).

SAE (Society of Automotive Engineers)

La SAE clasifica los aceites de motor de acuerdo con su viscosidad en:

UNIGRADOS. Los cuales son: SAE 40 y SAE 50.

MULTIGRADOS. Los cuales son: SAE 20W- 40, SAE 20W-50 y SAE 15W-40.

Su viscosidad se mantiene estable a diferentes temperaturas de operación.

La viscosidad de un lubricante se representa con el grado SAE.

Técnicamente es la resistencia al movimiento que ofrece el fluido lubricante. La viscosidad varía con la temperatura y es diferente según el tipo de aceite. Una adecuada viscosidad permite mantener una película de aceite suficiente para separar las superficies y evitar el rozamiento. Los aceites monogrado son utilizados cuando la temperatura de funcionamiento varía poco o en aplicaciones específicas, por ejemplo, un lubricante SAE 40. Los aceites multigrado responden a la vez a una graduación de invierno y una de verano. El aceite multigrado es menos sensible a la temperatura. El grado SAE para un lubricante multigrado contempla la viscosidad en frío y en caliente del lubricante mediante dos números separados por la letra «W» (*Winter* = Invierno). El primer número seguido de una «W» representa la viscosidad en frío. Cuanto más pequeño es el número, más fluido será el lubricante en frío, por lo que facilitará el arranque (el 60 % del desgaste del motor es provocado por los arranques). El segundo número representa la viscosidad en caliente. Cuanto más alto sea el número, más viscoso (menos fluido) será el aceite en caliente.

Sistema **ISO**

La Organización Internacional para la Estandarización (ISO) estableció ,desde 1975, el sistema ISO para especificar la viscosidad de los aceites industriales. El sistema ISO clasifica la viscosidad de los aceites industriales en cSt (centistoke) a 40 °C, mediante un número estándar que se coloca al final del nombre del aceite industrial.

Este sistema reduce las posibilidades de que el usuario se equivoque en la selección del aceite que debe utilizar o que mezcle lubricantes de diferentes viscosidades.

Facilita además hallar de manera inmediata el equivalente en viscosidad de un aceite con otro puesto que el nombre del aceite debe traer al final el grado ISO correspondiente.

4.2.3. Vaselinas

La vaselina es una mezcla homogénea de hidrocarburos saturados que se obtienen a partir del refinado de una fracción pesada del petróleo. La composición de dicha mezcla puede variar dependiendo de la clase de petróleo y del procedimiento de refinado (Figura 4.3).

El término proviene del inglés *vaseline,* un nombre comercial, y este, quizás, de *Wasser* (en alemán, «agua»).

Figura 4.3. Vaselina industrial.

Al ser una mezcla presenta un punto de fusión no definido, observándose un reblandecimiento en las proximidades de los 36 °C y completándose el paso al estado líquido sobre los 60 °C. El punto de ebullición está sobre los 350 °C.

La vaselina es hidrófoba, es decir, prácticamente no se disuelve en agua.

Tiene muchos usos, desde el betún para los zapatos hasta multitud de usos en cosmética, pasta abrillantadora, protector de telas, etcétera.

¡TOMA NOTA!

En fontanería, la vaselina se utiliza para proteger los órganos internos de los grifos de su oxidación.

4.3. Técnicas para el recocido de tubería de cobre

El cobre cuando es trabajado mecánicamente se vuelve «agrio», es decir rígido y quebradizo. El recocido consiste, básicamente, en calentarlo y dejarlo enfriar con lo cual vuelve a ser dúctil y maleable.

Aunque generalmente se dispone de tubería de cobre en dos modalidades: rígida y recocida, en la práctica de la fontanería, nos encontramos a veces con la necesidad de moldear una tubería de cobre para adaptarla a una situación determinada y no disponemos de la referida tubería recocida. La rígida no se puede torcer fácilmente a no ser que utilicemos una curvadora, y estas realizan curvas de un diámetro determinado, que no tiene por qué servirnos siempre.

Cuando tenemos esta necesidad procedemos a recocer el tubo para poder manipularlo con extrema facilidad. Consiste en calentar el tubo con el soplete de gas hasta adquirir una temperatura suficiente (hasta poner el metal al rojo) y después dejar enfriar al aire o meterlo en agua con lo que el reblandecimiento será mayor.

Con esta operación, el cobre queda muy blando y tenemos que ser muy cuidadosos al manipularlo porque podemos «aplanar» la sección circular del tubo condicionando la circulación del fluido por su interior. Para evitar esto existen los muelles curvadores que impiden que el tubo pierda su forma circular (Figura 4.4).

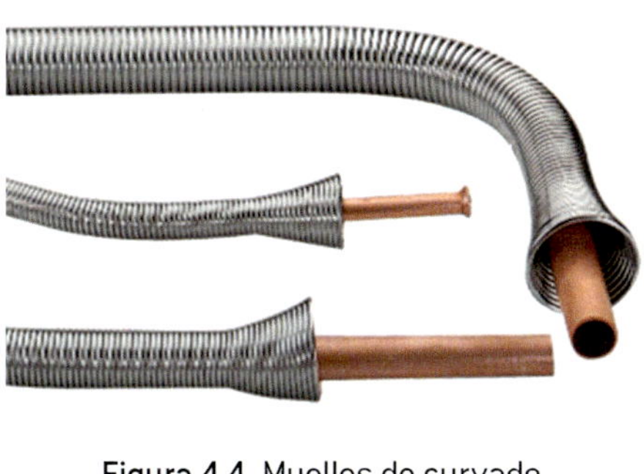

Figura 4.4. Muelles de curvado.

Estos mismos muelles o similares se utilizan para los tubos de polietileno reticulado multicapa, pues al tener un alma de aluminio son semirrígidos y aceptan curvados similares a los de cobre.

4.4. Técnicas y herramientas de curvado

Los trazados de las instalaciones generalmente se forman con partes rectas y otras curvas para adaptarse a los innumerables espacios que concurren en las mismas. Dependiendo de los tipos de material utilizados existen accesorios para completar estos trazados, en unos casos soldados, en otros pegados, y en otros roscados. Pero hay la posibilidad, sobre todo en tubos de cobre y acero, de solucionar estos trazados mediante curvados que se adapten perfectamente a las esquinas, rincones, etc. de las instalaciones. Las instalaciones con tuberías curvadas, si están bien resueltas, resultan muy estéticas, comparadas con las realizadas con accesorios soldados o roscados, por lo que, sobre todo, cuando son vistas (no empotradas), es una solución muy apropiada.

El curvado de tuberías consiste en una técnica por la cual a las diversas tuberías empleadas en la industria, que generalmente se manufacturan en barras rectas, se las realiza un curvado parcial o total para adaptarlas a los múltiples usos a los que se destinan.

Para realizar estos curvados se utilizan múltiples herramientas, accesorios, máquinas y procedimientos según sea la naturaleza de la tubería: metálica o plástica, así como los diámetros de las mismas.

Los curvados se pueden hacer en frío o en caliente dependiendo de la pared del tubo, el tipo de material e igualmente de su naturaleza plástica o metálica.

En fontanería generalmente se utiliza el curvado sobre todo en tuberías de cobre y acero, y en menor medida en tuberías plásticas como el PVC, técnica esta no siempre recomendada por los fabricantes.

El curvado del cobre y el acero se realiza en frío y en pequeños diámetros, generalmente hasta 28 mm en cobre y 1 1/2" en acero, aunque esta afirmación es relativa, pues depende de muchas variables técnicas y económicas.

Es casi obligado a partir de estos diámetros o parecidos, según los fabricantes y expertos, utilizar accesorios (tipo curvas, codos, T, etc.) soldados o roscados para conseguir los trazados de las instalaciones.

Para obtener el curvado de los tubos, podemos decir que la técnica se basa en someter a la tubería a una presión entre tres rodillos acanalados a la medida del diámetro de la misma: dos de los cuales son fijos y uno regulable (Figura 4.5). Esta disposición es teórica y es más empleada en máquinas de curvado de grandes diámetros y generalmente en materiales de gran resistencia como el acero, pero en curvadoras de uso manual y pequeños diámetros estos rodillos se sustituyen por tejas y elementos de presión con acanaladuras del diámetro de cada tubería.

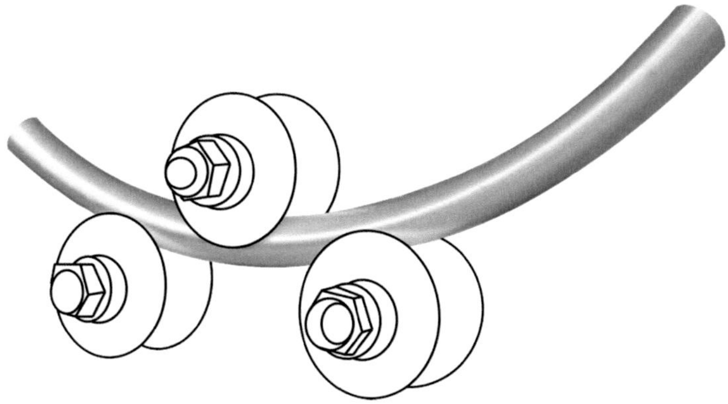

Figura 4.5. Principio del sistema de curvado de tubos.

Naturalmente las curvas realizadas en los tubos han de tener un radio mínimo, que depende del diámetro de cada tubería y del metal de la misma, ya sea acero o cobre. Este radio no debe disminuirse por el riesgo que supone de rotura de la tubería. Esta dimensión adecuada a cada tubería viene establecida por las peanas o tejas de curvado de cada herramienta o máquina.

4.4.1. Curvadoras: manuales, de ballesta, hidráulicas y eléctricas

Las herramientas utilizadas para el curvado de tuberías se les denomina genéricamente curvadoras o tenazas curvadoras y hay una gran variedad de ellas.

Básicamente, atendiendo a la forma de conseguir la curvatura podemos decir que hay dos maneras de conseguirlo:

Convencional. Consiste en empezar la curva por uno de sus extremos bien sea por el comienzo de la misma o bien por el final. En este grupo están las curvadoras que podríamos llamar normales, como las de las siguientes figuras. Todas ellas son para tubería de cobre.

La primera de ellas (Figura 4.6) es de la marca Super-Ego y aunque hay otras marcas similares esta es de las más utilizadas, por su simpleza y eficacia. Es de accionamiento manual y se fabrica para varios diámetros entre 6 y 20 mm, aunque las más habituales son las de 12, 15 y 18 mm de diámetro exterior del tubo. Tambien las hay para tubo en pulgadas entre 1/4" y 5/8".

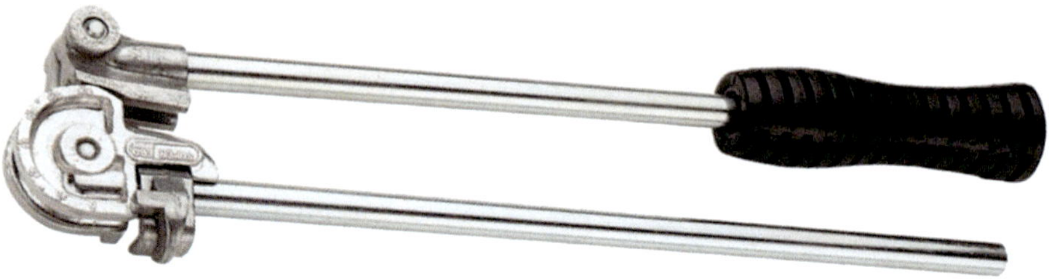

Figura 4.6. Tenaza curvadora manual. Cortesía Super-Ego.

La de la Figura 4.7 utiliza el mismo método de curvado, con la diferencia de que esta es de accionamiento eléctrico y pueden llegar a curvar hasta 32 mm, utilizando las hormas y patines apropiados.

Figura 4.7. Curvadora electroportátil. Cortesía Super-Ego.

De ballesta. Estas curvadoras, a diferencia de las anteriores, comienzan el curvado por el punto central de la curva, presionando la tubería con una horma central y adaptándola a unos patines laterales, ambas piezas con la medida de la tubería en cuestión.

Ejemplo de ellas son las de la Figura 4.8. La primera es de accionamiento manual para tubo de cobre y la segunda es una curvadora hidráulica para tubo de acero galvanizado.

Figura 4.8. Curvadoras de ballesta: manual (izquierda) e hidráulica (derecha).

La variable más determinante entre las muchas y distintas curvadoras es el radio medio de cada una de ellas, independientemente del procedimiento de curvado (eléctrico, hidráulico, etc.). Este radio medio hay que conocerlo y aplicarlo a los métodos explicados a continuación, que son comunes a todas ellas porque son principios basados en razonamientos puramente geométricos. En la práctica es muy conveniente tener en cuenta las peculiaridades de cada máquina o herramienta de curvado y seguir las indicaciones del fabricante de las mismas.

4.4.2. Técnica del curvado

En fontanería, cuando hablamos de una curva, en términos de taller, nos referimos a un tubo recto que tiene una curva en uno de sus tramos.

Pues bien, teniendo esto en cuenta, este tramo de tubería con una curva obviamente siempre tiene una parte recta y otra curva, o varias de ambas, como la de la Figura 4.9.

Para explicar el procedimiento de curvado vamos a partir de una figura simple, pero que encierra todas las posibles situaciones de dificultad que nos podemos encontrar (Figura 4.10).

Las medidas son las que se indican en las cotas, estas medidas siempre se refieren a la línea media de la tubería, tanto en lo recto como en lo curvo.

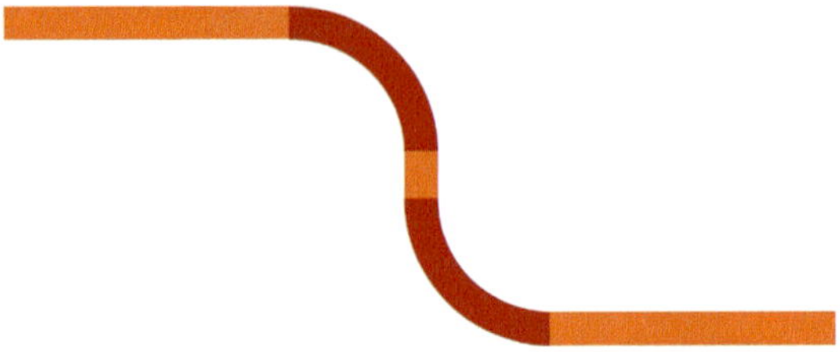

Figura 4.9. Figura con tramos rectos y curvos.

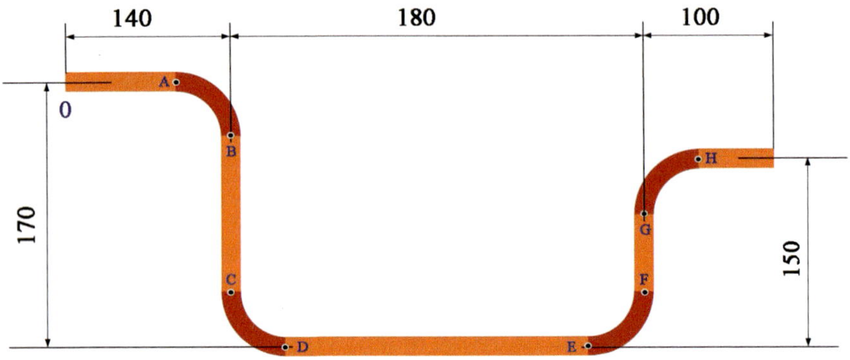

Figura 4.10. Figura simple de ejercicio de curvado con cotas.

Centrémonos en ella y comencemos por el principio: que es marcar sobre la tubería recta donde termina lo recto y comienza lo curvo.

Si la tubería es de cobre y de un diámetro comprendido entre 12 y 18 mm, lo vamos a hacer con una curvadora manual, y lo primero que debemos saber es dónde termina la parte recta y comienza la curva (punto A).

Para determinar este punto debemos tener en cuenta el diámetro del tubo (al hablar de este diámetro siempre nos referimos al diámetro exterior del mismo), porque para cada diámetro tenemos que usar la curvadora de esa medida, es decir, tubo de 13-15, curvadora de 15, tubo de 16-18, curvadora de 18. Pues bien, cada una de estas curvadoras tiene un radio medio de curvatura apropiado a ese tubo, mayor cuanto mayor es el diámetro del mismo, así, por ejemplo, el tubo de 13-15 tiene un radio medio de curvatura de 54 mm.

Calculemos el marcaje del punto A para este tubo de 15 mm para un curvado a escuadra o 90º.

No todas las marcas de curvadoras tienen las mismas medidas de radio medio de curvatura. Nosotros vamos a tomar como referencia las curvadoras de Super-Ego de la Figura 4.6, cuyas medidas de radio medio, etc. están en la Tabla 4.1.

Es preciso aclarar que una cosa es el radio medio de la curva y otra es la longitud de curva. El radio medio ya hemos dicho que es el que proporciona la curvadora, medido en la línea media del tubo y la longitud de curva es la longitud de tubería recta que se precisa para completar esa curva.

Tabla 4.1. Medidas de las curvadoras

DIÁMETRO DEL TUBO	CURVA DE 90°		
	RADIO MEDIO	LONGITUD DE CURVA	REDUCCIÓN DE CORTE
8-10 mm	30 mm	47 mm	13 mm
10-12 mm	36 mm	57 mm	15 mm
13-15 mm	**54 mm**	**85 mm**	**23 mm**
16-18 mm	66 mm	104 mm	28 mm

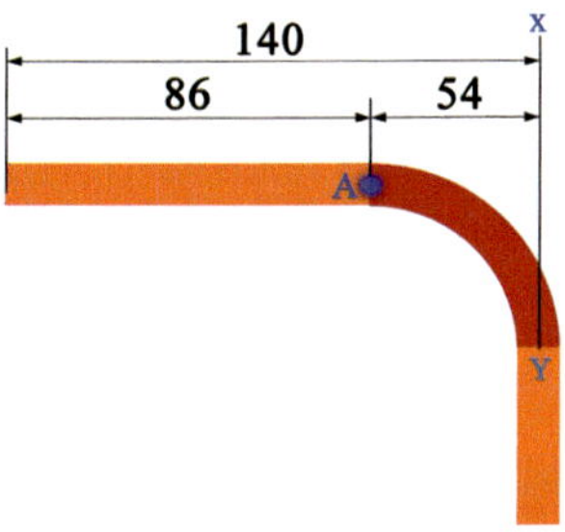

Pues bien, sabiendo que el radio de curvatura, según la tabla citada, es de 54 mm, es fácil deducir que el punto A estará a 54 mm hacia la izquierda del eje X-Y (Figura 4.11).

Figura 4.11. Medidas para marcaje del punto A de inicio de curvado.

Como sabemos que la medida total de la pieza es de 140 mm, el punto buscado estará a 86 mm del comienzo del tubo. Marcamos el punto A a esta distancia y lo llevamos al cero de la curvadora procediendo al curvado llevando la marca de la teja curvadora hasta la referencia 90° del cuerpo de la curvadora (Figura 4.12) y ya tenemos la curva deseada.

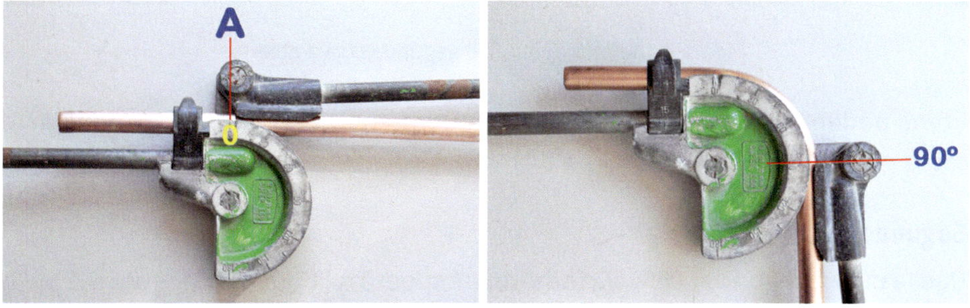

Figura 4.12. Inicio y fin del curvado.

Pero las tuberías muchas veces continúan con otras curvas y debemos seguir haciéndolas sobre lo ya hecho.

En el caso de tener que continuar curvando, nos encontramos con dos casos:

Primer caso

Que la siguiente curva vaya abierta con respecto a la primera (Figura 4.13).

En este caso, vemos que el comienzo de la segunda curva está (170 menos 54 de la curva ya realizada) a 116 (punto B).

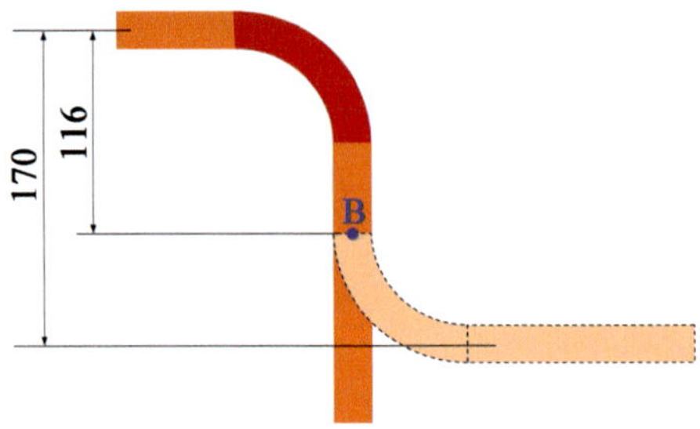

Figura 4.13. Esquema de curvado abierto.

Valiéndonos de una escuadra o similar marcaremos este punto B sobre la pieza y lo llevaremos nuevamente al 0 de la curvadora para proceder como en la anterior a llevarla hasta el 90° (Figura 4.14).

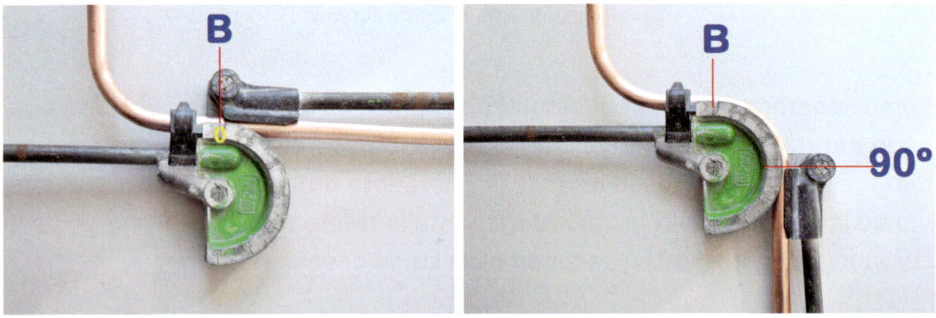

Figura 4.14. Inicio y final de segunda curva abierta.

Como podemos apreciar entre las dos curvas hay efectivamente una parte recta que tiene: 170 – 108 (54 + 54) = 62.

Segundo caso

Que la curva segunda vaya cerrada con respecto a la primera (Figura 4.15).

En este caso la curvadora no nos permite poner la marca de comienzo como en el caso anterior (porque la pieza ya curvada tropieza con el mango de la misma) por lo que tenemos que hacerla al revés, es decir, comenzarla por el final

(Figura 4.16), y por ello la marca que debemos llevar al cero de la curvadora es esta del final de curva C que estará a 85 mm de la marca B de la anterior, o lo que es lo mismo: a 201 (116 + 85, recordemos que 85 es la longitud de una curva) de la línea de referencia inicial.

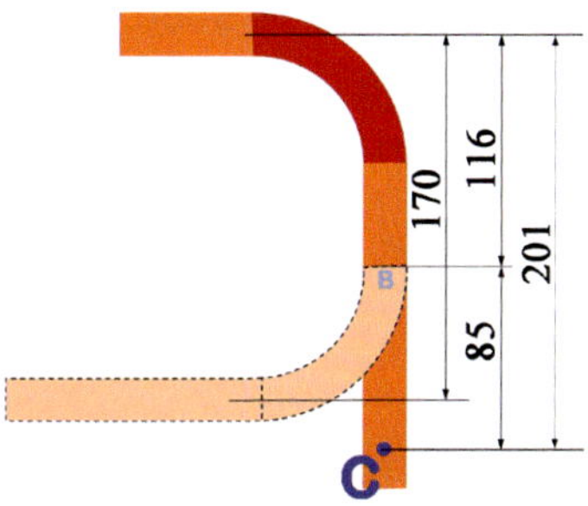

Figura 4.15. Esquema de curvado cerrado.

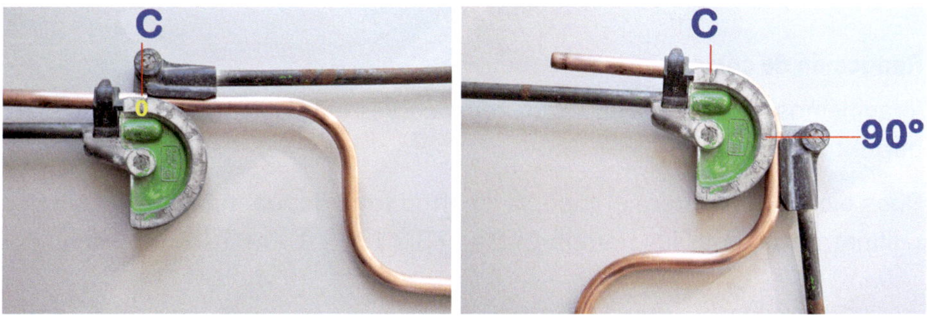

Figura 4.16. Inicio y final de segunda curva cerrada.

Hasta ahora hemos visto que para iniciar la curva hemos marcado el punto de inicio de curvado A, B o C porque ese era el inicio de la misma, pero hay otras muchas curvadoras en las que no se inicia la curva en el principio, sino en el mismo centro de la curva, como es el caso de las curvadoras de ballesta (Figura 4.8). En este caso el punto de inicio C lo debemos marcar en el centro de la longitud de curva porque desde ahí se va a iniciar el curvado hacia los dos lados hasta completar el ángulo que vayamos a hacer. En el caso de la tubería anterior, como la longitud de curva es de 85 mm, el centro estará a 42,5 mm de aquel punto inicial donde comienza la curva (Figura 4.17).

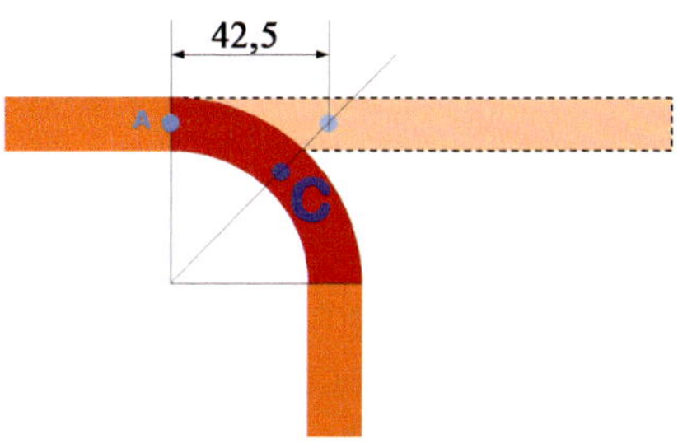

Figura 4.17. Marcaje en punto central para curvadoras de ballesta.

Cálculo de la longitud de tubería

Siempre es conveniente saber calcular con precisión cuánta tubería necesitamos exactamente para no improvisar, corriendo el riesgo de quedarnos cortos o, al contrario, tener que cortar lo sobrante y en consecuencia desperdiciar material, que como en el caso del cobre, suele ser caro, además de esta pérdida económica hay otra que es la pérdida de credibilidad profesional al no saber hacer un cálculo tan sencillo como oportuno.

La longitud total de tubería que necesitamos para una pieza cualquiera es la suma de los tramos rectos más las curvas de la misma. Supongamos la misma pieza de la Figura 4.10.

En la Tabla 4.1 veíamos los datos relativos al radio medio, longitud de curva y reducción de corte de cada medida de curvadora. En este caso la de 13-15, a la que corresponde un radio medio de 54 mm y longitud de curva a 90° es de 85 mm.

Reducción de corte

Imaginemos que la pieza en vez de tener curvas estuviera doblada a escuadra perfecta (Figura 4.18).

Pues bien, si este fuera el caso, la longitud total de tubería sería la suma en milímetros de todos los tramos: 140 + 170 + 180 + 150 + 100 = **740 mm.**

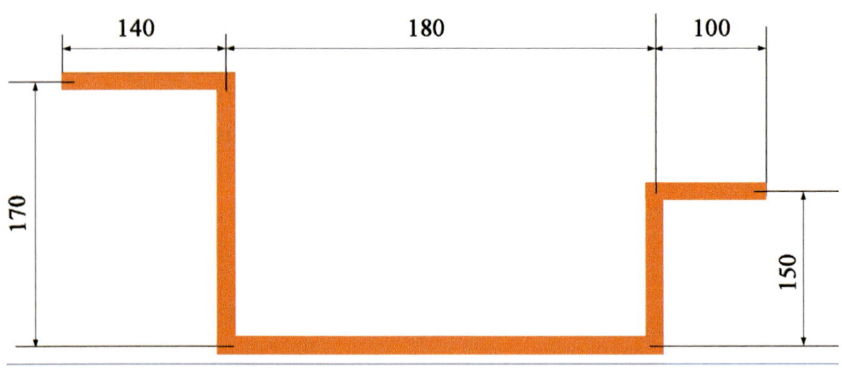

Figura 4.18. Figura imaginaria sin curvas.

Pero como podemos apreciar en la Figura 4.19 esto no es así, porque la unión de los tramos rectos es a través de una curva, y esta curva, la de la figura B, es sensiblemente más corta que si la tubería estuviera doblada a escuadra tal como vemos en A. ¿Cuánto más corta?

Figura 4.19. Esquema de plegado a escuadra y curvado normal.

Pues exactamente esa reducción de corte: 13 o 15 o 23 o 28 mm, según el diámetro de la tubería.

Podemos hacerlo por dos procedimientos:

Primero. Sumamos todas las cotas de la figura 4.15, que es de cobre de 13-15, es decir: 140 + 170 + 180 + 150 + 100 = 740 mm, pero como la pieza en realidad tiene cuatro curvas, la reducción de corte será 4 × 23 = 92 mm, que restados a los teóricos 740, nos daría una longitud real total de 740 – 92 = **648 mm**.

Segundo. Podemos comprobar la exactitud de este procedimiento utilizando otro método igualmente válido para este mismo tubo de 13-15.

Vamos a utilizar como referencia la figura inicial, ahora como Figura 4.20.

Sabemos que cada curva de 90° necesita una longitud de tubería de 85 mm. Pues bien, por ejemplo, vemos que la primera cota de 140 mm incluye una parte recta de 86 mm y la parte que conformará la curva, o sea, 85 mm.

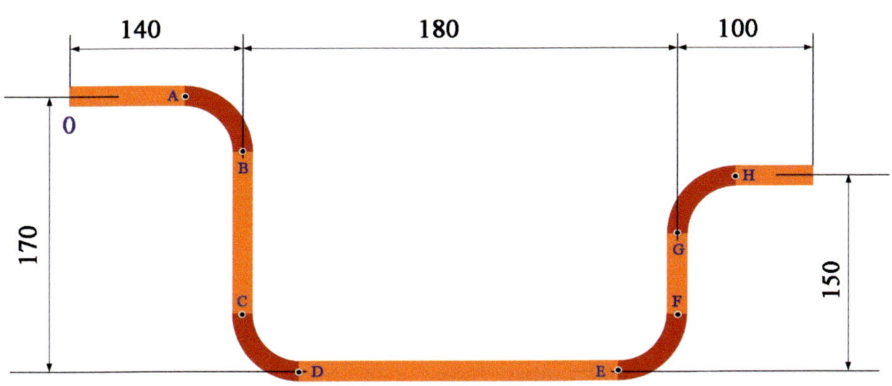

Figura 4.20. Figura inicial con cotas.

En la siguiente curva pasará lo mismo, por lo tanto, vamos a continuar sumando estas magnitudes en la forma que a continuación detallamos y se recoge en la Tabla 4.2.

En la siguiente cota de 170 tenemos una parte recta comprendida entre dos curvas o lo que es lo mismo: 170 menos dos veces 54 sería: 170 – 108 = 62, y así hasta llegar al final.

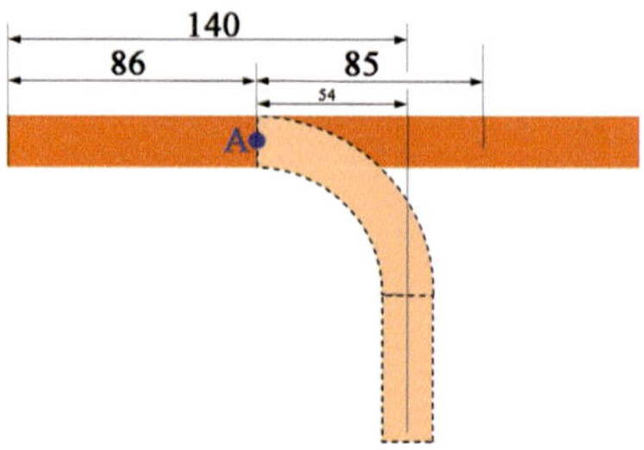

Figura 4.21. Figura con expresión de cotas.

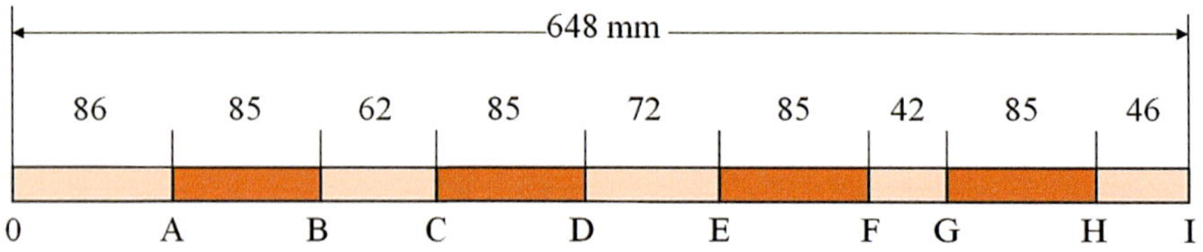

Figura 4.22. Desglose de medidas pormenorizadas.

Tabla 4.2. Desglose de medidas para cálculo de longitud total

CUADRO 1
0 – A = 140 – 54 = **86**
A – B = 85 CURVA
B – C = 170 – 108 = **62**
C – D = 85 CURVA
D – E = 180 –108 = **72**
E – F = 85 CURVA
F – G = 150 – 108 = **42**
G – H = 85 CURVA
H – I = 100 – 54 = **46**

Pues bien, si a todas las partes rectas: 86 + 62 + 72 + 42 + 46 = 308 les sumamos las correspondientes a las longitudes de curva 85 × 4 = 340 (308 + 340 = 648) tendremos el resultado del primer procedimiento, o sea, exactamente **648 mm.**

Es evidente que en cada diámetro de tubería hay que aplicar los radios medios, longitud de curva y reducción de corte correspondientes a ese diámetro.

4.5. Técnicas y herramientas de aterrajado

Las roscas son un sistema de unión tan antiguo como universal y muy utilizado por su versatilidad y eficacia en multitud de instalaciones, tanto en el propio ensamblaje de tuberías como en el anclaje de los aparatos y accesorios a las mismas.

Desde hace muchos años he observado el mal entendimiento de las nomenclaturas de identificación de las mismas, incluso en los profesionales. Sin el exacto conocimiento de ellas es muy difícil saber de qué rosca estamos hablando.

El objetivo de este capítulo es poner algo de luz en este tema.

4.5.1. Principios del roscado

La rosca es el nombre que recibe el sistema de unión más universalmente utilizado en multitud de elementos de las diversas ramas de la industria.

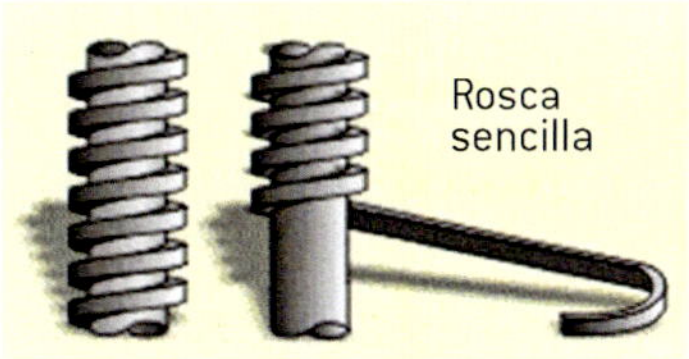

Figura 4.23. Esquema de principio de la rosca.

Básicamente consiste en el «arrollamiento» de una hélice o «filete» también llamado «hilo», de sección generalmente triangular, sobre un cilindro, dando lugar a lo que conocemos por tornillo (Figura 4.23) o, en su caso, la inserción de este filete en el interior de un orificio cilíndrico dando lugar a la tuerca.

Naturalmente, este arrollamiento es teórico, ya que los filetes se consiguen por tallado con desprendimiento de viruta o sin él, tanto en el cilindro que constituye el tornillo como en el orificio que conforma la tuerca.

La unión de ambos elementos mediante el giro de uno de ellos sobre el otro constituye lo que conocemos por unión roscada o atornillada (Figura 4.24).

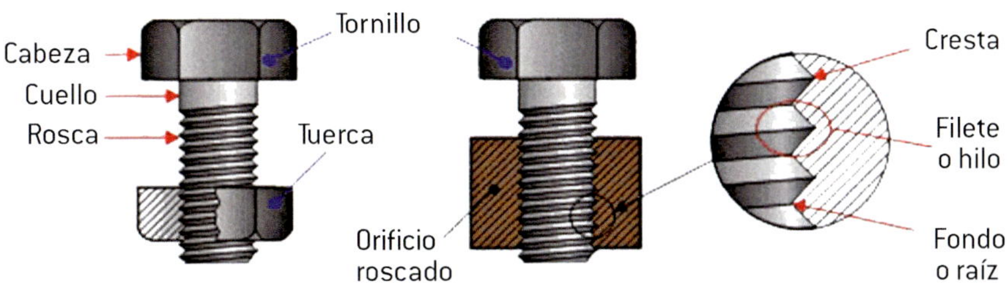

Figura 4.24. Constitución de las roscas convencionales en tornillo y tuerca.

4.5.2. Clasificación de las roscas

Para nombrar y clasificar las roscas, independientemente del sistema al que pertenezcan, se suele tener en cuenta como primer dato el diámetro exterior del tornillo (Figura 4.25) y como segundo dato el «paso», que es la medida que avanza longitudinalmente el tornillo sobre la tuerca, o viceversa, en una vuelta completa de uno de ellos.

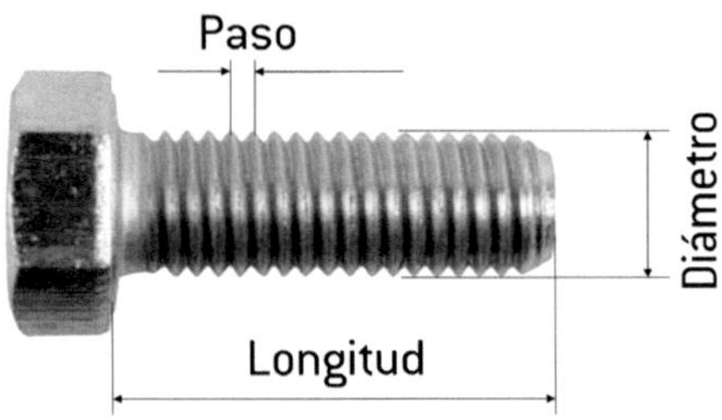

Figura 4.25. Magnitudes del tornillo.

Así, denominaríamos a un tornillo en el Sistema Internacional de Unidades como el de la figura con los datos de diámetro, por ejemplo, 8 mm y el paso 1,25 mm como un tornillo **M 8 × 1,25** o **M8 × 125.** Lo podemos encontrar así, refiriéndose este último dato al paso expresado en centésimas de mm, a continuación se expresa la longitud: M 8 × 1,25 × 50.

Esta es una forma, pero no la única, ya que dependiendo del sistema al que nos referimos el procedimiento es otro, como explicaremos a continuación.

Para simplificar, haremos dos grandes grupos:

- Roscas métricas.
- Roscas en pulgadas inglesas.

Roscas métricas

El sistema de rosca métrica se estableció en 1946, cuando la organización ISO definió el sistema de rosca métrica, que actualmente está adoptado en prácticamente todos los países. El sistema de rosca métrica está basado en el Sistema Internacional y es una de las roscas más utilizadas en el ensamblaje de piezas mecánicas, cuyas medidas se dan en milímetros, fracción del metro como unidad básica del Sistema Internacional (SI).

Roscas en pulgadas inglesas

Pertenecientes al sistema anglosajón, cuyas medidas vienen dadas en pulgadas, también llamadas imperiales, o fracción de las mismas. En este grupo, las más importantes son:

- **Rosca Whitworth.** Es la forma de rosca de mayor antigüedad conocida, fue normalizada en Francia con el nombre de paso de gas. Su creador fue el ingeniero inglés sir Joseph Whitworth, que la hizo adoptar por el Instituto de Ingenieros Civiles de Inglaterra, en 1841. Sus dimensiones básicas se expresan en pulgadas inglesas.
- **Rosca sistema Sellers o United States Standard (USS).** El roscado del sistema Sellers es corrientemente aplicado en Estados Unidos. Fue establecido por William Sellers, industrial de Filadelfia, quien lo hizo aceptar oficialmente por el Franklin Institute, en 1864. Al igual que en el sistema Whitworth, sus dimensiones base se expresan en pulgadas inglesas.

Nomenclatura en las métricas

Como decíamos anteriormente, se antepone la letra M (Métrica) seguida del diámetro del tornillo o cilindro en milímetros y a continuación el paso en centésimas de milímetro o en milímetros según los casos.

Ejemplo: M 10 × 1,50, para un tornillo de rosca métrica de 10 mm de diámetro exterior y un paso de 1,5 mm.

Nomenclatura en las inglesas

En estas, ya sean Whitworth o Sellers, o cualquier otro sistema con medidas en pulgadas, se antepone una letra o grupo de ellas, dependiendo al sistema a que pertenezcan; por ejemplo, para la rosca Whitworth la W, y a continuación, igualmente, el diámetro exterior del tornillo en pulgadas y finalmente el número de «hilos» o «filetes» que caben en la longitud de una pulgada (25,4 mm) (Figura 4.26).

Ejemplo: W 1/2" × 12H , para un tornillo de diámetro exterior de media pulgada y cuyo paso es de tal medida que caben 12 hilos o pasos (espacio entre dos crestas) en la longitud de una pulgada (1").

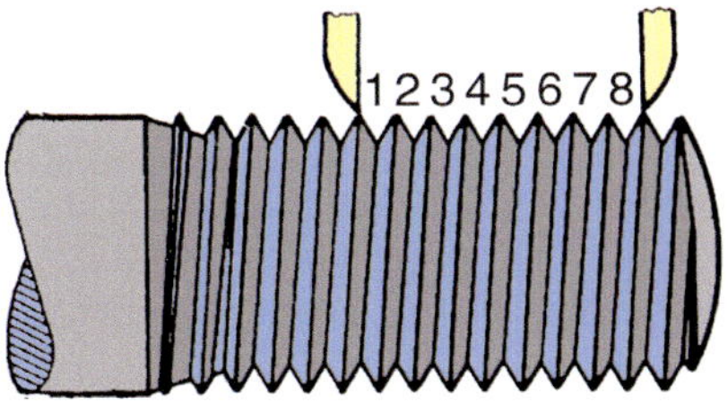

Figura 4.26. Medición de hilos por pulgada.

Cuando la longitud total del tornillo es inferior a 1 pulgada, la forma de nombrarlo evidentemente es la misma, aunque en el fragmento de pulgada que tenga el tornillo solo quepan dos o tres hilos.

4.5.3. Las roscas en fontanería

Roscas para tuberías

Hasta hace pocos años, la mayor parte de las roscas utilizadas en las tuberías de conducción de fluidos eran de la llamada rosca gas en pulgadas.

Actualmente siguen teniendo una preponderancia clara en la fontanería, pero debido a la penetración en el sector de materiales nuevos como los plásticos conviven con otras muchas métricas en milímetros.

Métricas

Las tuberías que llevan rosca métrica se nombran exactamente igual que si fueran tornillos, independientemente del diámetro interior que tengan, por ejemplo: M 12 × 175.

En pulgadas

En las tuberías con roscas inglesas gas, se conocen por la sigla «G» seguidas de un número que igualmente expresa el diámetro y el paso.

¡OJO CON ESTO!

A diferencia de la tornillería, en tuberías, este primer número indica el diámetro interior de dicha tubería (no confundir con la sección).

Por ello, cuando nos referimos, por ejemplo, a una tubería de acero galvanizado de G-3/8"-19H, queremos definir una tubería que tiene una rosca gas (generalmente tipo BSP), de un diámetro interior de 3/8 de pulgada con un paso de 19 hilos por pulgada.

¡TOMA NOTA!

A este diámetro interior, de 3/8" (9,75 mm), le corresponderá un diámetro exterior en la tubería dependiente del material de la misma. En el caso del acero es de 16,66 mm (véase Tabla 4.4).

Por lo tanto, esta rosca debemos nombrarla así: **G – 3/8 × 19H,** que es la manera de dar todos sus detalles y huir de la abusiva simplificación, muy extendida desafortunadamente de referirnos a cualquier tubería o rosca diciendo solo el diámetro, por ejemplo: ¡una tubería de media!

Lo anteriormente expuesto es el aspecto teórico, y explica la forma en que están diseñadas estas relaciones ROSCA/TUBERÍA. Y se entiende que una tubería tiene un diámetro interior y uno exterior donde va practicada la rosca, pero este último, como ya se ha dicho, no es el que define la rosca, por lo que cuando nombramos una rosca cualquiera sea 1/2", 3/4" u otra cualquiera, no nos referimos al diámetro exterior de la tubería, sino al diámetro interior de la misma.

Como en todos los oficios, la experiencia simplifica los argumentos teóricos y es casi normal encontrar profesionales que a simple vista conocen qué medida tiene una tubería sin medirla expresamente, pero es igualmente normal que no sepan explicar por qué, por ejemplo: una tubería de acero que tiene un diámetro exterior de 33,2 mm, se la llama tubo de 1 pulgada, cuando una pulgada sabemos que tiene 25,4 mm.

Para facilitar esta transformación verbal en la Tabla 4.4 vienen expresadas con claridad.

EN DETALLE

A medida que se han ido incorporando nuevos materiales para tuberías han dado lugar a variaciones en ese diámetro interior REAL que define la rosca de las tuberías. Esto es debido a que para cálculos de caudales en las instalaciones se utiliza el llamado diámetro nominal.

El **diámetro nominal** (abreviado como **DN**) en una tubería de conducción de agua es una **designación estandarizada** que se utiliza para identificar el tamaño aproximado interno de una tubería, **sin que represente necesariamente una medida exacta** en milímetros o pulgadas, y se utiliza para facilitar la intercambiabilidad de tuberías y accesorios. Se utiliza principalmente en sistemas métricos y está regulado por normas como la **ISO 6708.** Se expresa generalmente en milímetros, por ejemplo: **DN 15, DN 50, DN 100.** En sistemas anglosajones, su equivalente sería el **NPS** (Nominal Pipe Size), expresado en pulgadas (Tabla 4.3).

La Tabla 4.3 muestra la relación entre el diámetro nominal (DN) y los diámetros interiores reales aproximados en tuberías de acero, cobre tipo M y PVC.

Tabla 4.3. Comparativa de diámetro nominal (DN) y diámetros reales

DN (mm)	NPS (in)	Diámetro interior aprox. acero	cobre tipo M	PVC
15	½"	16,0	15,0	15,0
20	¼"	18,0	19,0	20,0
25	1"			
50	2"	52,0	50,0	50,0
100	4"	104,0	102,0	100,0

Así, por ejemplo, tres tubos de diferente material (acero, cobre y plástico) conducirán más o menos el mismo caudal si su diámetro nominal es el mismo. Aunque como vemos en la Tabla 4.3 los diámetros reales difieren. Estas diferencias están justificadas por las rugosidades internas del tubo de acero y prácticamente lisas de los otros dos.

Pero, aunque los diámetros interiores de estas tres tuberías sean distintos, su diámetro nominal es el mismo y se entiende, por lo tanto, que por ambos fluirá aproximadamente el mismo caudal en situaciones análogas. De hecho, además, los accesorios de montaje para todos ellos: racores, codos, entronques, etc., llevarán el mismo tipo de rosca, en este caso DN 15 serán de media pulgada, G 1/2"/14H (Figura 4.27).

Figura 4.27. Accesorios de plástico, acero y cobre con rosca de G 1/2"/14H.

4.5.3.1. Fraccionamiento de las pulgadas

Al igual que en el Sistema Métrico utilizamos los múltiplos y submúltiplos de la unidad fundamental, ya sean km o mm dependiendo de las magnitudes que manejemos, en el sistema inglés ocurre otro tanto, y así nos encontramos con yardas o dieciseisavos de pulgada.

Pues bien, en las magnitudes empleadas en fontanería se usan las unidades de pulgadas y sus submúltiplos.

El sistema inglés para su manejo divide la pulgada en 16 partes o fracciones, y a cada una de estas, obviamente, se la llama 1/16" (Figura 4.28).

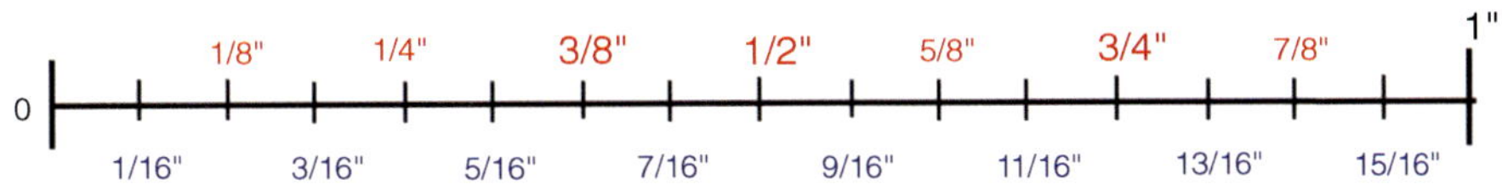

Figura 4.28. División de la pulgada en fracciones.

A las fracciones impares, como 1/16" o 9/16" (en azul), se las llama tal cual, pero a las fracciones pares (en rojo), tal como 2/16" o 12/16", se las simplifica aritméticamente y así se llega a la nomenclatura más reconocida de 1/8" o 3/4", respectivamente, que es la utilizada con carácter general.

A partir de aquí todas las medidas serán compuestas de una parte entera (tantas pulgadas) y la parte correspondiente fraccionaria; por ejemplo, un diámetro de 3 ¼" (tres pulgadas y cuarto).

4.5.3.2. Sistemas más utilizados en tuberías

Los sistemas de roscas, como se puede apreciar, tienen muchos orígenes y muchas versiones según el país y los usos a que vayan destinados, por ello no vamos a profundizar más, aunque sí vamos a estudiar las que tienen aplicación en fontanería.

Las roscas utilizadas en fontanería, casi en su totalidad, son del tipo rosca gas.

Rosca gas

La rosca gas pertenece al sistema de rosca Whitworth.

Dentro de esta denominación genérica se utilizan dos tipos, con algunas diferencias en sus diámetros, así como en sus aplicaciones:

1. Inglesa
    - Rosca BSP, rosca normal inglesa cilíndrica para tubos.
    - Rosca BSPT, rosca normal inglesa cónica para tubos.
2. Americana
    - Rosca NPT, rosca estándar americana cónica para tubos.
    - Rosca NPS, rosca estándar americana cilíndrica para tubos.

Los perfiles de rosca de las BSP y NPS (BSPT y NPT) son totalmente distintos.

Con el prefijo **G** y las siglas BSP (British Standard Pipe) o «Rosca estándar para tubería británica», se estandarizan las más utilizadas en fontanería, tanto en tuberías como en accesorios de toda índole. El ángulo del perfil del filete es de 55 grados (Tabla 4.4).

Con el prefijo **NPT** (National Pipe Thread) o «Rosca de tubería cónica nacional americana», se agrupan las roscas utilizadas en tuberías de media y alta presión. El ángulo del perfil del filete es de 60 grados (Tabla 4.4).

Tabla 4.4. Características de la rosca gas BSP

MEDIDAS DE LA ROSCA GAS BSP EN TUBERÍAS DE ACERO NEGRO Y GALVANIZADO			
Diámetro NOMINAL	Diámetro INTERIOR TUBERÍA (pulgadas)	Paso (hilos por pulgada)	Diámetro EXTERIOR TUBERÍA (mm)
G 1/8 × 28H	1/8"	28	9,728
G 1/4 × 19H	1/4"	19	13,157
G 3/8 × 19H	3/8"	19	16,662
G 1/2 × 14H	1/2"	14	20,995
G 5/8 × 14H	5/8"	14	22,911
G 3/4 × 14H	3/4"	14	26,441
G 7/8 × 14H	7/8"	14	30,201
G 1" × 11H	1"	11	33,249
G 1"1/8 × 11H	1-1/8"	11	37,897
G 1"1/4 × 11H	1-1/4"	11	41,91
G 1"3/8 × 11H	1-3/8"	11	44,323
G 1"1/2 × 11H	1-1/2"	11	47,803
G 1"3/4 × 11H	1-3/4"	11	53,746
G 2" × 11H	2"	11	59,614
G 2"1/4 × 11H	2"1/4"	11	65,71
G 2"1/2 × 11H	2-1/2"	11	75,184
G 2"3/4 × 11H	2-3/4"	11	81,538
G 3" × 11H	3"	11	87,884
G 3"1/4 × 11H	3-1/4"	11	93,98
G 3"1/2 × 11H	3-1/2"	11	100,33
G 3"3/4 × 11H	3-3/4"	11	106,68
G 4" × 11H	4"	11	113,03

4.5.3.3. Precauciones de montaje según el tipo de rosca

Roscado de roscas cónicas con roscas cilíndricas

Las roscas cónicas son inexactas y durante el montaje pueden dañarse y ser susceptibles de fugas. El área donde la cresta y la raíz se unen puede formar un camino de fuga en espiral, que no se puede eliminar apretando más.

La presión de cierre de una unión es alcanzada por la compresión de los hilos al apretarla (gripaje o agarrotamiento). Este sello y compresión ocurre en las primeras vueltas de la rosca interna. Mientras se aprieta, tanto el material de los hilos del macho como de la hembra, se deforman uno a otro. Esto asegura un contacto total de los hilos, lo que minimiza las fugas en espiral.

La diferencia entre la forma de las roscas de metal (maquinadas) y las roscas moldeadas de plástico inyectado ocasiona una unión difícilmente libre de fugas, debido a las mermas del plástico y los residuos de molde en el proceso de fabricación Por ello, el uso de teflón como un sellante es recomendado en todas las roscas plásticas.

Debido a la multitud de tipos de roscas (cónica macho y hembra, cónico macho hembra, cilíndrica, etc.), hay que poner especial cuidado a la hora de montar unos sistemas con otros y presta atención cuando montamos una rosca BSP con una NPT. La primera es la usada comúnmente en fontanería a baja presión, en cambio la NPT es usada en media y baja presión.

Ambos sistemas no son intercambiables debido al perfil de la cresta de la rosca y a la circunstancia de que, aunque los pasos en algunos diámetros es el mismo no ocurre en todos así, en NPT los diámetros en 1/16", 1/8", 1/4" y 3/8" tienen pasos diferentes a la BSP, como se puede apreciar en las tablas.

Los problemas se presentan cuando roscamos un macho NPT en una hembra paralela BSP.

Las medidas de 1/16", 1/8", 1/4" y 3/8" tienen un paso distinto que causa desalineación en los hilos. Los ángulos de los flancos también son distintos entre la NPT y la BSP. La rosca NPT tiene 60°, mientras que la rosca BSP tiene 55°.

4.5.4. Elaboración de roscas a izquierda y derecha

Las roscas normalmente son a derechas, es decir, que el filete discurre por el cilindro en el sentido de las agujas del reloj, por lo cual el avance de la rosca (el apriete) se consigue girando tanto el tornillo como la tuerca a derechas y se aflojan a izquierdas.

Pero hay ocasiones en que este sentido hay que invertirlo. El giro a izquierdas se emplea en ejes que están en movimientos y van fijados con tornillos o tuercas para evitar que el giro del eje afloje la tuerca o tornillo y también por razones de montaje o seguridad. Este último caso se da mucho en roscas en las instalaciones y herramientas de gas, para evitar confusiones.

A simple vista es muy fácil ver si la rosca es a izquierdas o derechas, basta poner el tornillo con la punta de entrada hacia arriba y vemos si el filete tiene la parte más alta en la derecha (a derechas) o está en la izquierda (a izquierdas) (Figura 4.29).

Figura 4.29. Rosca a izquierdas y a derechas.

Para construir las roscas a izquierdas se utilizan terrajas especiales a izquierdas o bien «peines de rosca» a izquierdas (Figura 4.29), según sea la herramienta de terrajar que usemos.

Figura 4.30. Peines de rosca a izquierdas.

4.5.4.1. Terrajas manuales y eléctricas

El aterrajado es la práctica por la cual se elaboran las roscas.

Esta mecanización se lleva a cabo de muchísimas maneras, entre las cuales están los tornos, las máquinas específicas de roscar (Figura 4.31) y las terrajas portátiles entre las que podemos clasificarlas por eléctricas y manuales.

En fontanería generalmente las roscas se realizan sobre las tuberías, puesto que los accesorios que se emplean para el ensamblaje de las instalaciones ya vienen hechos de fábrica. Por ello casi siempre se llevan a cabo roscas exteriores y se hacen con las terrajas portátiles, ya sean eléctricas o manuales.

Las manuales (Figura 4.32) constan de un maneral donde se acoplan las terrajas diversas, que oscilan entre las de 3/8" hasta 1 1/2", dependiendo de las instalaciones que se hagan habitualmente. Y para diámetros mayores se utilizan las terrajas múltiples (Figura 4.33) que llevan peines ajustables y las eléctricas son muy similares a las manuales, pero con accionamiento eléctrico (Figura 4.34).

Figura 4.31. Máquina de roscado.

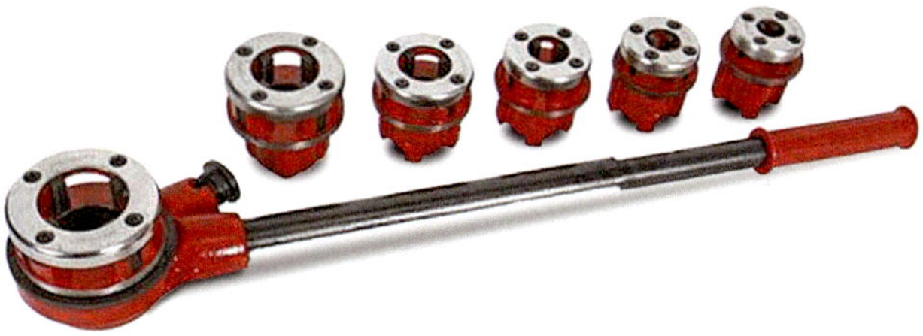

Figura 4.32. Maneral portaterraja con terrajas de diversas medidas.

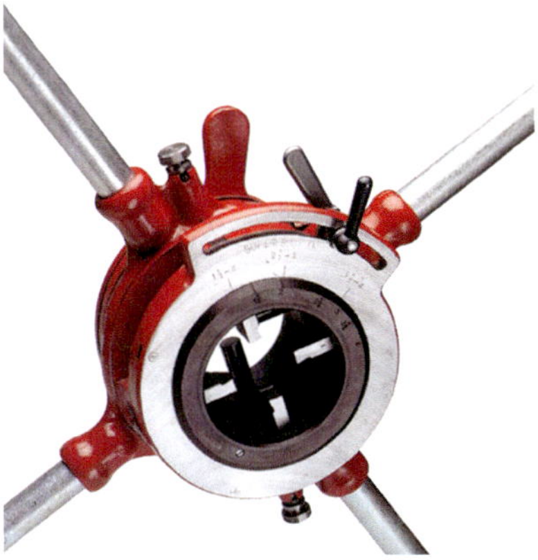

Figura 4.33. Terraja ajustable.

Figura 4.34. Terraja electroportátil.

El aterrajado, ya sea manual o eléctrico, se realiza con desprendimiento de material por lo que es imprescindible lubricar y refrigerar la zona de roscado. Esto se consigue con aceite o lubricante especial tipo taladrina o cualquier otro. Generalmente las firmas recomiendan unos lubricantes específicos para sus herramientas.

Cuando realizamos el roscado a mano, debemos ir poco a poco y cada media vuelta hacia delante debemos dar un cuarto de vuelta hacia atrás para romper las virutas desprendidas y facilitar su salida de la zona de roscado impidiendo, así que se «emboten» en la rosca provocando la rotura del perfil del filete y provocando un atasco que impida continuar. Esta circunstancia no ocurre en las máquinas debido a su precisión de corte y el rizado y escape de las virutas y por la muy eficaz lubricación-refrigeración a chorro (Figura 4.35).

Figura 4.35. Lubricación-refrigeración a chorro.

4.5.4.2. Machos de roscar

Los machos de roscar son los elementos que se utilizan para realizar las roscas interiores, o dicho de otra forma, las que llevan las tuercas, los manguitos, etcétera.

Constan de un vástago de acero roscado con acanaladuras longitudinales que producen una arista de corte que es la que desprende el material (Figura 4.36).

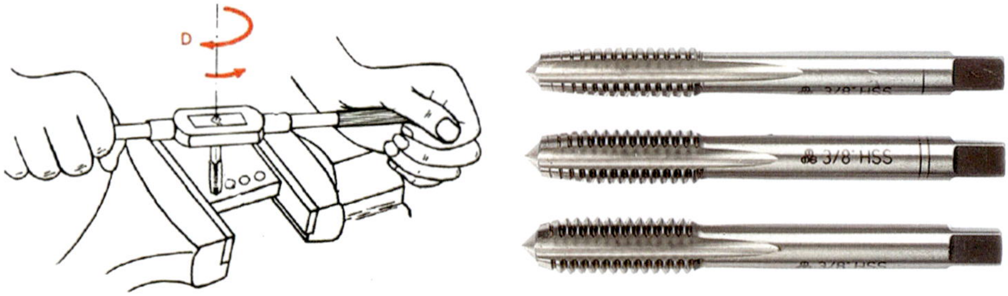

Figura 4.36. Machos de roscar y esquema de trabajo con los mismos.

Los machos suelen venir en estuches con tres piezas con distinto grado de conicidad, para facilitar su penetración, así empezaremos con el más cónico terminando con el totalmente cilíndrico que es el que tiene la rosca tal como el tornillo que se alojará en la rosca practicada.

La forma de operar es similar al roscado de exteriores con terraja. Vamos girando en el sentido de la rosca media vuelta y retrocedemos un cuarto de vuelta para desprender las virutas (Figura 4.36).

Al igual que en aquella también se necesita lubricante.

Los machos generalmente no se emplean en fontanería porque, como quedó dicho anteriormente, las piezas y accesorios usados con rosca interior ya vienen hechos de fábrica.

4.5.5. Unión de tuberías por roscado

Este tipo de unión consiste en la utilización de una rosca en el extremo de la tubería que se va a unir que se acopla mediante un accesorio roscado a otra tubería o elemento, tal como válvulas, aparatos sanitarios, máquinas, etcétera.

4.5.5.1. Montaje y apriete

La garantía de la estanqueidad de la unión roscada está basada en la realización de los pasos que se van a seguir con todo el rigor que exigen las recomendaciones de los fabricantes y las normas UNE al efecto.

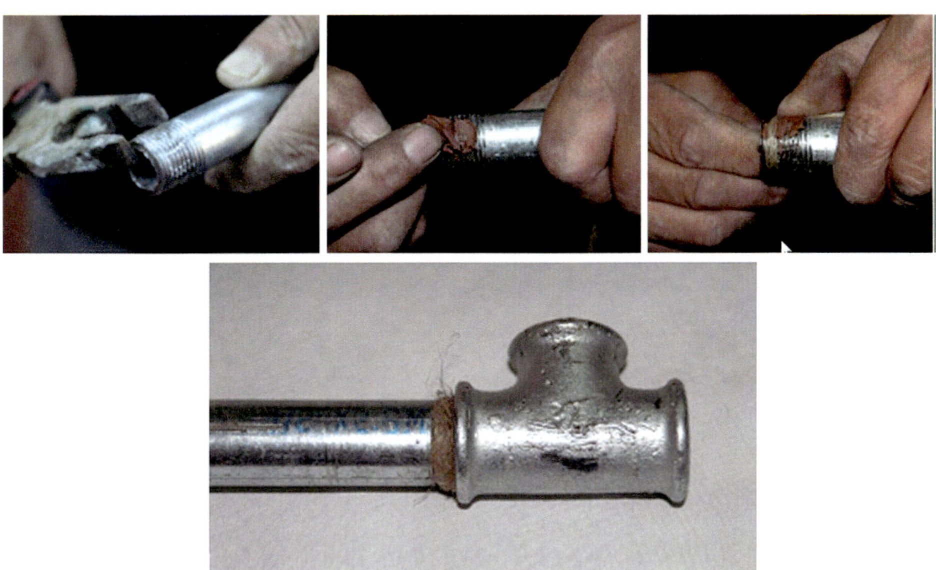

Figura 4.37. Proceso de estopado de la rosca.

4.5.5.2. Estanqueidad de la unión roscada

La estanqueidad es debida a la presión entre flancos de los filetes de rosca exterior *cónica* (macho) e interior *cilíndrica* (hembra) conseguida por apriete de herramienta con los pares adecuados.

Muy importante. Como se ve en la Figura 4.38, el «agarrotamiento» o «gripado» de la unión se consigue sin agotar la rosca, es decir, que siempre debe quedar algún filete fuera de la unión (zona A). Esto garantiza que la unión se ha conseguido por agarrotamiento y no por una rosca demasiado corta, en cuyo caso quedan huecos entre los flancos dando, con toda seguridad, fugas en la unión.

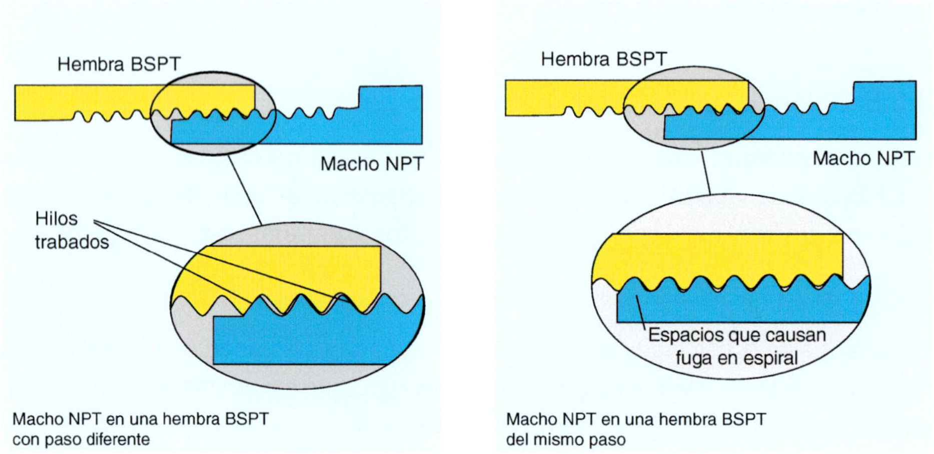

Figura 4.38. Esquema de montaje de las roscas.

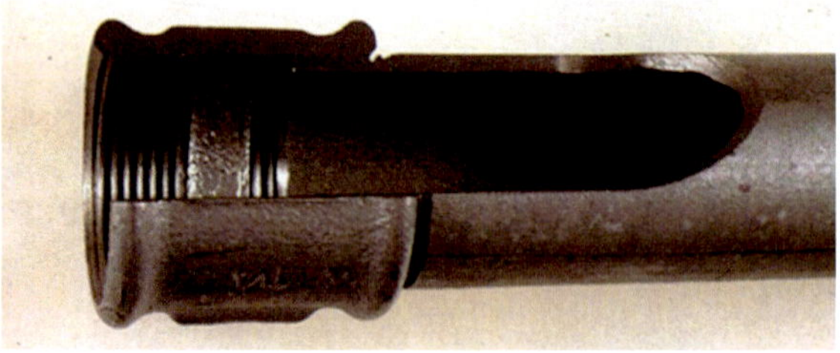

Figura 4.39. Unión macho-hembra seccionada.

4.6. Técnicas para el sellado de uniones

Para conseguir la estanqueidad en las uniones existen distintas soluciones dependiendo del tipo de unión, pero básicamente todas tienen en común lo que llamamos «junta».

Las juntas constituyen el elemento de unión tramo a tramo en las tuberías, es, por lo tanto, un elemento fundamental, de nada serviría una buena tubería si no se dispone de una estanqueidad total en las uniones o empalmes.

Una junta deber ser resistente al envejecimiento, a esfuerzos y gozar de la máxima impermeabilidad.

Atendiendo a la forma de conseguir la estanqueidad en las uniones podemos clasificarlas en:

- Uniones por brida.
- Uniones enchufadas tipo Gibault con juntas labiadas.
- Uniones roscadas.
  - Tipo Hermeto.
  - Por junta plana.
  - Por unión cónica abocardada.
  - Por anillo tórico.
  - Rosca desnuda.
- Uniones por presión.

4.6.1. Las uniones por brida

Se utilizan desde antiguo y consisten en la unión de dos platos circulares soldados, o formando parte de la misma tubería, entre los que se interpone una junta con forma de corona circular o bien con alojamiento para un anillo tórico, que al quedar aprisionado entre las dos «bridas» consiguen la estanqueidad.

Es una solución muy eficaz que se utiliza generalmente en tuberías de gran diámetro de acero y en multitud de válvulas en las grandes tuberías de abastecimiento (Figura 4.40).

Figura 4.40. Ejemplos de uniones de brida.

4.6.2. Uniones Gibault

Figura 4.41. Unión Gibault.

Unión enchufable se denomina al sistema que consigue la estanqueidad por medio de unas juntas labiadas abiertas al lado de presión por la que la propia presión consigue abrir los labios más, cuanta más presión, asegurando así la estanqueidad.

Una de ellas es la conocida junta Gibault (Figura 4.41) que fue ampliamente utilizada, tanto en tuberías de fundición como en las de fibrocemento y de PVC. Actualmente se emplea en diámetros pequeños hasta 250 mm. Se compone de: dos anillos de caucho, un manguito troncocónico de hierro fundido, dos bridas de hierro fundido, dos o tres tornillos, según el diámetro del tubo.

Con este mismo principio hay muchas variables y marcas con diferentes diseños.

4.6.3. Uniones roscadas

4.6.3.1. Sistema Hermeto

Este sistema consiste en el cierre que ocasiona una virola metálica (bicono) al ser comprimida por la tuerca de cierre, que hace que este bicono se clave circularmente en el propio tubo, haciendo la unión estanca (Figuras 4.42 y 4.43).

Se utiliza mucho en hidráulica de alta presión y en conducciones de gas por su alta eficiencia.

Figura 4.42. Esquema de elementos del sistema Hermeto.

Figura 4.43. Componentes de una unión tipo Hermeto.

El sistema Hermeto conlleva la circunstancia de que, una vez apretada la unión, la virola o bicono, que puede adoptar formas diferentes, se clava en la tubería y ya no se puede desmontar de ella, por lo que hay que asegurarse, antes de apretar, de que el montaje está bien hecho.

Este principio, con alguna variable, se utiliza en uniones de tubos diversos como es el de las uniones de polietileno (Figura 4.44), las de pequeña evacuación de PVC (Figura 4.45) y en la unión de los radiadores de calefacción a las tuberías portadoras del fluido caloportador a través de las válvulas y detentores. Consisten estas en que el bicono metálico es sustituido por una virola de goma (Figura 4.46) especial que al presionar la unión mediante la tuerca de montaje consigue un gran cierre, sin el «problema» del sistema Hermeto con bicono metálico, pues la goma no se clava en la tubería y, por lo tanto, no es como aquel que de alguna manera es irreversible.

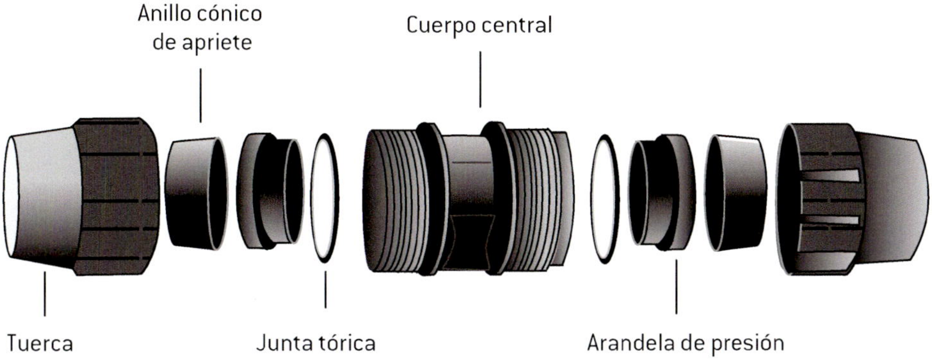

Figura 4.44. Componentes de una unión para tubo de polietileno.

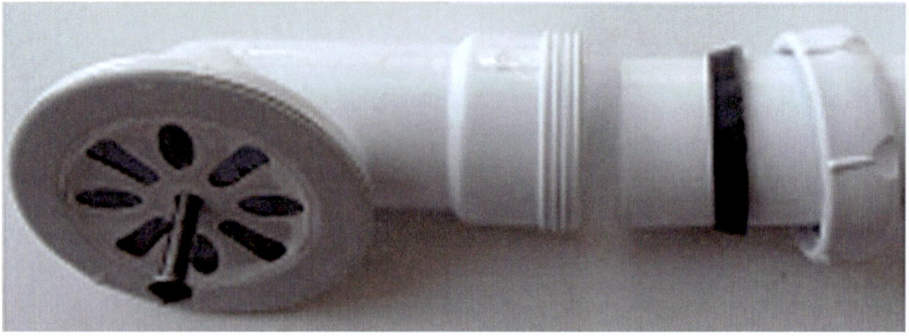

Figura 4.45. Unión de válvula de pequeña evacuación.

Figura 4.46. Componentes de cierre de racor de radiador.

4.6.3.2. Por junta plana

Este tipo de unión es muy eficaz y fácil de montar, consiste en la interposición de una junta plana de goma o cartón especial, según los usos, entre las dos caras frontales de la tubería a través de las tuercas de unión (Figuras 4.47 y 4.48).

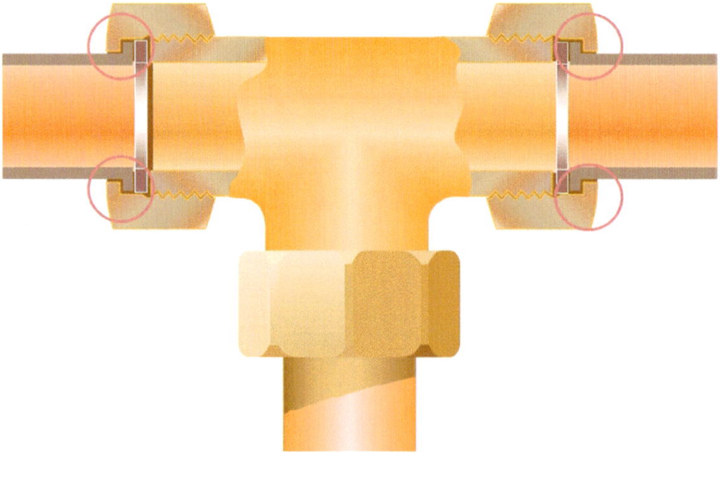

Figura 4.47. Esquema de componentes de una unión por junta plana.

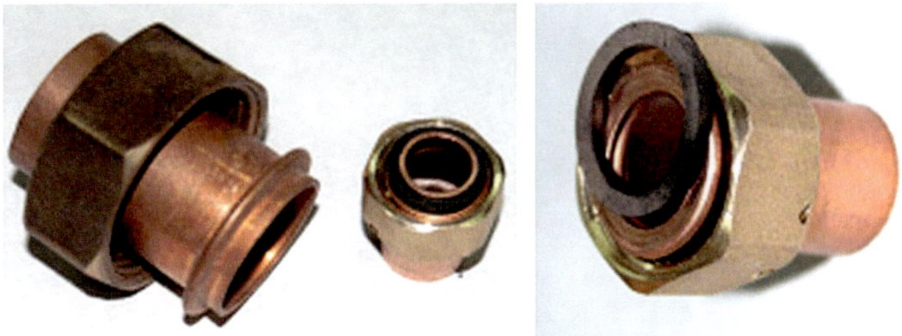

Figura 4.48. Unión por: pestaña embutida y pestaña plana.

4.6.3.3. Por anillo tórico

Es una variable de la anterior, en la imagen una unión de este tipo con los elementos que la componen (Figura 4.49).

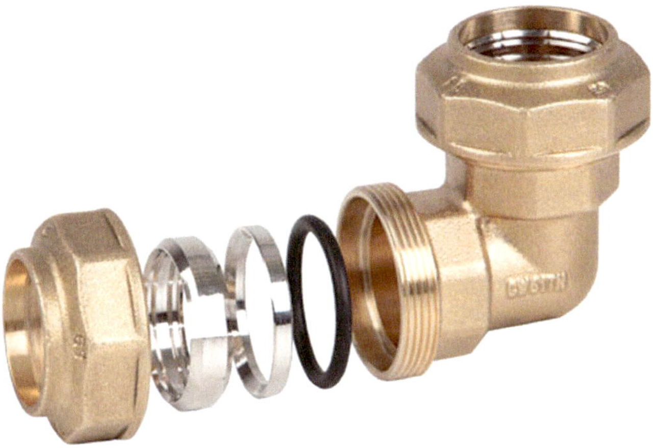

Figura 4.49. Unión por anillo tórico.

4.6.3.4. Por unión cónica abocardada

Consiste en la unión que se consigue mediante un extremo cónico del propio tubo de cobre comprimido por la tuerca de cierre contra el cono macho del racor. Este tipo de unión se utiliza sobre todo en instalaciones de aire acondicionado.

El abocardado se realiza con un utensilio llamado abocardador (Figura 4.50), muy práctico y eficaz cuyas fases se explican en las fotos de la Figura 4.51.

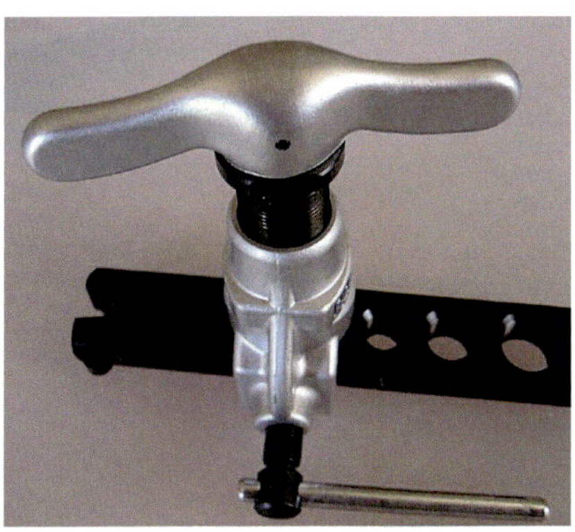

Figura 4.52. Abocardador.

Figura 4.51. Pasos en el abocardado.

4.6.3.5. Por rosca desnuda

Este sistema se refiere a cuando la estanqueidad hay que conseguirla a base de interponer un elemento sellante en los filetes de las roscas. Tal es el caso de las uniones roscadas de los tubos de acero galvanizado o las uniones roscadas de piecería de cobre-latón-bronce y también las uniones entre los accesorios de montaje de los aparatos sanitarios (grifos, válvulas de escuadra, etc.) y las tuberías de suministro.

En este tipo de uniones se utilizan la estopa o cáñamo y la cinta de teflón (Figura 4.52), aunque este último actualmente también se utiliza en forma de hilo sellador e incluso como pastas.

Figura 4.52. Teflón y cáñamo con pasta sellante.

La estopa son fibras de cáñamo, que se comercializan en una madeja que para su uso se deshilacha en fibras, en número mayor o menor dependiendo del diámetro de las uniones. Se arrolla en el mismo sentido que la rosca sobre la parte macho. Al inicio hay que cruzar las fibras iniciales para pillarlas con las vueltas posteriores y así evitar que ruede sobre la rosca, en las vueltas finales unimos la punta pillada con el resto y terminamos de arrollarla preferiblemente en el inicio de la rosca. Generalmente hay que mojar las fibras para homogeneizarlas y que se queden unidas. Previamente al estopado debemos rasgar los filetes de la rosca con un alicate u hoja de sierra para que las fibras se enreden y conseguir mayor eficacia.

Antiguamente la estopa se embadurnaba con minio, para mejorar la estanqueidad y evitar la corrosión del tubo en esa parte desprotegida del galvanizado, pero el minio es un derivado del plomo y como tal tóxico, por lo que ha dejado de usarse. Este tipo de sellado era muy eficaz a pesar de su antigüedad, pero la composición de estos materiales la hacen inapropiada para las tuberías de transporte de agua potable, pero si son aptas para circuitos de calefacción, contraincendios y otros usos industriales. Actualmente hay productos sellantes que lo sustituyen.

La cinta de teflón es también muy resistente a las fugas y se utiliza más en uniones de cobre y bronce, etc., así como en las uniones de montaje de sanitarios, grifos, etcétera.

La forma de arrollarlo es muy similar al cáñamo. Aunque en este asunto no hay acuerdo unánime en cuanto al sentido de enrollado, pues, aunque en la práctica la gran mayoría lo hace en el sentido de la rosca (a derechas, la mayoría), hay quienes aconsejan hacerlo en sentido contrario. Puede dar buenos resultados en ambos casos.

4.6.4. Uniones por presión

Son las que consiguen la estanqueidad mediante un dispositivo de cierre que contiene anillos de apriete y juntas de goma dispuestos de forma tal que mediante una tenaza o similar se comprime la unión haciéndola totalmente estanca. Ejemplos de esta unión son el sistema *quick & easy, pressfitting* y de anillo corredizo Barbie que veremos en el Capítulo 5.

Autoevaluación

4.1. ¿Para qué sirve un escariador?

a) Para eliminar la escoria de la soldadura.

b) Para eliminar rebabas de corte en los tubos.

c) Para eliminar los residuos del decapante.

4.2. El ablandamiento del cobre con calor y enfriamiento brusco se llama:

a) Aplanar.

b) Desagriar.

c) Recocido.

4.3. ¿Para qué sirven los muelles de curvado?

a) Para curvar tubos de cobre recocido sin «chafarlo».

b) Para suspender los tubos instalados sobre el techo.

c) Para recocer los tubos de cobre rígido.

4.4. ¿Cómo se llama al «arrollamiento» sobre un cilindro que da forma a la rosca?

a) Chuleta.

b) Filete.

c) Espiral.

4.5. ¿Cómo se llama el sistema universal de unión, consistente en una virola metálica (bicono) que se comprime mediante una tuerca?

a) Sistema bicónico.

b) Sistema Gibault.

c) Sistema Hermeto.

5. Técnicas de unión de tuberías

Introducción

La unión o ensamblaje de tuberías en las instalaciones es probablemente la operación que más identifica el oficio de fontanero, al que casi siempre se asocia con una persona experta en soldar y roscar tuberías. Actualmente, debido a los nuevos materiales y sus infinitas formas de unión, esta idea solo es cierta en parte.

Asociada a la unión de tuberías, además de la soldadura, el roscado o las nuevas técnicas, hay otra operación imprescindible en toda unión, que es la estanqueización de las uniones mediante multitud de técnicas, como el estopado, los teflones, las juntas, etcétera.

En este capítulo trataremos todos estos asuntos con el objetivo de analizar las aplicaciones más apropiadas a cada caso.

Contenido

5.1. Soldadura

5.2. Soldadura capilar blanda

5.3. Soldadura capilar fuerte

5.4. Sopletes convencionales y por oxi-gas

5.5. Soldadura de las tuberías de acero

5.6. Soldadura química

5.7. Unión de tuberías por roscado, termofusión, mediante accesorios y sistema *pressfitting*

5.1. Soldadura

El término soldadura se refiere a la acción por la cual se establece una unión sólida entre dos cosas con un material igual o similar a estas.

Por lo tanto, implica la unión de dos elementos: lo habitual es que se realice a través de la fusión. Es frecuente que se añada un plástico o un metal que, cuando se funde, termina uniendo ambas piezas. Este material que se agrega hace que la unión quede fija al enfriarse.

Para lograr la fusión y realizar la soldadura, se recurre a una fuente de calor como puede ser un láser, el ultrasonido, una llama generada con gas, el arco eléctrico, etcétera.

Aunque hay multitud de tipos de soldadura, vamos a distinguir al menos dos modalidades que son las referidas a los metales y las que se refieren a otros materiales tales como termoplásticos, ya sea por fusión o por procedimientos químicos.

Soldadura de metales

Se puede definir como un procedimiento por el cual dos o más piezas de metal se unen por aplicación de calor, presión o una combinación de ambos, con o sin el aporte de otro metal, llamado metal de aportación, cuya temperatura de fusión es inferior a la de las piezas que se han de soldar. Dentro de estas, y atendiendo a la forma de conseguir la unión, las clasificaremos en dos:

- Soldadura homogénea o autógena.
- Soldadura heterogénea.

Soldadura homogénea o autógena

Es aquella en la que la unión se consigue fundiendo los metales base sin necesidad de otro metal de aportación de diferente naturaleza a estos. El nombre autógeno tiene su origen en la propiedad que tienen el hierro y el acero de soldarse mediante golpes cuando se ha llevado a la temperatura de rojo-blanco (1400 °C). Esta práctica fue utilizada por los herreros hasta mediados del siglo pasado para soldar herramientas y aperos de labor para la agricultura. Actualmente, son ejemplo de soldadura autógena la de acero con acero por medio de soplete oxiacetilénico o la soldadura de plomo con plomo mediante soplete o lamparilla.

Asimismo, todas las soldaduras de las tuberías plásticas por medio de termofusión y electrofusión, aunque no son metálicas, se las puede incluir en esta modalidad.

Soldadura heterogénea

Es aquella en la que la soldadura se consigue uniendo los metales base, sean iguales o diferentes, por medio de otro metal (de aportación o soldeo) sin necesidad de fundir los primeros. Son ejemplo de esta modalidad la soldadura blanda o fuerte del cobre con cobre o del cobre con el bronce, para las cuales se utilizan como metal de soldeo varillas de una aleación de estaño-plomo-plata, cobre fosfórico u otras.

Cualquiera de las dos son los métodos más utilizados para unir las tuberías metálicas que conforman las instalaciones de fontanería y gas, y se pueden distinguir a su vez dos procedimientos:

- Soldadura directa.
- Soldadura indirecta.

Soldadura directa

Consiste en soldar las tuberías a tope con soldadura oxiacetilénica o con soldadura eléctrica por arco. Además de las tuberías se sueldan manguitos y terminales roscados para acoplar las válvulas, reguladores, etc. Generalmente, se hace a pie de obra (Figura 5.1). Se utiliza siempre en tubos de acero «negro», que son los tubos de acero «desnudos», es decir, sin recubrimiento protector, como el galvanizado, pintura, etcétera.

Figura 5.1. Soldando tubo de acero negro para una instalación de gas.

Los usos más comunes son:

- Instalaciones de gas.
- Algunas instalaciones de calefacción.

- Instalaciones de agua contraincendios.
- Otras de carácter industrial.

Soldadura indirecta

Se realiza por medio de acoplamientos a través de manguitos y accesorios.

Consiste en acoplar los tubos por medio de manguitos especiales o accesorios como las T, codos de diversas formas, las propias válvulas y un sinfín de acoplamientos que son los que nos facilitarán el ensamblaje de todos los elementos de la instalación, para posteriormente ser soldados por el procedimiento que hayamos elegido. Es el sistema utilizado en las conocidas instalaciones con tuberías de cobre.

Dentro del grupo de soldaduras heterogéneas, las utilizadas comúnmente en las instalaciones de tuberías de fontanería, tanto en abastecimiento de agua sanitaria como en calefacción, podemos distinguir dos tipos habituales, como son:

- Soldadura capilar blanda.
- Soldadura capilar fuerte.

EN DETALLE

Antes de profundizar en estos dos tipos de soldadura veamos en qué consiste el término: capilaridad.

Capilaridad

Es un fenómeno debido a la tensión superficial de los líquidos, por el cual, un líquido asciende por tubos de pequeño tamaño o por el espacio entre dos láminas muy próximas.

Si en un recipiente que contenga un líquido se introducen dos tubos de diferente diámetro (A y B), se observa que en el de mayor diámetro (B), el nivel del líquido es el mismo que el del recipiente. Sin embargo, en el tubo con un diámetro mucho menor (A), el líquido asciende debido a la tensión superficial (véase Figura 5.2).

A menor diámetro, mayor altura alcanza el líquido. Se puede decir que el diámetro está en proporción inversa a la ascensión capilar del líquido. Igualmente, si se sustituye el tubo pequeño por dos tubos encajados el uno dentro del otro, con una holgura muy pequeña, se observa que el líquido asciende por el espacio entre ambos tubos. Esta es la situación que se produce en la unión entre un tubo y un accesorio.

Este fenómeno que se produce con el líquido es el mismo que tiene lugar con los metales en estado de fusión; su aplicación práctica constituye la soldadura por capilaridad. Y la consecuencia más visible es que cuando soldamos en posición vertical, tal como se ve en la Figura 5.2 de la derecha, el líquido es capaz de «trepar» llenando todo el espacio de estaño.

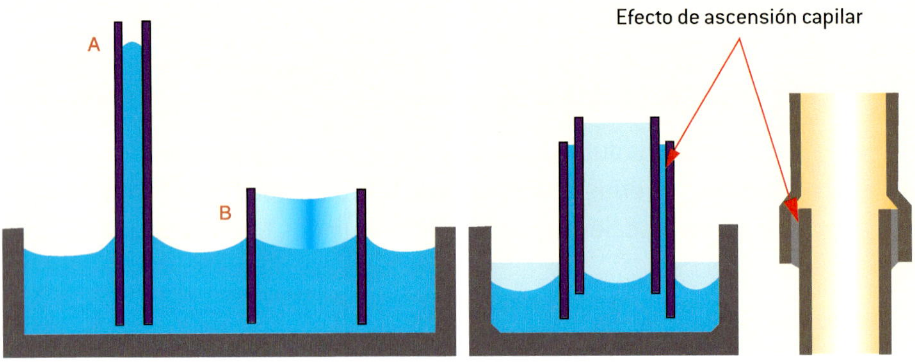

Figura 5.2. Esquema explicativo del fenómeno de la capilaridad.

5.2. Soldadura capilar blanda

Proceso de unión mediante la acción capilar de un metal de aporte con una temperatura de fusión (liquidus) inferior a 450 °C (UNE EN 1507).

Se puede utilizar en instalaciones hidrosanitarias y en otros tipos de instalaciones en las que los fluidos conducidos no superen los 120 °C y en diámetros hasta 54 mm. En el mercado existe un verdadero arsenal de aleaciones de metales de aporte para la soldadura blanda, todos a base de estaño (Sn), con plomo (Pb), sin plomo, con proporciones de plata (Ag), variables, etc. Son muy recomendables las que contienen plata (véase Tabla 5.1) porque le confieren a la soldadura unas características mecánicas muy apropiadas para resistir temperaturas, así como esfuerzos debidos a las tensiones a que están sometidas las tuberías por efecto de heladas, dilataciones, etcétera.

Las que contienen plomo no son recomendables porque tienen el inconveniente de que este último solo o aleado con el estaño se disuelve paulatinamente en el agua, por lo que aportan al mismo pequeños porcentajes de este metal, prohibido por su potencial toxicidad.

Tabla 5.1. Algunos metales utilizados en soldadura blanda

Aleación	Composición		Intervalo de fusión
	Estaño (Sn)	Plata (Ag)	
Sn-Ag 3,5 %	96,5 %	3,5 %	221 °C
Sn-Ag 6 %	94 %	6 %	221 °C- 240 °C
Sn-Ag 8 %	92 %	8 %	–

La definición de soldadura blanda casi siempre va asociada con el término capilaridad, **soldadura blanda por capilaridad**, este fenómeno es el que posibilita la facilidad con que se lleva a cabo este tipo de soldadura.

5.2.1. Proceso que hay que seguir para la soldadura capilar blanda

En primer lugar, hay que marcar y cortar el tubo transversalmente valiéndose del cortatubos o bien de una hoja de sierra. Obviamente, es preferible el cortatubos porque con él no hay desprendimiento de viruta y, por lo tanto, el corte es más limpio, pero tiene el inconveniente de que si se «carga» demasiada profundidad de corte provoca unas rebabas hacia dentro del tubo nada deseables porque originan pérdidas de carga y pueden obstaculizar la capilaridad, por lo tanto, hay que eliminarlas con un útil apropiado. Algunos cortatubos vienen provistos de una pequeña cuchilla giratoria para tal fin (Figura 5.3).

Figura 5.3. Uña escamoteable de desbarbado en un cortatubo.

5.2.1.1. Recalibrado de los extremos

Si los extremos del tubo se hubieran deformado por algún motivo, como es el caso de las rebabas que deja el cortatubos (Figura 5.4), se deberán recalibrar mediante un punzón y anillo calibrador como se indica en la Figura 5.5. En los tubos recocidos es conveniente efectuar siempre esta operación.

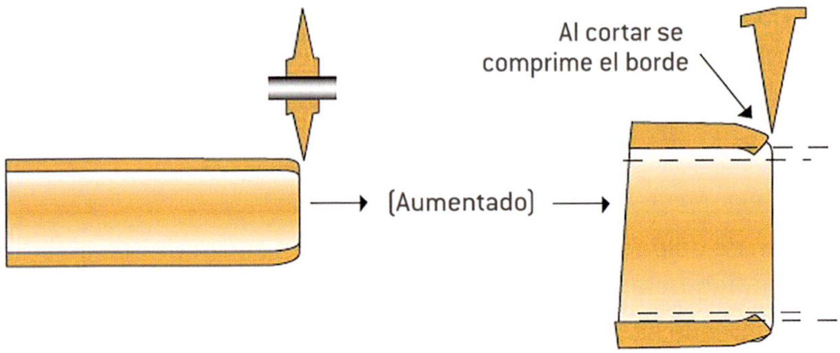

Figura 5.4. Efecto de reborde interior por corte del cortatubos.

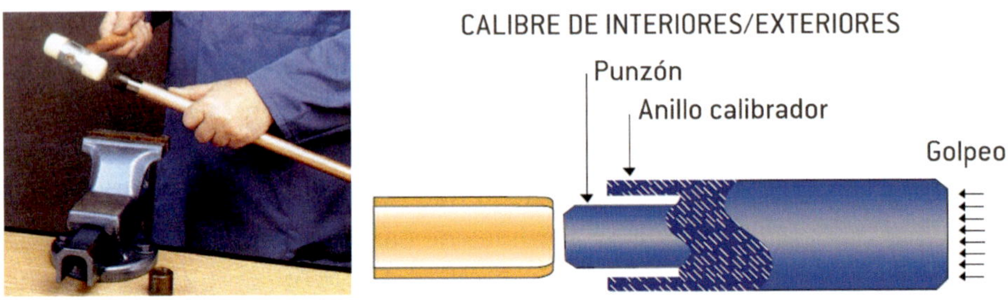

Figura 5.5. Esquema de recalibrado y forma de hacerlo.

5.2.1.2. Limpieza de las partes en contacto

La superficie exterior del tubo y la superficie interior del accesorio deben estar perfectamente limpias y desengrasadas para facilitar la acción del desoxidante o decapante.

Los decapantes normalmente recomendados no son suficientemente activos para hacer innecesaria la operación de limpieza mecánica previa de las partes que se van a soldar. Aunque se tiene la tentación, en muchas ocasiones, sobre todo cuando los tubos son nuevos y «aparentemente limpios», no limpiar, si bien es verdad que en ocasiones no presenta ningún problema esta práctica, no hay que tomarlo por rutina porque una soldadura que presente problemas a la hora de ejecutarla nos hará perder más tiempo y trastornos que los tres segundos que se tarda en limpiar una unión.

El extremo del tubo debe limpiarse en una longitud algo mayor que la que va introducida en el accesorio. El alojamiento del accesorio también se debe limpiar siempre, aunque por su aspecto nítido parezca innecesario.

Para la limpieza mecánica se utilizan normalmente cepillos calibrados (escobillas), lana de acero o estropajos sintéticos tipo Scotch-Brite™. Se recomienda siempre evitar el uso de útiles abrasivos o actuar de modo demasiado enérgico que pueda causar arranque del metal, lo que puede modificar el ajuste entre accesorio y tubo variando el intersticio capilar y, por lo tanto, comprometer el resultado de la unión soldada.

5.2.1.3. Aplicación de decapante

Inmediatamente después de la limpieza, para evitar la reoxidacion de las superficies ya limpias, se aplica una capa de decapante de buena calidad, por medio de un pincel.

La función del decapante, aplicado sobre una superficie de cobre previamente limpia, es la de eliminar los residuos de óxido, proteger la superficie metálica durante el calentamiento y aumentar el poder de penetración del material de aporte entre las superficies que se van a unir. Los decapantes se aplican únicamente sobre la superficie del tubo en cantidad suficiente para formar una película muy delgada y uniforme. Los decapantes no tienen la misión de limpiar las superficies. Hay decapantes muy agresivos capaces de eliminar parte de suciedad, pero se corre el peligro de producir fenómeno de corrosión.

Análogo peligro corre el uso de productos comercialmente denominados autolimpiadores, disponibles en forma de pasta o líquidos.

Como es práctica corriente preparar un cierto número de uniones para proceder luego a la soldadura de todas, conviene advertir que no deben transcurrir más de 2-3 horas entre la aplicación del decapante y la soldadura.

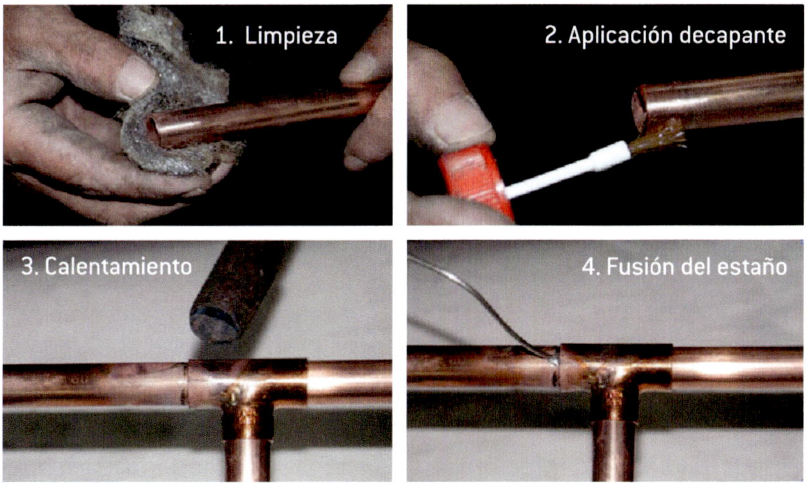

Figura 5.6. Pasos que hay que seguir en la soldadura blanda.

¡OJO CON ESTO!

Cuando damos decapante en la parte hembra de la unión es muy fácil sobrecargar del mismo todo el espacio interior. Pues bien, este exceso de decapante va a escurrir y construir un camino muy fácil para el estaño, si además cuando introducimos el estaño nos excedemos (cosa muy habitual) allí por donde corrió el decapante va a seguir el estaño y se va a acumular en forma de «pegotes» de estaño, que van a ser un obstáculo serio para la circulación del agua, es decir, vamos a generar pérdidas de carga de consideración. Esta circunstancia es la causante de que algunos autores, sin demasiada fortuna, recomienden NO dar decapante en las piezas hembras. ¡Hay que dar lo justo y en sentido longitudinal hacia fuera, pero darlo!

5.2.1.4. Montaje de la unión

Los tubos deben insertarse en el interior del accesorio asegurándose de que llegan a hacer tope. Una vez introducidos, es conveniente girarlos a derecha e izquierda para repartir uniformemente el decapante, y antes de proceder al calentamiento se debe limpiar el exceso de decapante con un trapo limpio o papel absorbente, sobre todo en soldaduras verticales, para evitar que escurra el estaño por el «reguero» dejado por el decapante, quedando las soldaduras con un aspecto sucio e impropio de profesionales.

¡TOMA NOTA!

En los montajes de instalaciones en los que hay diversos elementos interrelacionados hay que esperar a tener todo en su lugar: ¡LO ÚLTIMO QUE SE HACE ES SOLDAR!

EN DETALLE

Primero hay que montar la instalación por tramos completos con el decapante dado, y necesariamente con los accesorios, codos, T, etc. con todas sus bocas ocupadas, es decir, con las tuberías correspondientes enchufadas, así evitaremos tener que meter tubo en un accesorio que ya ha sido calentado (cosa difícil), para lo que tendremos que recalentar soldaduras ya hechas. Procediendo como se indica: soldando tramos completos, ahorraremos gas, tiempo y dificultades.

5.2.1.5. Calentamiento

Procedemos al calentamiento, que se hará normalmente con un soplete de butano.

La llama debe proyectarse a lo largo de la zona de coincidencia del tubo y el accesorio con un movimiento de vaivén sobre todo el diámetro, nunca concentrada en un solo punto para evitar así un calentamiento excesivo que provocaría una soldadura defectuosa y nos obligaría a reiniciar el proceso. En tubos de poco diámetro esta precaución no es necesaria porque el penacho del soplete rodea toda la zona de soldeo.

5.2.1.6. Aplicación de la soldadura

La temperatura idónea nos la indica el decapante, que va adquiriendo un color tostado y además refluye de dentro hacia fuera burbujeando. Cuando se llega a este punto, se aparta levemente el foco de calor del soplete de la zona y se procede a fundir la varilla introduciéndola hasta que veamos que todo el perímetro del tubo está lleno de estaño, o sea, que la unión está «coronada» por un cordón uniforme de estaño (Figura 5.7). Esta condición la facilita el efecto de capilaridad que asegura el llenado del intersticio en su totalidad, independientemente de la posición de los tubos.

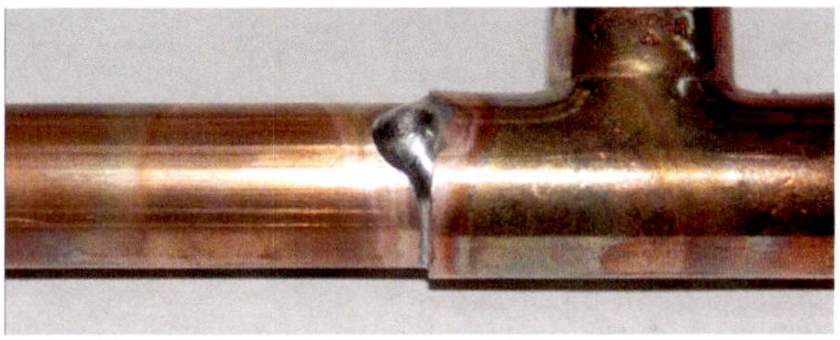

Figura 5.7. Aspecto que debe tener una soldadura correctamente ejecutada, vista por debajo.

Es muy importante no aplicar calor directo en la unión mientras estamos introduciendo el estaño, porque el estaño se tiene que fundir por efecto de la temperatura adquirida por el metal de la unión tubo-accesorio. Así se garantiza que está a la temperatura idónea, ya que al contrario podemos fundir el estaño con el calor del soplete y caer encima, depositándose, pero no fluyendo adecuadamente como se ha descrito, dando como resultado una «pegadura incorrecta».

¡TOMA NOTA!

Si prolongamos la aplicación del calor y nos excedemos, probablemente el decapante se evaporará, el metal se recalentará y nos impedirá la soldadura, con el agravante de que esa zona a veces es irrecuperable y hay que sanear y comenzar de nuevo.

5.2.1.7. Enfriamiento de la soldadura

En una soldadura intervienen tres materiales con diferentes temperaturas de fusión: cobre, decapante y material de aportación, es por ello que hay que esperar un tiempo prudencial para que se enfrié a temperatura ambiente. Posteriormente, pasado al menos medio minuto, podemos aplicar un trapo húmedo a fin de enfriar la zona y de paso «lavar» la soldadura para evitar que, por efecto de los residuos del decapante, con el tiempo, sufra corrosión la zona afectada.

Figura 5.8. Consecuencias de no haber lavado una soldadura cuando se realizó.

¡OJO CON ESTO!

Tampoco es conveniente enfriar bruscamente con agua porque provocará grietas en la soldadura y será una soldadura defectuosa a pesar de tener apariencia válida.

5.3. Soldadura capilar fuerte

Técnica metalúrgica de unión de dos o más piezas metálicas mediante un metal de aportación de un punto de fusión inferior al metal base y superior a 450 °C. El metal de aportación en estado líquido penetra en el interior de la junta por capilaridad.

Se utiliza en instalaciones en las que las uniones soldadas deban soportar elevados esfuerzos mecánicos, como instalaciones de transportes de fluidos a alta presión o donde deban soportar temperaturas máximas de servicio comprendidas entre 125 y 175 °C, o cuando la dirección técnica u organismo oficial así lo determine.

5.3.1. Proceso que hay que seguir para la soldadura capilar fuerte

Para obtener un buen resultado en la ejecución de la soldadura fuerte conviene observar las siguientes recomendaciones: las operaciones de corte a medida, desbarbado, recalibrado y limpieza se realizarán de forma similar a la indicada para la soldadura blanda, el resto de operaciones, en cambio, sí tienen diferencias importantes:

- Aplicación de fundente en el momento del soldeo.
- Soplete de mayor poder calorífico.
- Continuidad de la aportación de calor hasta finalizar.

5.3.1.1. Aplicación del fundente

La función principal del fundente es bajar el punto de fusión de los óxidos metálicos para facilitar el soldeo.

Se lleva a cabo en el momento preciso de realizar la soldadura por lo que no hay que «embadurnarse» en el montaje de los tubos con la aplicación del mismo como en la soldadura blanda. Generalmente, se aplica «untando» la varilla de metal de aportación, previamente calentada, en el polvo fundente quedando adherido a esta. También existen en el mercado varillas que ya contienen dicho elemento. El fundente suele ser a base de bórax (mezcla de cloruro de bórax y amonio) con distintos nombres comerciales y pequeñas variables según el fabricante y aplicaciones concretas. En la Figura 5.9 y en la Tabla 5.2 se ven y relacionan las características de fundentes de la marca MEDASA.

Tabla 5.2. Algunos decapantes específicos utilizados en soldadura fuerte

Referencia	Metal base	Soldadura	Norma DIN 8511	Int. de fusión
Platexflux	Cobre, aleaciones de cobre	Cobre-fósforo	F-SH 1	500-800 °C
Líquido flux-7				
Platexflux-A Platexflux-C	Cobre, aleaciones de cobre, acero, níquel y sus aleaciones	Plata		

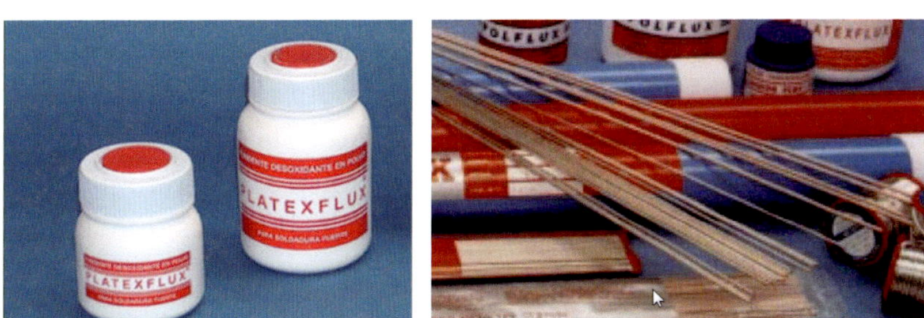

Figura 5.9. Decapantes y varillas usados en soldadura fuerte.

5.3.1.2. Calentamiento

Una vez realizado el montaje de la unión, de la misma forma que utilizamos para la soldadura blanda, se procede al calentamiento.

Para conseguir que las piezas obtengan la temperatura de fusión del metal de aportación es necesario utilizar un soplete con mayor poder calorífico que el clásico soplete de butano, se puede emplear el mismo soplete, pero con propano, que sí puede llegar a la temperatura óptima de soldeo sin grandes dificultades o con los sopletes de usar y tirar que dan una temperatura suficiente, aunque lo más habitual es utilizar los equipos de oxígeno-gas, con gas butano o propano.

¡ATENCIÓN!

¡NO UTILIZAR EQUIPOS DE OXIACETILÉNICA PARA SOLDAR COBRE! porque bajo ciertas condiciones el acetileno formará compuestos (acetiluros de cobre), que son extremadamente inestables y explosivos.

Tabla 5.3. Algunos metales de aportación para soldadura de cobre-fósforo-plata

Aleación	Composición %			Intervalo de fusión		Temp. de trabajo
	Ag	Cu	Otros	Sólidos	Líquidos	
Platex F-Ag-150	15	80	5 P	650 ºC	800 ºC	710 ºC
Platex F-Ag-50	5	89	6 P	650 ºC	800 ºC	710 ºC
Platex F-Ag-20	2	92	6,5 P	650 ºC	820 ºC	710 ºC

5.3.1.3. Aplicación del metal

Los metales de aportación vienen en formato varilla de 2 mm más o menos, con aleaciones variables según la soldadura requerida (véase Tabla 5.3). Actualmente, el cobre se suelda para usos normales de calefacción con varillas de cobre fosfórico, que dan muy buen resultado, no necesitando en la mayoría de los casos fundente, aunque generalmente se utiliza porque facilita la penetrabilidad del metal, o dicho de otra forma, favorece la capilaridad, si bien hay que advertir que en caso de soldaduras con metales base diferentes, como las habituales cobre-latón o cobre-bronce, sí es necesario aplicar fundente.

Para soldaduras más comprometidas, como en gas y aire acondicionado, se utilizan varillas de cobre-plata, más caras, pero aportan mejores cualidades a la soldadura.

Procederemos a calentar toda la zona de soldadura y cuando se consiga el color rojo cereza, sin retirar la llama, aproximamos la varilla de metal imprimiendo movimientos «profesionales» a fin de facilitar la introducción del mismo en los intersticios de los tubos (véase Figura 5.10).

Cuando se haya terminado el soldeo, en esta soldadura a diferencia de la blanda, sí podemos enfriar con agua sin esperar, como recomendábamos en aquella. Con este enfriamiento en agua favorecemos el desprendimiento de la costra formada por el fundente vitrificado y así evitamos el fenómeno que describimos en la siguiente nota.

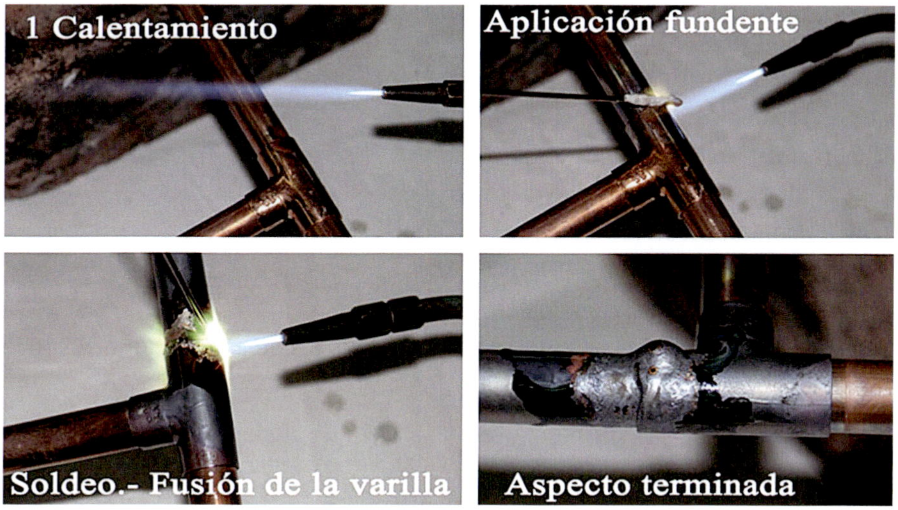

Figura 5.10. Proceso de la soldadura fuerte del cobre con cobre fosfórico.

¡OJO CON ESTO!

En este tipo de soldadura ocurre a veces un fenómeno curioso con el fundente. Este fundente tiene la peculiaridad de que a veces nos puede «ocultar» un fallo en la soldadura porque se cristaliza en la parte baja del tubo formando una gota muy dura que tapa posibles pequeños «avisperos». Esta gota de fundente cristalizado resiste incluso las presiones de prueba de la instalación, pero con los días y la humedad se va disolviendo y no es raro que «inexplicablemente» aparezcan fugas donde en principio no las había.

En este tipo de soldaduras, el fuerte calentamiento y enfriamiento posterior produce en los tubos de cobre un recocido enérgico, con el que hay que contar, porque supone un ablandamiento de la zona calentada y, por lo tanto, de la unión.

Cuanto más bajo sea el punto de fusión del metal de aportación, menor será este recocido.

5.4. Sopletes convencionales y por oxi-gas

El soplete

La soldadura es un sistema de unión de los más utilizados tradicionalmente por los profesionales de la fontanería. Para llevarla a cabo es imprescindible una fuente de calor portátil, que además sirva para otras funciones como «des-soldar», calentar algunos termoplásticos como el PVC para darles forma, hacer emboquillados, «arañas», tapones, etc. Esta fuente de calor ha ido evolucionando con los tiempos, desde la ya romántica «candileja» (Figura 5.11) hasta los modernos sopletes con carga de gas desechable actuales. A todos estos utensilios que proporcionan calor los conocemos con el nombre genérico de soplete.

Figura 5.11. Candileja de gasolina.

Actualmente se utilizan varios tipos:

- Soplete de butano.
- Sopletes de botellas y cartuchos desechables.
- El equipo de oxi-gas.

5.4.1. Soplete de butano

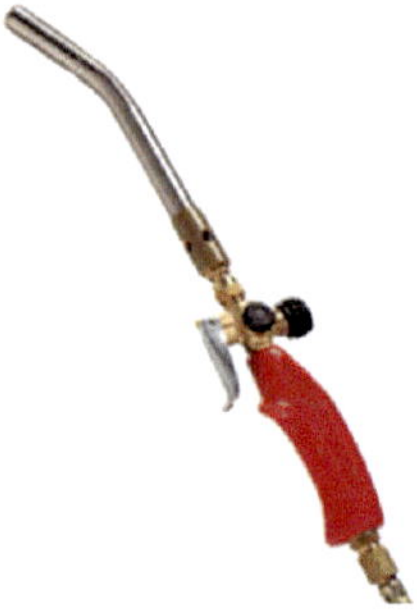

Es el más utilizado por su versatilidad y poco peso. Está compuesto de una bombona de las del tipo azul y un soplete que toma el oxígeno del aire por unas toberas laterales para realizar la combustión. Proporciona suficiente temperatura para realizar uniones con soldadura blanda (Figura 5.12).

Figura 5.12. Equipo con bombona azul de gas y soplete.

5.4.2. Sopletes de botellas y cartuchos desechables

Estos sopletes son muy prácticos para pequeñas reparaciones por su poco volumen y eficacia. Existe una gran variedad de ellos en el mercado con un rango de temperaturas muy altas. Con los de acetileno se consiguen temperaturas de hasta 2500 ºC lo que les hace muy útiles para soldadura fuerte (Figura 5.13).

Figura 5.13. Sopletes de cartuchos desechables.

Con todos estos sopletes es recomendable seguir al pie de la letra las instrucciones de utilización, ajuste y montaje del fabricante, ya que utilizan gases cuya manipulación es siempre un factor de riesgo, además emiten humos y residuos de la combustión que hay que ventilar, especialmente en sitios cerrados, sin olvidar poner todos los cuidados en la manipulación de la llama por su peligro de quemaduras y el riesgo potencial de provocar incendios.

5.4.3. Equipo de oxi-gas

Es un conjunto de dispositivos utilizado para el calentamiento de piezas en el proceso de soldeo, y consta generalmente de los siguientes elementos (Figura 5.14):

- Carro porta bombonas.
- Bombonas o cilindros.
- Mangueras.
- Soplete.
- Manorreductores.
- Elementos de seguridad.

Figura 5.14. Equipo de soldadura oxi-gas.

Carro portabombonas

Son soportes que acogen todos los elementos del equipo y están dotados de ruedas para su manipulación y transporte. Está prohibido el transporte de bombonas de gas «a mano», debe hacerse por medio de estos carritos.

Bombonas o cilindros

Son los envases que contienen los gases, tanto el oxígeno como el gas combustible. Son cilindros de acero con una válvula de carga y descarga, y las protecciones necesarias para su manipulación. Son elementos sensibles y peligrosos, por lo que hay que observar todas las medidas de seguridad que establezcan los fabricantes y las normas de protección y seguridad en el trabajo.

El oxígeno

Es un gas que se encuentra en el aire en una proporción de un 20 % aproximadamente, junto a otros gases como el nitrógeno, helio, argón, etcétera.

Se separa del aire por licuefacción y destilación fraccionada y se almacena en cilindros o botellas a gran presión, unos 150/200 kp/cm^2.

De las incontables propiedades del oxígeno, una de las más importantes es que es imprescindible en todo proceso de combustión como *comburente,* debido a que en su seno arden todos los demás elementos llamados *combustibles.*

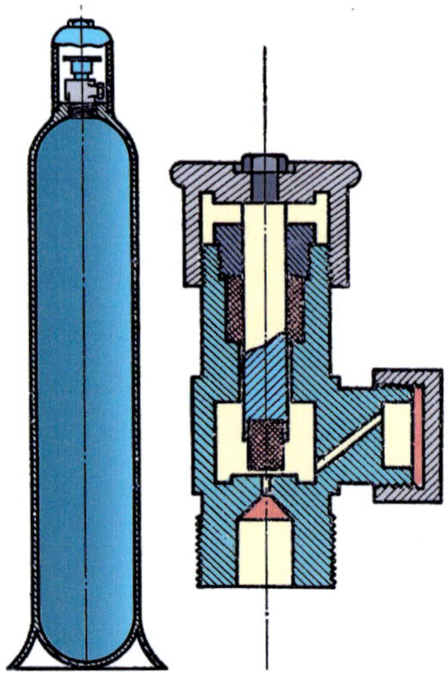

Figura 5.15. Bombona y válvula.

Esta propiedad se aprovecha en soldadura para proporcionar la llama de soldeo, bien tomándolo directamente del aire como en los clásicos sopletes de butano para soldadura blanda o envasado en las citadas botellas a presión para los equipos de oxi-gas (Figura 5.15).

Cuando utilizamos solo el oxígeno del aire, caso de los sopletes de soldadura blanda, la limitación en la temperatura la decide ese 20 % de oxígeno del aire, es decir, llega un momento en que la llama no da más temperatura, aunque abramos más el gas, porque ya no hay más oxígeno disponible. En cambio, al utilizar el oxígeno canalizado a presión a través de las mangueras, y mezclado en el soplete con el gas combustible (acetileno, gas natural, propano o butano) se pueden conseguir temperaturas más elevadas, puesto que aquí sí disponemos de todo el oxígeno que precisemos. Este es el motivo por el cual se utilizan los equipos oxi-gas para soldaduras cuya temperatura necesaria es mayor, caso de la fuerte en donde necesitamos 800/1000 °C.

¡ATENCIÓN!

El oxígeno puede reaccionar peligrosamente al contactar con todo tipo de aceites y grasas, y aunque no explota espontáneamente por contacto sí lo hace en presencia de una fuente de calor o llama. Por lo que hay que tomar precauciones en su manipulación evitando manos o trapos grasientos.

El butano

El butano comercial es un gas licuado obtenido por destilación del petróleo, compuesto principalmente por butano normal (60 %), propano (9 %), isobutano (30 %) y etano (1 %).

La aplicación más usual para los equipos de soldadura consiste en las conocidas bombonas azules (véase Figura 5.12). También existen bombonas de propano con un poder calorífico superior.

Mangueras

Son las canalizaciones que transportan los gases desde las bombonas hasta el soplete. Deben ser flexibles y resistentes. Se hacen de gomas especiales reforzadas con tejidos para hacerlas resistentes tanto a la presión como a la abrasión mecánica a que son sometidas durante el trabajo. Han de estar siempre visibles y bien extendidas para evitar cizalladuras ocasionales con los múltiples elementos metálicos y cerámicos existentes en todas las obras.

El soplete oxi-gas

Es el elemento donde se lleva a cabo la mezcla de los gases y se realiza la combustión de los mismos. Están construidos generalmente de latón o bronce, que es un material de gran resistencia mecánica y a la oxidación (Figura 5.16). Consta de dos partes bien diferenciadas:

- Mango. Que sirve para su manejo y además aloja las canalizaciones y válvulas de cierre de gases. En su extremo lleva el inyector o boquilla de presión.

- Lanza. Es un tubo que se monta mediante la tuerca de acoplamiento al mango y en ella se realiza la mezcla de los gases, por efecto Venturi, y lleva adosada la boquilla. Esta se monta roscada en el extremo de la lanza, suele ser de cobre que, como es sabido, es un metal con una alta conductibilidad térmica que facilita la disipación de las altas temperaturas que se dan en esa zona del soplete. Son intercambiables, con orificio de salida de distintos diámetros, determinando así la potencia del soplete, que se traduce en el consumo de gas combustible en litros/hora.

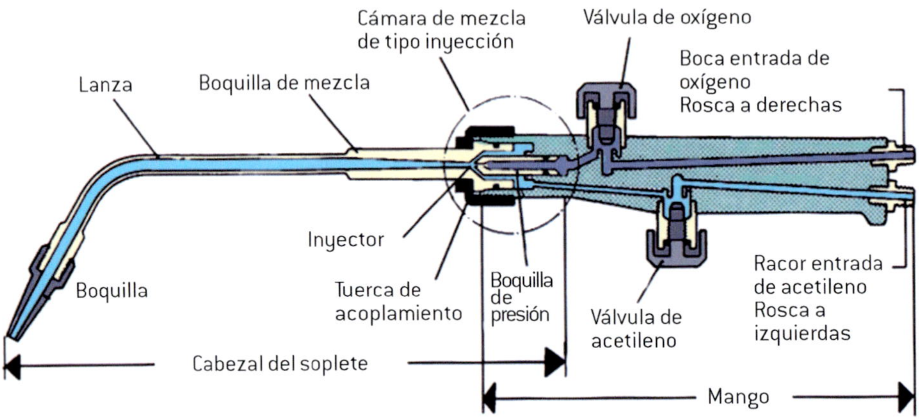

SOPLETE

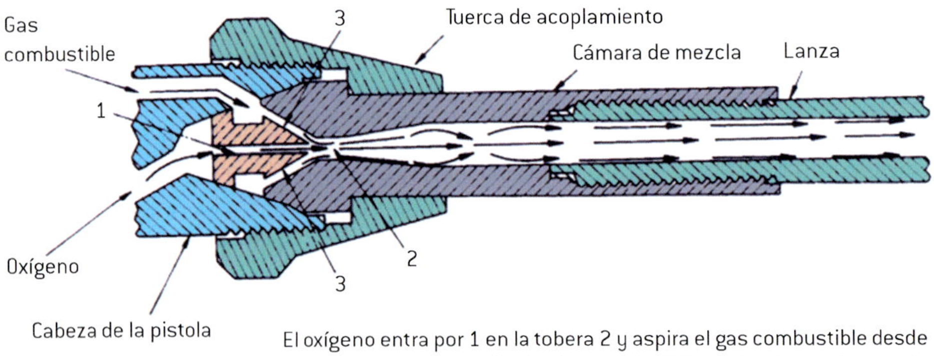

El oxígeno entra por 1 en la tobera 2 y aspira el gas combustible desde un número determinado de entradas 3 hacia la cámara de mezcla.

Figura 5.16. Esquema de funcionamiento de un soplete oxi-gas.

Llama

Como se ha dicho, la mezcla de gases proporciona una llama que dependiendo del combustible puede alcanzar una temperatura de hasta los 3800 ºC que se consiguen con el acetileno.

En la referida llama podemos distinguir dos zonas perfectamente identificables (Figura 5.17): una de un color azul intenso y de una longitud variable, dependiendo de la potencia del soplete entre 6 y 25 mm, llamada **dardo**, y otra más larga que envuelve a la anterior con un color amarillento, llamada **penacho**. La máxima temperatura se obtiene a unos 3-5 mm de la punta del dardo.

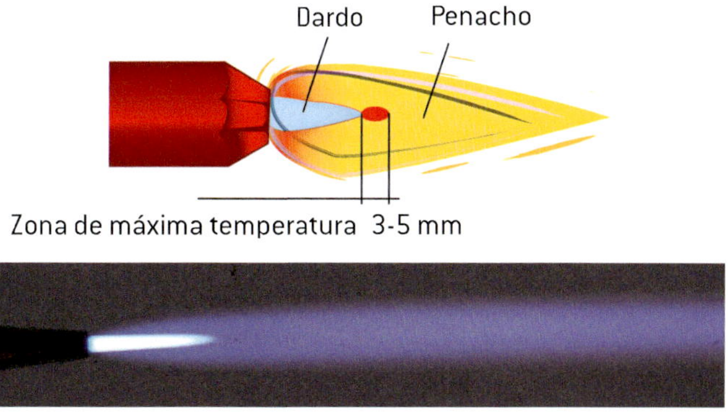

Figura 5.17. Zonas de la llama y fotografía de una llama neutra.

Dependiendo del ajuste de gases, se pueden obtener tres tipos de llama (Figura 5.18):

- **Carburante.** Es una llama con exceso de gas combustible, blanda, poco definida. Aporta a los metales soldados un exceso de carbono que la hace inapropiada para la mayoría de los procedimientos de soldeo, excepto para el aluminio y fundición.
- **Neutra.** Es una llama equilibrada con una proporción similar de gases comburente y combustible, bien definidas las zonas, no aporta materias nocivas para los metales soldados y, por ello, es la más adecuada para la mayoría de soldaduras, sobre todo para la soldadura fuerte del cobre-fosfórico y plata.
- **Oxidante.** Es una llama con exceso de oxígeno, con el dardo muy afilado y corto, muy ruidosa, corrosiva, agresiva y reductora, por lo que es muy fácil perforar los tubos o metales que se van a soldar. Por ello no es apropiada para soldar, con excepción de cuando se suelda latón, metal para el que sí es correcta.

Figura 5.18. Tipos de llama.

Manorreductores

Son los mecanismos encargados de proporcionar los gases a la presión y caudal adecuados, siendo, ambos valores, regulables a voluntad (Figura 5.19).

Constan de una carcasa, donde se alojan dos cámaras separadas por una válvula de cierre unida a una membrana en equilibrio entre dos muelles y un tornillo de accionamiento que es el que nos permite regular a voluntad la presión de uso del gas, en este caso, el oxígeno que taramos está a unos 2,5 kp/cm^2.

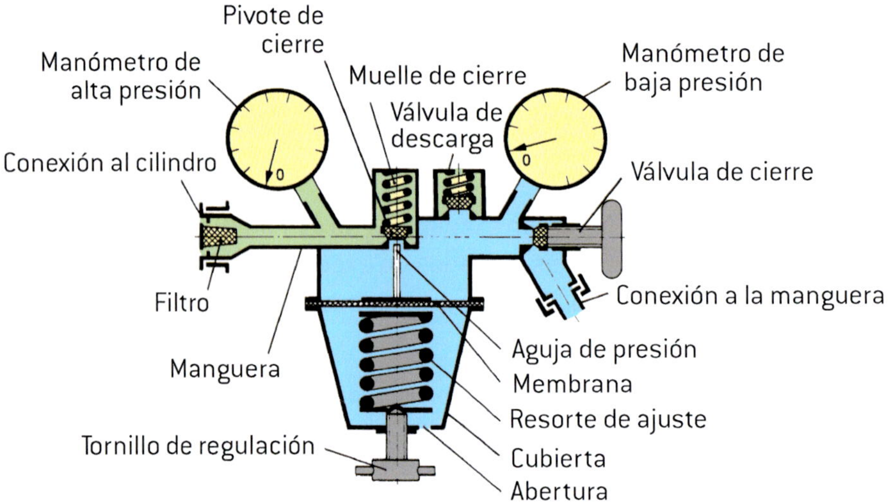

Figura 5.19. Esquema de un manorreductor.

Montan dos manómetros, uno de alta y otro de baja. Suelen ser de los de acción directa (de tipo abierto), en los que un tubo de sección plana (tubo de Bourdon), accionado por la presión, se endereza y por medio de un sistema de amplificación mecánica accionan la aguja indicadora.

Los manómetros son dispositivos de precisión, y como tal deben ser tratados. Una avería muy común es la deformación permanente del tubo de Bourdon debido a los golpes de presión provocados por la inadecuada manipulación en la apertura y cierre del equipo.

Elementos de seguridad

Todos los equipos deben estar dotados de elementos de seguridad contra retrocesos.

La llama del soplete se mantiene en equilibrio en la boquilla cuando la velocidad de la mezcla saliente iguale a la velocidad de propagación de la llama, de forma que cualquier interrupción en el suministro disminuirá la velocidad de salida y ocasionará peligro de que aparezca el fenómeno de retroceso, bien sea del oxígeno o de la propia llama hacia la bombona de gas, con el consiguiente peligro de explosión de las mangueras, la propia bombona o el resto de elementos.

Para evitar este peligro existen las válvulas antirretroceso (Figura 5.20) que constan de una serie de elementos combinados por el fabricante, según del gas que se trate, y están compuestas esencialmente por:

- Una válvula antirretroceso, que permite el paso de gas en un solo sentido.
- Una placa de metal sinterizado poroso, que apaga la llama en retroceso.
- Una válvula de corte térmico, que se cierra al detectar aumento de temperatura.

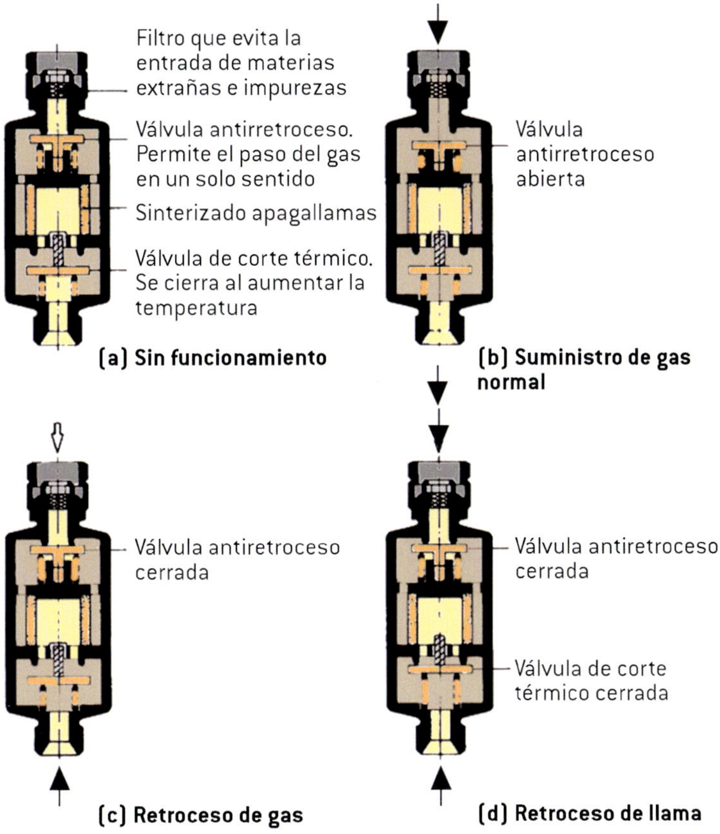

Figura 5.20. Esquema de un manorreductor.

Las válvulas antiretroceso deben situarse a la salida de los manorreductores, o, mejor aún, a la entrada del soplete, en las propias mangueras, si esto no es un obstáculo para el manejo de los mismos. Las válvulas tienen, además de un color que las identifica (**rojo** para el gas y **azul** para el oxígeno), una posición determinada por una flecha que indica la trayectoria del gas.

Algunas precauciones básicas

- Limpiar periódicamente las toberas del soplete, pues la suciedad acumulada facilita el retorno de la llama. Para limpiar las toberas se puede utilizar una aguja de latón.
- Las mangueras no deben dejarse enrolladas sobre las ojivas de las botellas. Ni colgar nunca el soplete en las botellas, ni siquiera apagado.
- No se debe trabajar con las mangueras situadas sobre los hombros o entre las piernas.
- Antes de colocar el manorreductor, debe purgarse el grifo de la botella de oxígeno, abriendo un cuarto de vuelta y cerrando a la mayor brevedad para expulsar posibles partículas adheridas que perjudicarían los manorreductores.

5.4.3.1. Manejo del equipo

Debemos colocar el mismo alejado lo más posible del puesto de trabajo y fuera de la trayectoria de manipulación del soplete, para lo cual las mangueras deben estar estiradas, pero no tensas para que no ejerzan tiro sobre el correcto manejo del soplete. A continuación, comprobaremos que el mando o tornillo de regulación está completamente flojo y los manómetros marcando cero como en la Figura 5.19.

Una vez comprobado esto, procederemos a abrir lentamente la válvula de la botella de oxígeno, comprobando con el manómetro de alta el estado de carga de la botella, a continuación, con suavidad, iremos apretando el mando de regulación hasta conseguir la presión de utilización de soldeo, unos 2,5 kp/cm^2.

Por último, abriremos la válvula de la botella de gas combustible (butano en este caso) y procederemos a:

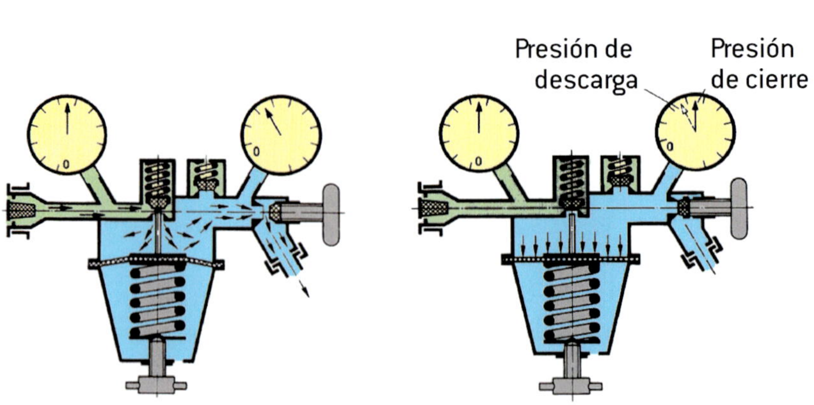

Figura 5.21. Esquema de funcionamiento de un manorreductor.

- **Encender el soplete.** Comenzamos abriendo la llave de gas del soplete (**roja**) levemente, regulando para que dicha llama no se separe de la boquilla del soplete y no emita humo (en cuyo caso, se apagará al abrir el oxígeno), en esta situación abriremos el oxígeno (**azul o verde**) hasta conseguir una llama apropiada a la soldadura que se va a efectuar, según se muestra en la Figura 5.18. En la mayoría de los casos debe ser neutra, aunque debemos mirar las indicaciones del metal de aportación, en cuyo envase nos dice la llama apropiada.
- **Apagar el soplete.** El soplete se apaga cerrando el gas combustible y, a continuación, el oxígeno. A veces es conveniente dar un golpe de oxígeno para que arrastre posibles restos de llama camuflados en la boquilla que pueden originar accidentes.
- **Recoger el equipo.** Cuando terminemos de soldar se pueden dar dos situaciones: que el cierre sea momentáneo, en cuyo caso bastará con apagar el soplete y cerrar la válvula de cierre del manorreductor, o que sea un cierre de fin de trabajo o jornada, en el que actuaremos obligatoriamente apagando el soplete y, a continuación, cerrando las llaves de ambas botellas.

5.5. Soldadura de las tuberías de acero

Como se hacía referencia en el Apartado 5.1.1.3, una de las formas de unión de las tuberías de acero es la soldadura directa de las mismas, mediante sopletes oxiacetilénicos o por soldadura eléctrica por arco. Ambos procedimientos consiguen la unión por fusión de los tubos en la zona de soldadura con la aportación de un metal de soldeo, varilla de hierro en el primer caso y electrodo de acero en el segundo.

Las tuberías son de acero sin protección, es decir, desnudas, son las de acero llamado negro.

5.5.1. Soldadura oxiacetilénica

La soldadura oxiacetilénica es un proceso de soldadura por fusión que utiliza el calor producido por una llama, obtenida por la combustión del gas acetileno con el oxígeno, para fundir bien el metal base y el de aportación si se emplea.

Para conseguir la combustión es necesario el empleo de dos gases: combustible y comburente.

El primero es el que arde en la combustión y el segundo es el que hace arder al primero, o dicho de otra forma: «el combustible arde en el seno del comburente». Para que haya combustión los dos son imprescindibles.

Los gases combustibles son el propano, metano, butano, etc., aunque en el proceso que estamos tratando empleamos el acetileno.

El gas comburente, en este caso, es el oxígeno puro descrito en el punto 5.4.3.

5.5.1.1. Equipo oxiacetilénico

El equipo está formado como los descritos en el Apartado 5.2.1.3 como un equipo oxi-gas más, con la diferencia de que aquí la bombona de gas combustible es de acetileno y el resto del equipo: soplete, mangueras, manorreductores, etc., son especiales para un equipo oxiacetilénico.

Acetileno (C_2H_2)

Es el más importante de los hidrocarburos gaseosos y como combustible es el elemento más valioso. Es una composición química de carbono e hidrógeno (2 partes de carbono por 2 de hidrógeno).

El acetileno se produce al ocurrir la reacción del agua con carburo de calcio. El carburo de calcio se obtiene de hornos eléctricos mediante la reducción de la cal viva con carbono.

Características

El acetileno es un gas incoloro e insípido, aunque como a otros gases se les añade un olor para detectar fugas, etcétera.

Su potencia calorífica es de 13 600 kcal/m^3.

Dentro de sus varias propiedades, posee una gran inestabilidad y bajo la acción del calor o de la presión, puede descomponerse espontáneamente en sus dos elementos, carbono e hidrógeno, produciendo una explosión.

Se manufactura en bombonas de acero, disuelto en acetona, similares a las de oxígeno.

5.5.2. Soldadura eléctrica por arco

5.5.2.1. Descripción del proceso

El soldeo por arco con electrodo revestido es un proceso en el que la fusión del metal se produce gracias al calor generado por un arco eléctrico establecido entre el extremo de un electrodo revestido y el metal base de una unión que se va a soldar.

El material de aportación se obtiene por la fusión del electrodo en forma de pequeñas gotas. La protección se obtiene por la descomposición del revestimiento en forma de gases y de escoria líquida que flota sobre el baño de fusión y, posteriormente, solidifica.

5.5.2.2. Aplicaciones

El soldeo por arco con electrodos revestidos es uno de los procesos de mayor utilización debido a su gran versatilidad y posibilidades de utilización.

El proceso es aplicable a aceros al carbono, aceros aleados, inoxidables, fundiciones y metales no férreos como aluminio, cobre, níquel y sus aleaciones.

Los sectores de mayor aplicación son la construcción, montajes, mantenimientos industriales, trabajos de campo y usos particulares.

5.5.2.3. Selección del tipo de corriente

El soldeo por arco con electrodos revestidos puede realizarse tanto en corriente alterna (CA) como en corriente continua (CC). La elección del tipo de corriente dependerá del tipo de equipo disponible, del electrodo que se debe utilizar y del material a ser soldado (Figura 5.22).

Polaridad inversa: pinza portaelectrodos conectada al polo positivo (+) y pinza de masa al negativo (−).

Polaridad directa: pinza portaelectrodo al polo negativo (−) y pinza de masa al positivo (+).

La utilización de una u otra opción dependerá de las especificaciones técnicas de cada tipo de electrodo que utilicemos.

5.5.2.4. Equipo de soldadura

El equipo que se utiliza en el proceso de soldadura es una fuente de energía que modifica los parámetros que tenemos en la red (ej.: 230 V 50 Hz) a los necesarios para que un electrodo se funda correcta y homogéneamente.

Transformadores: modifican los parámetros voltaje (V) e intensidad (A), pero continúa suministrando corriente alterna (CA).

Rectificadores – Inverter: consumen corriente alterna y, a la vez que modifican los parámetros voltaje (V) e intensidad (A), también rectifican la corriente que pasa de corriente alterna (CA) a corriente continua (CC).

Pinza portaelectrodos

Tiene la misión de conducir la electricidad al electrodo y sujetarlo. Para evitar un sobrecalentamiento en las mordazas, estas deben mantenerse en perfecto estado; un sobrecalentamiento se traduciría en una disminución de la calidad y dificultaría la ejecución del soldeo. Se debe seleccionar siempre el portaelectrodos en función del electrodo que se va a utilizar y la intensidad de soldadura.

Pinza de masa

La conexión correcta de la pinza de masa es una consideración de importancia. La situación del cable es de especial relevancia en el soldeo. Un cable mal sujeto no proporcionará un contacto eléctrico consistente y la conexión se calentará, pudiendo producirse una interrupción en el circuito y la desaparición del arco.

La zona de contacto de la pinza de masa debe estar totalmente limpia sin substancias que puedan dificultar su correcto contacto, como pinturas, barnices, aceites...

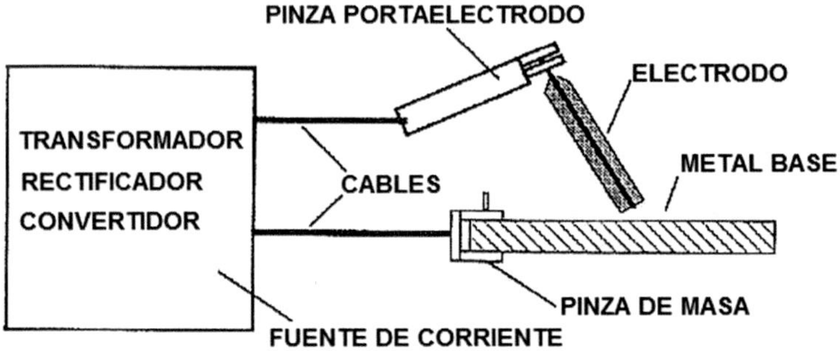

Figura 5.22. Esquema de conexiones eléctricas de un equipo de soldadura por arco.

Electrodo

El elemento fundamental de este proceso es el electrodo, que establece el arco, protege el baño de fusión y que, al consumirse, produce la aportación de material que, unido al material fundido del metal base, va a constituir la soldadura.

Los electrodos tienen diámetros normalizados, siendo los más comunes los de 1,6 mm; 2,0 mm; 2,5 mm; 3,25 mm; 4,0 mm; 5 mm...

Por otro lado, las longitudes más comunes son 150, 200, 250, 300, 350 y 450 mm.

En general, se deberá seleccionar el mayor diámetro posible que asegure los requisitos de aporte térmico y que permita su fácil utilización, en función de la posición, el espesor del material y el tipo de unión, que son los parámetros de los que depende la selección del diámetro del electrodo. Por lo general, las intensidades de soldadura serían:

Tabla 5.4. Diámetro de electrodos y intensidades de soldadura

Diámetro electrodo	Corriente de soldadura
1,6 mm	40-60 A
2,0 mm	60-80 A
2,5 mm	70-90 A
3,25 mm	90-130 A
4,0 mm	130-160 A

Los electrodos de mayor diámetro se seleccionan para el soldeo de materiales de gran espesor y para el soldeo en posición plana.

En el soldeo en posición cornisa, vertical y bajo techo, el baño de fusión tiende a caer por efecto de la gravedad, este efecto es tanto más acusado, y tanto más difícil de mantener el baño en su sitio, cuanto mayor es el volumen de este, es decir, cuanto mayor es el diámetro del electrodo, por lo que en estas posiciones convendrá utilizar electrodos de menor diámetro y, por lo tanto, corrientes de soldadura menores (Tabla 5.4).

Hay una gran variedad de tipos de electrodos, según sus usos y características. En la Tabla 5.5 vemos algunos de los más utilizados.

Tabla 5.5. Tipos de electrodos

Electrodos	Características
Rutilo	La escoria, compuesta por óxido de titanio, es muy densa y viscosa. Estos electrodos son de fácil cebado y manejo del arco. Fusión suave. Cordón de soldadura muy regular y de muy buen aspecto. Especialmente indicado para posiciones difíciles. Se trata del electrodo más comúnmente utilizado. Se utiliza sobre todo para soldar acero.
Básicos	Escoria densa de aspecto brillante y no muy abundante. El metal de soldadura es muy resistente a la fisuración. Muy utilizado en soldaduras de responsabilidad, grandes espesores, estructuras rígidas. Su manejo es algo dificultoso por lo que se recomienda utilizar equipos de corriente continua (CC).
Celulósicos	La escoria está formada por sustancias orgánicas que generan gran cantidad de gases. Estos gases proporcionan un gran recubrimiento al baño de fusión proporcionando gran penetración al proceso. Su aplicación se basa, sobre todo, al soldeo de tuberías en vertical descendente. Normalmente, precisan corriente continua y polaridad directa.
Ácidos	Son unos electrodos de velocidad de fusión elevada y de gran penetración. Se utilizan con metales base con buena soldabilidad, contenidos muy bajos de azufre, fósforo y carbono. Especialmente indicados para posición plana.

5.5.2.5. Principios del proceso

El proceso de la soldadura manual por arco eléctrico con electrodo revestido (SMAW, del inglés *Shielded Metal Arc Welding*) comienza con el cebado o establecimiento del arco entre el extremo del electrodo y la pieza que se va a soldar.

Una vez conseguido el mantenimiento y estabilización del arco, el calor generado funde el revestimiento y la varilla metálica del electrodo, a la vez que la combustión del revestimiento sirve para originar una atmósfera protectora que impide la contaminación del material fundido (Figura 5.23).

Así, las gotas de metal fundido procedentes de la varilla metálica del electrodo van a depositarse en el baño de fusión rodeadas de escoria. Esta escoria, por efecto de la viscosidad, flota en el baño protegiéndolo contra un enfriamiento rápido y de la contaminación del aire circundante.

Una vez frío el cordón, se procede a eliminar esta escoria que queda como una especie de costra en la superficie del cordón.

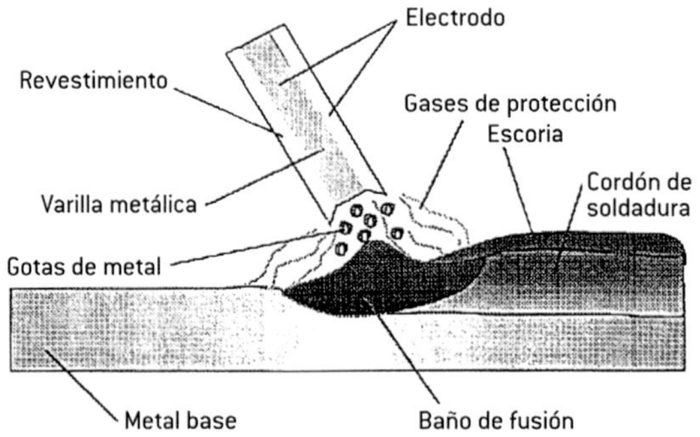

Figura 5.23. Esquema de elementos en la soldadura por arco.

5.6. Soldadura química

Por soldadura química debemos entender aquella unión de materiales, ya sean metálicos, plásticos u otros, en los que la unión no se consigue por fusión de los mismos, sino que se consigue mediante la utilización de pegamentos o adhesivos y disolventes, que actúan químicamente sobre los materiales que se van a soldar.

Se puede definir adhesivo como aquella sustancia que aplicada entre las superficies de dos materiales permite una unión resistente a la separación.

Denominamos sustratos o adherentes a los materiales que pretendemos unir por mediación del adhesivo. El conjunto de interacciones físicas y químicas que tienen lugar en la interfase adhesivo/adherente recibe el nombre de adhesión.

5.6.1. Soldadura por disolvente

En la soldadura por disolvente se aplica un disolvente que pueda disolver temporalmente el polímero a temperatura ambiente. Cuando esto ocurre, las cadenas de polímero son libres de moverse en el líquido y pueden mezclarse con otras cadenas disueltas de manera similar en el otro componente. Pasado suficiente tiempo, el disolvente se evapora, de modo que las cadenas pierden su movilidad. Esto deja una masa sólida de cadenas de polímero entrelazadas que constituye una soldadura.

Esta técnica se utiliza comúnmente para la conexión de tuberías de PVC.

Existe una larga lista de disolventes, tales como tolueno, dicloroetano, acetona, cloroformo, acetato de butilo, ciclohexanona, etc., que por su composición química tienen la propiedad de disolver ciertos materiales plásticos.

5.6.2. El encolado

Con la técnica del encolado ocurre, como con tantas cosas, que al ser muy fácil de ejecutar lo hace cualquiera sin la más mínima cualificación profesional, e incluso muchos profesionales la «trivializan» tanto que se cometen verdaderos atropellos en el procedimiento dando como resultado uniones débiles y poco duraderas. Por ello, es necesario seguir escrupulosamente las indicaciones de los fabricantes, como se decía al inicio de este apartado. Tanto para los tubos de PVC-U como para los PVC-O, la técnica es la misma y consiste en aplicar una cola específica en las dos partes que se van a unir, macho y hembra.

La cola en realidad actúa como un disolvente superficial que permite la unión de ambas superficies.

En general, los pasos que se deben seguir son los siguientes (Figura 5.24):

1. Marcar y cortar y, al menos en los tubos de gran diámetro, limar o recortar las rebabas producidas en el corte o aserrado.
2. Ensayar la posición definitiva del montaje y realizar marcas con rotulador, tanto de la profundidad de la unión como de la posición angular de la misma.
3. Limpiar con disolvente específico para el PVC las superficies en contacto. Esta práctica en muchísimos casos se ignora, siendo la causa de uniones inadecuadas que aparentemente quedan sólidas, pero con el transcurso de los días se sueltan, debido a la interposición entre las superficies en contacto de polvo y grasas de la propia manipulación.
4. Aplicar la cola primero en la parte hembra (porque aunque se deje en cualquier sitio no se ensucia) con pinceladas longitudinales de dentro afuera,

para evitar cúmulos de cola en el interior. Seguidamente hacer lo mismo en la parte macho con pinceladas en sentido longitudinal (no girando el pincel).

5. Introducir el macho en la hembra sin girarlo hasta posicionar la unión en la forma marcada previamente.
6. Limpiar con un papel los restos exteriores de cola (que con el tiempo al estar al aire «oxidan» el tubo dándole un aspecto de «quemado» muy desagradable).

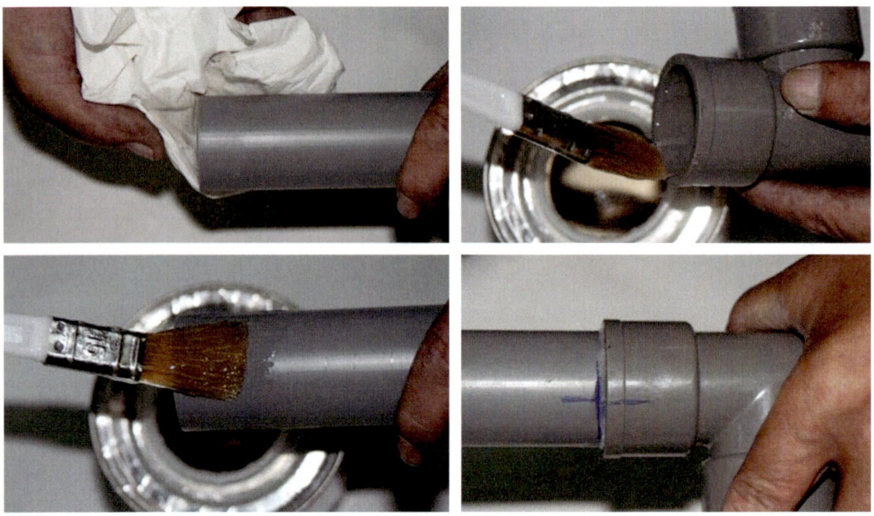

Figura 5.24. Proceso de encolado en tubería de PVC.

La parte más débil de un sistema de tuberías es la unión.

La unión química por encolado de tuberías de PVC-U es una labor sencilla que, bien ejecutada, lleva a obtener una unión extremadamente fuerte y duradera, y que requiere mayor precisión, cuanto mayor es el diámetro y la presión de la tubería que se va a unir. Un buen conocimiento del producto, de la correcta ejecución de la unión y la utilización de adhesivos de calidad son esenciales para una garantizar una unión duradera.

El adhesivo utilizado en este tipo de uniones no es un simple adhesivo o cola, ya que su trabajo consiste en disolver las superficies de unión y junto con el PVC-U contenido en el adhesivo formar una matriz de uniones de PVC-U a través de toda la interfaz. Esto solo puede ocurrir si las dos superficies están perfectamente limpias y preparadas para la unión.

Además de utilizar un adhesivo de alta calidad, también es esencial seguir estrictamente las instrucciones de aplicación y ejecución para obtener una unión correcta.

Materiales en perfecto estado

El camino hacia una unión perfecta comienza mucho antes de la ejecución de la unión. En primer lugar, el material (tubos y accesorios) debe estar en perfectas condiciones, para lo cual, debe haber sido transportado y almacenado correctamente y protegido contra inclemencias meteorológicas (extremas) para evitar su posible rotura y ovalización.

Lugar de trabajo limpio y ventilado

El lugar de trabajo debe estar limpio (sin polvo), seco y bien ventilado; y, durante el procedimiento de la unión encolada, debe controlarse la temperatura de trabajo (entre 5 y 25 °C) y la humedad (evitar la condensación).

No encolar a temperaturas inferiores a 5 °C

A bajas temperatura, el PVC se vuelve cada vez más frágil y la tendencia a agrietarse (agrietamiento por esfuerzo), bajo el efecto de los residuos de adhesivo, aumenta.

Si es absolutamente necesario pegar a bajas temperaturas, se recomienda calentar los elementos que van a pegarse y el adhesivo a una temperatura superior a los +5 °C, preferiblemente a una temperatura de entre 20 y 25 °C, antes de realizar la unión. Esto puede conseguirse utilizando aire caliente, por ejemplo. Se debe usar un equipamiento adecuado para esto (a prueba de explosión).

Utilizar un limpiador adecuado

Para garantizar que la unión química por encolado se produzca, es necesario utilizar previamente un limpiador adecuado para PVC. Este líquido nunca puede ser sustituido, ya que no solo desengrasa las superficies del adhesivo, sino que los disolventes del líquido limpiador específico penetran en el material y, como resultado, el adhesivo se adhiere mejor.

Adhesivos adecuados para distintos tipos de tubería de PVC y aplicaciones:

No todos los adhesivos de PVC son adecuados para la unión de todos los tipos de tuberías de PVC. Existen adhesivos específicos para tubos flexibles de PVC o para tubos de pared gruesa.

Asimismo, las uniones químicas por encolado con adhesivo de PVC estándar no siempre resisten productos químicos agresivos. Existen adhesivos específicos para tuberías de PVC utilizadas en la conducción de ácidos concentrados y lejías.

Es importante utilizar siempre el adhesivo adecuado y recomendado para cada tipo.

Biselar los extremos de la tubería

Cuando la tubería y el accesorio se deslizan entre sí, las capas de adhesivo, que todavía están húmedas, deben fluir, para lo cual se debe biselar la parte macho del tubo, porque si no se hace, el adhesivo será empujado por los bordes cortantes de esta (como si fuera una espátula) hacia dentro en vez de quedarse en la zona de unión. Dando como resultado riesgo de fugas y conexiones menos resistentes.

Después de realizar la unión, es posible girar un poco el tubo o accesorio para terminar de colocarla en la posición correcta. Después de esto no se debe girar la conexión ni poner el sistema en carga (sin que haya transcurrido el tiempo de secado), ya que se puede dañar la unión química.

Solo en el caso de utilizar un adhesivo específico de secado relativamente lento para sistemas de evacuación se tendrá más tiempo para recolocar la unión.

En cualquier caso, es siempre importante presentar el tubo y accesorio, y marcar la posición de encuentro de ambos elementos para introducir los elementos en su posición más ajustada a la posición final.

Respetar los tiempos de secado

Los tiempos de secado dependen del diámetro del tubo, superficie de contacto, cantidad de producto aplicado, humedad y temperatura ambiente. Se deben consultar siempre las tablas sobre las etiquetas y las fichas de producto en las que se indican los tiempos de secado en función de la temperatura, el diámetro y la presión nominal de la tubería.

A continuación, como ejemplo, se presenta la Tabla 5.6, de tiempos de secado.

Tabla 5.6. Tabla de tiempos de secado

DN	16 - 63 mm		75 - 110 mm		125 - 250 mm		16 - 250 mm
PN	10 bar	16 bar	10 bar	16 bar	10 bar	16 bar	Sin presión
5 °C-10 °C	4 horas	8 horas	8 horas	16 horas	16 horas	32 horas	2 horas
> 10 °C	2 horas	4 horas	4 horas	8 horas	8 horas	16 horas	1 hora

Estos tiempos de secado dependerán también del tipo de superficie, la cantidad de producto empleado, el nivel de humedad y la temperatura ambiente.

Nueva generación de adhesivos

La nueva generación de adhesivos para tuberías de PVC presión o evacuación no contiene tetrahidrofurano (THF) en su composición.

El THF es un disolvente utilizado comúnmente en la composición de adhesivos PVC. En diciembre de 2013, con la entrada en vigor de la modificación del reglamento europeo sobre clasificación, etiquetado y envasado de sustancias y mezclas, esta sustancia ha sido clasificada como potencialmente cancerígena, por lo que, anticipándose a esta nueva clasificación, se ha desarrollado un adhesivo de PVC gel que no contiene THF.

Este nuevo adhesivo, libre de THF, además de cumplir las especificaciones recogidas en la norma de producto (UNE-EN 14814), tiene un olor menos penetrante y ofrece unos tiempos de trabajo similares.

El adhesivo se hace transparente al secarse y los restos son fáciles de eliminar. Además, las uniones resisten una presión máxima de 16 bar.

Esta nueva generación de adhesivo PVC garantiza uniones fuertes y duraderas en sistemas de presión y evacuación.

5.7. Unión de tuberías por termofusión, mediante accesorios y sistema *pressfitting*

5.7.1. Termofusión

La termofusión es un método para unir tubos de polietileno, polipropileno, PVC y sus accesorios. La superficie de las partes que se van a unir se calientan a temperatura de fusión y se unen por aplicación de presión, bien sea manual o por con acción hidráulica, de acuerdo al tamaño de la tubería y sin usar elementos adicionales de unión. Apropiada para la unión de tuberías de la misma relación Ø/espesor, con diámetros desde 1/2" hasta 48".

Esta técnica produce una unión permanente, eficaz y es económica.

Los sistemas de unión son los siguientes:

- Por termofusión a tope con polifusores (Figura 5.29).
- Por electrofusión con manguitos electrosoldables.
- También se hacen derivaciones en asiento y soldaduras de reparación.

Sistemas de unión y accesorios

Los tubos de polietileno (PE) pueden unirse de las siguientes formas:

- Soldadura a tope por termofusión.
- Soldadura por electrofusión.
- Por accesorios mecánicos.

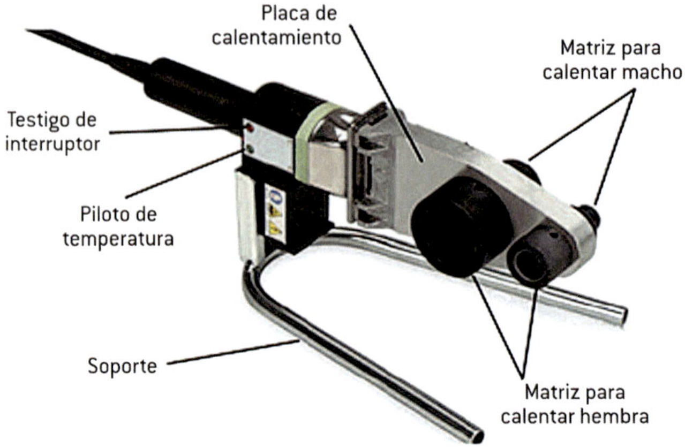

Figura 5.29. Aparato polifusor.

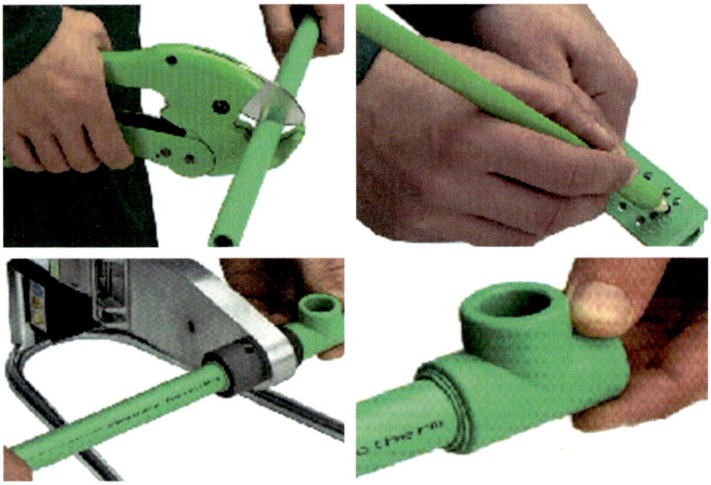

Figura 5.30. Proceso de termofusión.

Figura 5.31. Aspecto de la sección de la unión soldada.

5.7.2.1. Soldadura a tope por termofusión

Esta técnica se emplea preferentemente a partir de 90 mm de diámetro y espesores de pared superiores a 3 mm. Consiste en calentar los extremos de los tubos que se van a unir con una placa calefactora que esté a una temperatura de 210 ± 10 °C y, a continuación, comunicar una determinada presión previamente tabulada (Figura 5.32).

Figura 5.32. Polietileno en el momento de unir las caras fundidas y presionar.

Este sistema es utilizado para la soldadura de grandes diámetros en tuberías de abastecimiento (Figura 5.33).

Figura 5.33. Grandes tuberías de abastecimiento unidas por termofusión.

5.7.2. Soldadura por electrofusión

Consiste en la unión de tuberías y accesorios mediante el empleo de accesorios electrosoldables. Estos accesorios tienen incorporado en su interior un filamento eléctrico, el cual, conectado a una tensión eléctrica durante un tiempo determinado, genera un calentamiento a una temperatura que provoca su fusión y permite que los elementos que se van a unir queden soldados.

Para llevar a cabo este tipo de unión, se utilizan unos accesorios que traen un arrollamiento metálico incluido, con dos terminales en sus extremos para meterles corriente eléctrica de baja tensión (24-40 V), que por efecto Joule fundirán las superficies y se soldarán. Una vez introducidos los tubos en el accesorio se conectan los bornes a la corriente y, transcurrido un tiempo tabulado o «leído» por un lector con código de barras, se realiza la unión. Es un sistema muy fiable, aunque caro, pero la mayoría de las tuberías enterradas actualmente se ensamblan por este procedimiento, para el que se requiere capacitación técnica acreditada mediante cursillos proporcionados por los fabricantes supervisados por el Ministerio de Industria y Turismo (véase Figura 5.34).

Figura 5.34. Soldadura por electrofusión del polietileno.

5.7.3. Unión por accesorios

Los tubos de polietileno (PEX) se unen mediante tres técnicas diferentes, dependiendo del uso al que vayan destinados:

- Sistema *quick & easy.*
- Sistema *pressfitting*
- Sistema de anillo corredizo.

5.7.3.1. Sistema *quick & easy*

Este sistema es muy utilizado dada la sencillez de realización, pues solo consiste es expansionar el anillo con «memoria» e introducirlo en el casquillo para que, una vez pasado un tiempo breve, el anillo atenace el casquillo clavándolo sobre las estrías anulares de este consiguiendo el cierre.

Este sistema se conoce en el argot profesional por sistema Wirsbo, nombre de la firma que lo introdujo en el mercado (Figura 5.35).

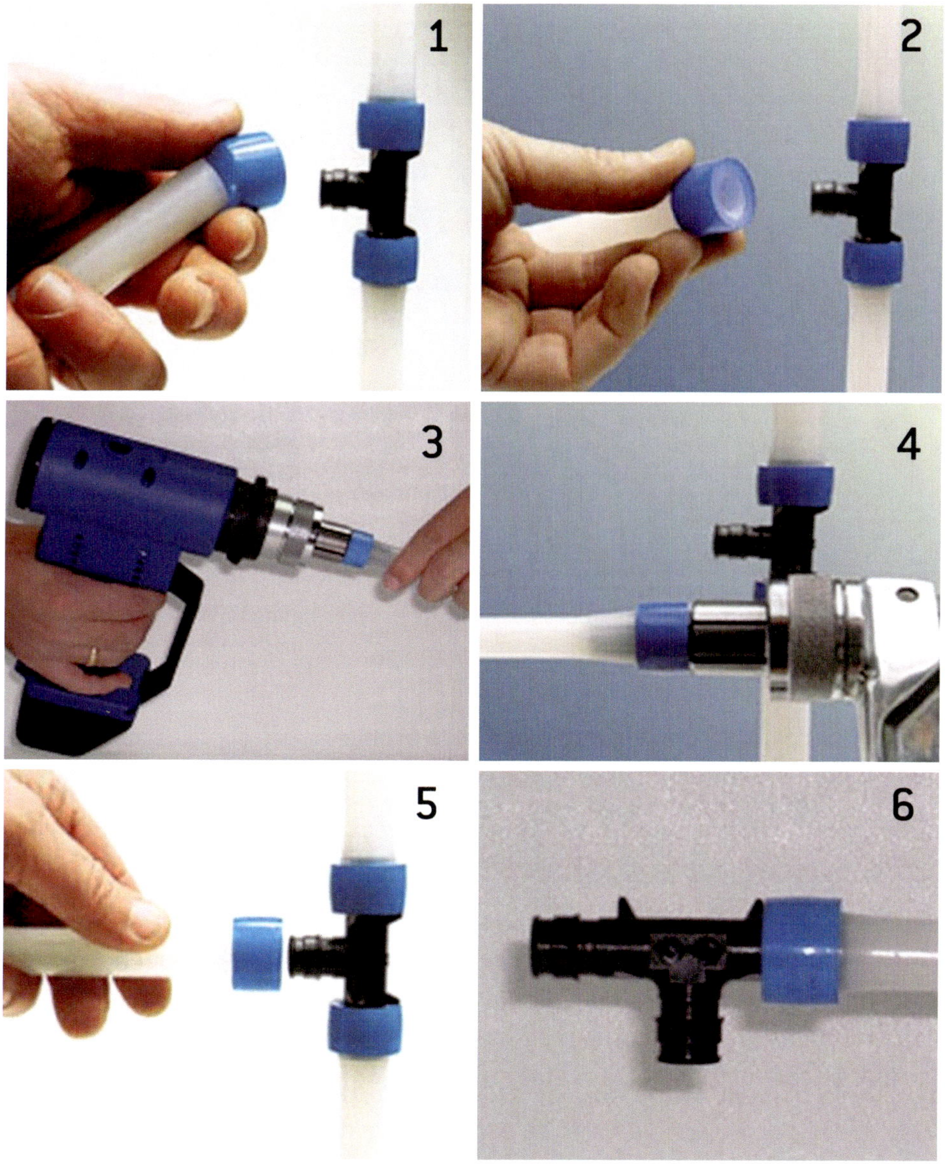

Figura 5.35. Proceso de montaje del sistema *quick & easy*.

5.7.3.2. Sistema *pressfitting*

Consiste en la unión que proporcionan las estrías del casquillo metálico, al clavarse sobre la superficie interior de la tubería plástica al sentirse obligadas por la presión que proporciona el anillo de cierre cuando las mordazas lo comprimen. Algunos sistemas incorporan anillos plásticos de tipo tórico que aseguran la estanqueidad de la unión (Figura 5.36).

De este sistema hay múltiples variables, pero todas se basan en el mismo principio.

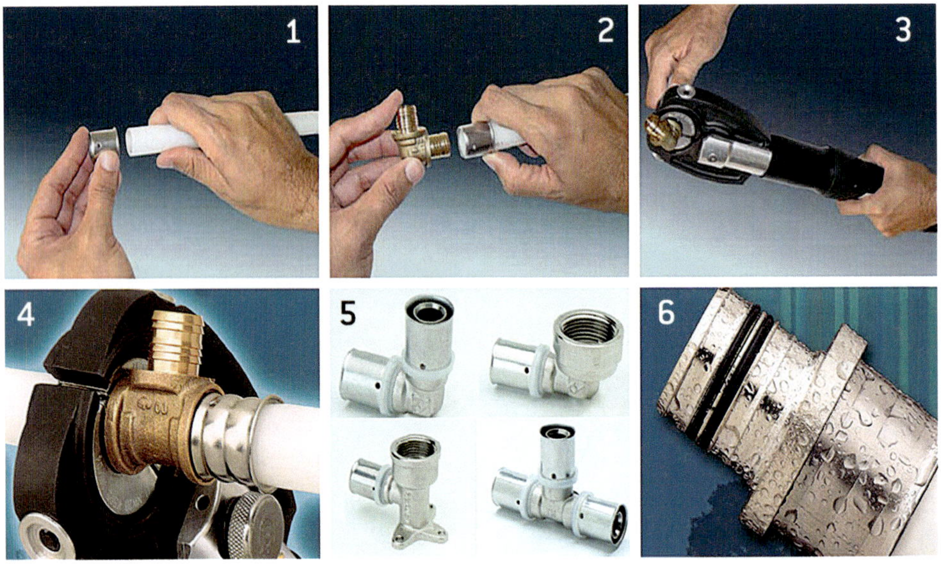

Figura 5.36. Pasos en el proceso *pressfitting*.

5.7.3.3. Sistema de anillo corredizo

Está basado en la sujeción de un anillo de bronce sobre el polietileno alojado en la pipeta del accesorio.

En primer lugar, hay que cortar con una tenaza de corte especial para que el corte sea totalmente perpendicular.

Posteriormente, una vez introducido el anillo de presión, se abocarda el extremo del tubo, algo más corto que la pipeta, para que quede un pequeño espacio que aloje posibles restos de polietileno arrastrado por el anillo y, por último, se introduce en el accesorio y por medio de la cuna apropiada y la prensa se arrastra hasta el tope del accesorio (Figura 5.37).

Hay que realizarlo con una prensa especial que dispone de cunas de arrastre para cada diámetro. Estas prensas las hay también eléctricas con las que se consigue un gran rendimiento.

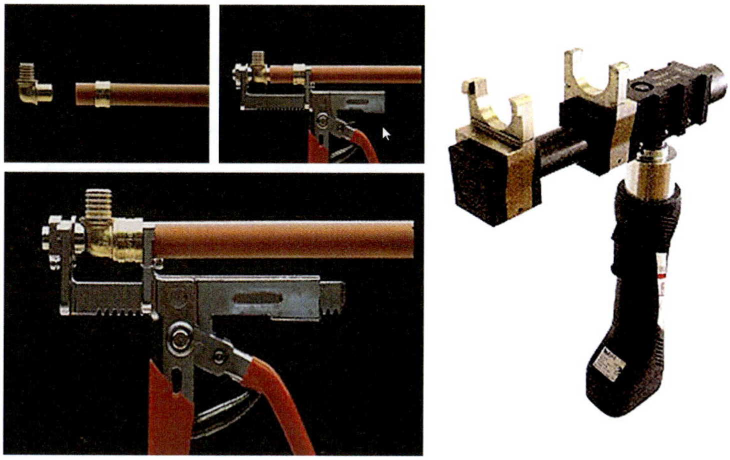

Figura 5.37. Sistema de anillo corredizo Barbie y prensa eléctrica portátil.

Como se puede observar en la primera y segunda diapositiva de la figura 5.38, cuando este sistema se utiliza con tuberías de polietileno multicapa (Figura 5.39), antes de introducir el tubo en el casquillo metálico hay que interponer una arandela plástica, cuya misión es aislar los dos metales (latón o bronce) del aluminio que lleva el tubo multicapa para evitar fenómenos de corrientes galvánicas.

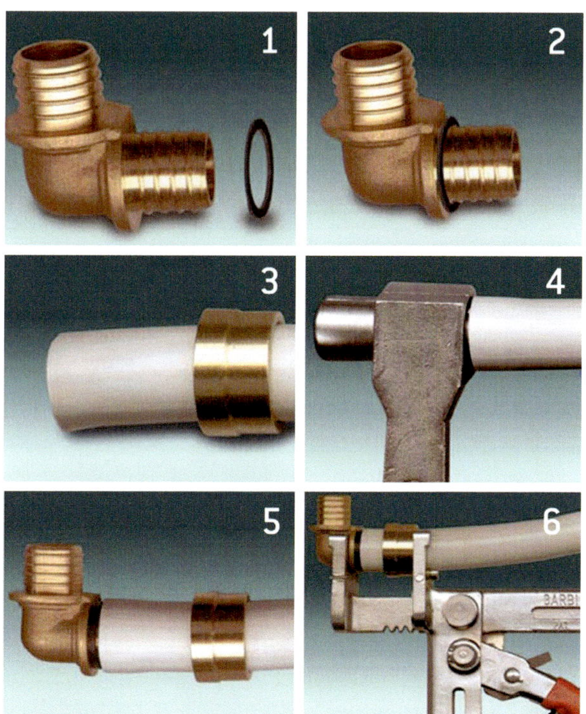

Figura 5.38. Sistema de anillo corredizo con arandelas protectoras.

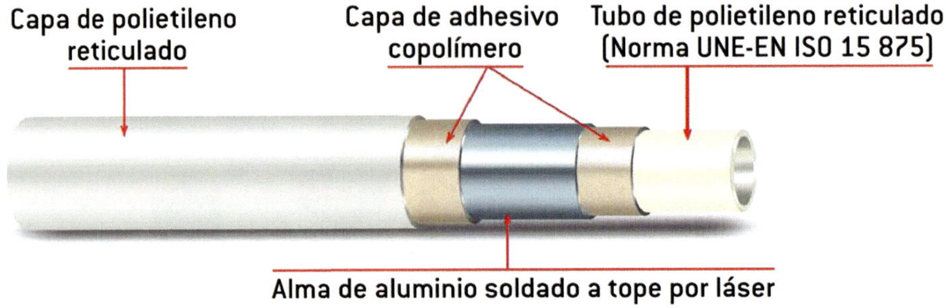

Figura 5.39. Detalles del tubo de polietileno multicapa.

Autoevaluación

5.1. En soldadura: la unión que se consigue fundiendo los metales base sin necesidad de otro metal de aportación de diferente naturaleza a estos, ¿cómo se llama?

a) Soldadura homogénea.

b) Soldadura directa.

c) Soldadura autógena.

5.2. ¿Cómo se llama la propiedad de los líquidos por la que debido a su tensión superficial, estos pueden ascender por el espacio entre láminas muy próximas?

a) Ascensión fluida.

b) Capilaridad.

c) Trepanación.

5.3. ¿Qué es un decapante?

a) Un reductor de tensiones.

b) Un reductor de humedad.

c) Un reductor de óxidos.

5.4. ¿Con qué elementos puede reaccionar el oxígeno y provocar explosiones peligrosas, en determinadas situaciones?

a) Con substancias jabonosas.

b) Con aceites y grasas.

c) Con el cemento.

5.5. En las uniones encoladas del PVC para garantizar una perfecta unión es imprescindible:

a) Previo a la unión, utilizar un limpiador adecuado.

b) Procurar hacerlas con las piezas calientes.

c) Remover y girar las piezas durante el encolado.

6. Operaciones finales en la instalación de tuberías

Introducción

En la planificación de la instalación de tuberías se han de observar algunas reglas básicas para que el resultado de las mismas sea, además de bien calculado y eficaz, estéticamente armonioso.

Antes de proceder al tapado, en los casos que va empotrada o en cualquier supuesto antes de dar por finalizada la instalación, esta debe ser sometida a pruebas de su idoneidad para después, ya sí, proceder a su limpieza, aislamiento o protección contra los agentes externos como la oxidación, etcétera.

En este capítulo conoceremos los procedimientos y las diversas técnicas para dar cumplimiento a estos planteamientos.

Contenido

6.1. Comprobación del alineamiento y la estética de la instalación

6.2. Pruebas de estanqueidad en redes de tuberías

6.3. Limpieza de la red de tuberías

6.4. Aislamiento, encoquillado y calorifugado de la red de tuberías

6.5. Barnizado y pintado

6.1. Comprobación del alineamiento y la estética de la instalación

Para dar por terminada una instalación, además de tener todos los elementos ensamblados correctamente y haber comprobado que funcionan de acuerdo al proyecto, debe cumplir otros parámetros no menos importantes como son: ser totalmente estanca, estar aislada, estar limpia y, por último, tener una estética armoniosa con el entorno donde esté instalada (Figura 6.1).

Figura 6.1. Instalación armoniosa.

Para ello, en su realización debemos orientar los trabajos en esta línea de exigencia y, una vez terminados, comprobar: el alineamiento de las tuberías, su firmeza y ausencia de vibraciones, la estética general de la instalación y a, continuación, pasar a hacer una limpieza de la misma tanto interior como exterior y realizar las pruebas pertinentes a fin de asegurar su estanqueidad y, por último, aislar con coquilla los tramos que discurren al aire y, en según qué casos, también algunos empotrados.

Figura 6.2. Tuberías bien colocadas por el techo.

Normalmente las tuberías se colocarán, siempre que se pueda, verticalmente, cerca de los rincones, y horizontalmente, cerca de los techos o el suelo, dependiendo del tipo de instalación.

Con carácter general, las instalaciones interiores de las viviendas se empotrarán en las paredes y muros, siempre que sea posible.

Siempre que se pueda, las instalaciones no deben cruzarse por los elementos estructurales del edificio (Figura 6.2).

En los casos en que las tuberías vayan a estar expuestas a la posibilidad de oxidación, hay que llevar a cabo su protección mediante pinturas y barnices al efecto.

6.1.1. Alineamiento y estética

El alineamiento de la instalación lleva en sí mismo el factor estético porque son conceptos muy próximos.

Cuando hablamos de estética de la instalación nos referimos obviamente a instalaciones vistas, no empotradas. Por ello, el recorrido de las tuberías ha de ser muy cuidado y estudiado a fin de conseguir el recorrido más corto posible, cuidando, en el caso de tuberías paralelas, que la distancia entre ambas sea uniforme.

El alineamiento, en cambio, afecta a ambas, es decir, a las vistas y también a las empotradas.

En el caso de las vistas, ya ha quedado dicho en el párrafo anterior, pero las empotradas, aunque no se ven, se han de regir por unas normas que nos permitan saber por dónde van a fin de no incurrir en posibles «accidentes» cuando hacemos orificios en las paredes para colocar elementos decorativos o funcionales como los accesorios de baño, etcétera.

El trazado de las mismas ha de ser siempre vertical y horizontal evitando cruces antiestéticos y complicados, además de caros, por el material necesario y la mano de obra malgastada. Estas situaciones son provocadas casi siempre por una mala planificación.

En la Figura 6.3, vemos un ejemplo de lo que no debe hacerse.

Figura 6.3. Mal planteamiento en la organización de las tuberías.

6.1.2. Normativa

El CTE en su Exigencia Básica HS 4 en su punto 5.1 relativo a la Ejecución de instalaciones dice:

La instalación de suministro de agua se ejecutará con sujeción al proyecto, a la legislación aplicable, a las normas de la buena construcción y a las instrucciones del director de obra y del director de la ejecución de la obra.

Durante la ejecución e instalación de los materiales, accesorios y productos de construcción en la instalación interior, se utilizarán técnicas apropiadas para no empeorar el agua suministrada y en ningún caso incumplir los valores paramétricos establecidos en capítulo 2 del Real Decreto 3/2023, de 10 de enero, por el que se establecen los criterios técnico-sanitarios de la calidad del agua de consumo, su control y suministro.

5.1.1 Ejecución de las redes de tuberías

5.1.1.1 Condiciones generales

La ejecución de las redes de tuberías se realizará de manera que se consigan los objetivos previstos en el proyecto sin dañar o deteriorar al resto del edificio, conservando las características del agua de suministro respecto de su potabilidad, evitando ruidos molestos, procurando las condiciones necesarias para la mayor duración posible de la instalación, así como las mejores condiciones para su mantenimiento y conservación.

Las tuberías ocultas o empotradas discurrirán preferentemente por patinillos o cámaras de fábrica realizados al efecto o prefabricados, techos o suelos técnicos, muros cortina o tabiques técnicos. Si esto no fuera posible, por rozas realizadas en paramentos de espesor adecuado, no estando permitido su empotramiento en tabiques de ladrillo hueco sencillo. Cuando discurran por conductos, estos estarán debidamente ventilados y contarán con un adecuado sistema de vaciado.

El trazado de las tuberías vistas se efectuará en forma limpia y ordenada. Si estuvieran expuestas a cualquier tipo de deterioro por golpes o choques fortuitos, deben protegerse adecuadamente.

La ejecución de redes enterradas atenderá preferentemente a la protección frente a fenómenos de corrosión, esfuerzos mecánicos y daños por la formación de hielo en su interior. Las conducciones no deben ser instaladas en contacto con el terreno, disponiendo siempre de un adecuado revestimiento de protección. Si fuese preciso, además del revestimiento de protección, se procederá a realizar una protección catódica, con ánodos de sacrificio y, si fuera el caso, con corriente impresa.

3.4. Separaciones respecto de otras instalaciones

El tendido de las tuberías de agua fría debe hacerse de tal modo que no resulten afectadas por los focos de calor y por consiguiente deben discurrir siempre separadas de las canalizaciones de agua caliente (ACS o calefacción) a una distancia de 4 cm, como mínimo. Cuando las dos tuberías estén en un mismo plano vertical, la de agua fría debe ir siempre por debajo de la de agua caliente.

Las tuberías deben ir por debajo de cualquier canalización o elemento que contenga dispositivos eléctricos o electrónicos, así como de cualquier red de telecomunicaciones, guardando una distancia en paralelo de al menos 30 cm.

Con respecto a las conducciones de gas se guardará al menos una distancia de 3 cm.

5.1.1.3.4. Protección contra esfuerzos mecánicos

Cuando una tubería haya de atravesar cualquier paramento del edificio u otro tipo de elemento constructivo que pudiera transmitirle esfuerzos perjudiciales de tipo mecánico, lo hará dentro de una funda, también de sección circular, de mayor diámetro y suficientemente resistente. Cuando en instalaciones vistas, el paso se produzca en sentido vertical, el pasatubos sobresaldrá al menos 3 centímetros por el lado en que pudieran producirse golpes ocasionales, con el fin de proteger al tubo. Igualmente, si se produce un cambio de sentido, este sobresaldrá como mínimo una longitud igual al diámetro de la tubería más 1 centímetro.

Cuando la red de tuberías atraviese, en superficie o de forma empotrada, una junta de dilatación constructiva del edificio, se instalará un elemento o dispositivo dilatador, de forma que los posibles movimientos estructurales no le transmitan esfuerzos de tipo mecánico.

3.5. Señalización

Las tuberías de agua de consumo humano se señalarán con los colores verde oscuro o azul.

Si se dispone una instalación para suministrar agua que no sea apta para el consumo, las tuberías, los grifos y los demás puntos terminales de esta instalación deben estar adecuadamente señalados para que puedan ser identificados como tales de forma fácil e inequívoca.

6.2. Pruebas de estanqueidad en redes de tuberías

6.2.1. Normativa

El CTE en su Exigencia Básica HS 4 punto 5.2.1.1 se refiere a las Pruebas de las instalaciones interiores.

1. La empresa instaladora estará obligada a efectuar una prueba de resistencia mecánica y estanqueidad de todas las tuberías, elementos y accesorios que integran la instalación, estando todos sus componentes vistos y accesibles para su control.
2. Para iniciar la prueba se llenará de agua toda la instalación, manteniendo abiertos los grifos terminales hasta que se tenga la seguridad de que la purga ha sido completa y no queda nada de aire. Entonces se cerrarán los grifos que han servido de purga y el de la fuente de alimentación. A continuación, se empleará la bomba, que ya estará conectada y se mantendrá su funcionamiento hasta alcanzar la presión de prueba. Una vez acondicionada, se procederá en función del tipo del material como sigue:
   a) Para las **tuberías metálicas** se considerarán válidas las pruebas realizadas según se describe en la Norma UNE 100 151:1988;
   b) Para las **tuberías termoplásticas y multicapas** se considerarán válidas las pruebas realizadas conforme al Método A de la Norma UNE ENV 12 108:2002.
3. Una vez realizada la prueba anterior, a la instalación se les conectarán la grifería y los aparatos de consumo, sometiéndose nuevamente a la prueba anterior.
4. El manómetro que se utilice en esta prueba debe apreciar como mínimo intervalos de presión de 0,1 bar.
5. Las presiones aludidas anteriormente se refieren a nivel de la calzada.

¡TOMA NOTA!

La UNE 100151:1988 sigue siendo una norma vigente y obligatoria, aunque algo desactualizada (desde 1988).
La UNE 149201:2017 es más reciente, técnica y específica para tuberías metálicas aunque no es obligatoria.
Ambas normas pueden considerarse compatibles.

6.2.2. Tuberías metálicas

Con el fin de detectar fallos de continuidad de las siguientes redes de tuberías, se establece el procedimiento que se debe seguir para las pruebas de estanqueidad, hidráulicas o neumáticas:

a) Circulación de fluidos caloportadores (agua, vapor, refrigerantes, salmueras y aceites térmicos).

b) Distribución de agua para usos sanitarios.

c) Distribución de combustibles líquidos o gaseosos.

d) Distribución de gases para usos terapéuticos.

e) Vacío.

f) Aguas para el servicio contraincendios.

g) Evacuación de aguas residuales (fecales, pluviales, etcétera).

¡TOMA NOTA!

- Solo nos referiremos a las pruebas hidráulicas, debido a que las realizadas con aire a presión entrañan un gran riesgo de explosión por su gran energía acumulada con respecto al agua (200 veces más).
- De los anteriores apartados solo nos vamos a ocupar de las instalaciones de distribución de agua para usos domésticos y las aguas en circuito cerrado caliente, como son las de calefacción por radiadores de agua caliente domésticos. Ya que los otros apartados se refieren a instalaciones específicas a las que hay que someter a pruebas particulares según el RITE u otras normativas específicas.

6.2.2.1. Prueba de resistencia mecánica

Pruebas preliminares:

a) Las pruebas de estanqueidad de una red de tuberías podrán realizarse sobre la totalidad de la misma o parcialmente, cuando así lo exijan las circunstancias de la obra o la extensión de la red. En cualquier caso, todos los extremos de la sección en prueba deberán taponarse herméticamente.

b) Todas las partes de la sección de la red en prueba deberán ser fácilmente accesibles para la observación de fugas y, eventualmente, su reparación.

c) Antes de realizar la prueba de estanqueidad, la red se limpiará cuidadosamente de todos los residuos procedentes del montaje (cascarillas, aceites, barro, etcétera).

d) La limpieza podrá efectuarse con aire comprimido o, cuando la red esté destinada a conducción de agua o vapor, llenándola de agua y vaciándola el número de veces que sea necesario.

e) El uso de productos detergentes no está permitido para redes de tuberías destinadas a la distribución de agua para usos sanitarios.

f) Deberá comprobarse que los aparatos y accesorios que queden incluidos en la sección de la red que se pretende probar puedan soportar la presión a la que se los va a someter. De no ser así, tales aparatos y accesorios deberán quedar excluidos, cerrando válvulas o sustituyéndolos por tapones.

g) Las fugas se detectarán por la formación de un chorro de agua o, en caso de pequeñas aberturas, por la presencia de superficies mojadas.

h) Durante las pruebas es fundamental que, al momento de llenar la sección con el fluido de prueba, se elimine sistemáticamente todo el aire presente en la misma a través de las válvulas situadas en los puntos altos. De estar presente aire durante la fase de presurización, este provocará grandes variaciones de presión y, en consecuencia, se hará difícil la detección de fugas.

Preparación de la red

a) Cerrar todos los terminales abiertos, mediante tapones o válvulas.

b) Eliminar todos los aparatos y accesorios que no puedan soportar la presión de prueba.

c) Desmontar todos los aparatos de medida y control.

d) Cerrar las válvulas que delimitan la sección en prueba o taponar los extremos.

e) Abrir todas las válvulas incluidas en la sección en prueba.

f) Comprobar que todos los puntos altos de la sección estén dotados de aparatos para la evacuación de aire.

g) Comprobar que la unión entre la fuente de presión (bomba) y la sección esté fuertemente apretada.

Prueba preliminar de estanqueidad

a) Esta prueba se efectúa a baja presión para detectar importantes fallos de continuidad de la red y evitar los daños que podría provocar la prueba de resistencia mecánica.

b) Se realiza empleando el mismo fluido transportado, generalmente agua (primer llenado de la red), y sin aplicar presión alguna.

c) Llenar, desde su parte baja, la sección en examen, dejando escapar el aire por los puntos altos.

d) Recorrer la sección y comprobar la presencia de fugas, en particular en las uniones.

Realización de la prueba

1. Esta prueba se efectúa a continuación de la preliminar, sometiendo las uniones a un esfuerzo por la aplicación de la presión de prueba. Se utiliza agua u otro líquido con un punto de inflamación superior a 65 °C, para lo cual hay tener conectada al circuito una bomba especialmente diseñada para este menester (Figura 6.4).

Figura 6.4. Bomba manual para pruebas hidráulicas.

2. La prueba hidráulica de resistencia mecánica tendrá la duración necesaria para verificar visualmente la estanqueidad de todas y cada una de las uniones. En cualquier caso, se recomienda mantener la presión de prueba durante un tiempo de doce o más horas, para así obtener una cierta garantía de resistencia a la fatiga de las uniones.

Tabla 6.1. Presiones de prueba

Tipo de circuito	Prueba preliminar		Prueba de resistencia	
	Fluido	Presión	Fluido	Presión
Agua sanitaria	Agua	(1)	Agua	2 × PT (2)
Agua en CC (4)	Agua	(1)	Agua	1,5 × PT (3)

PT es la presión de timbre, o presión máxima efectiva de trabajo (en bar) a la temperatura de servicio.
(1) *Presión de llenado (variable con la altura de la red).*
(2) *Con un mínimo de 6 bar.*
(3) *Con un mínimo de 10 bar.*
(4) *Agua en circuito cerrado, caliente hasta 100 °C.*

Reparación de fugas

a) La reparación de las fugas detectadas se realizará desmontando la junta, accesorio o sección donde se ha originado la fuga y sustituyendo la parte defectuosa o averiada con material nuevo. Se prohíbe la utilización de masillas u otros materiales o medios improvisados y provisionales.

b) Una vez reparadas las anomalías, se volverá a comenzar desde la prueba preliminar. El proceso se repetirá todas las veces que sea necesario, hasta tanto la red sea absolutamente estanca.

Terminación de la prueba

a) Reducir la presión y desconectar la bomba de prueba.

b) Conectar a la red los equipos y accesorios eventualmente excluidos de la prueba.

c) Actuar sobre las válvulas de interrupción y los aparatos de evacuación de aire en sentido contrario al indicado en la fase de preparación.

d) Volver a instalar los aparatos de medida y control.

e) Las conexiones de equipos, accesorios y aparatos eventualmente excluidos de las pruebas de estanqueidad deberán comprobarse durante las siguientes pruebas de funcionamiento de la instalación.

La bomba de pruebas

La bomba se debe conectar al circuito o instalación antes de las pruebas preliminares. La conexión al mismo se puede hacer mediante un sistema de llaves que permitan un baipás (Figura 6.5).

Consta de una T de cobre con 3 llaves y un manómetro con racores de enlace para las conexiones.

Las llaves tal como están colocadas sirven para:

Primera izquierda. Para facilitar el llenado de la instalación y cerrar una vez hecho.

Centro. Para facilitar la entrada de agua para presionar la instalación hasta el valor de prueba, que marcará el manómetro.

Derecha. Una vez a presión de prueba la instalación, la cerramos y dejamos unas horas (se suele hacer a final de jornada y dejar toda la noche) para comprobar si el manómetro continúa con el mismo valor, o ha caído evidenciando si hay o no fugas.

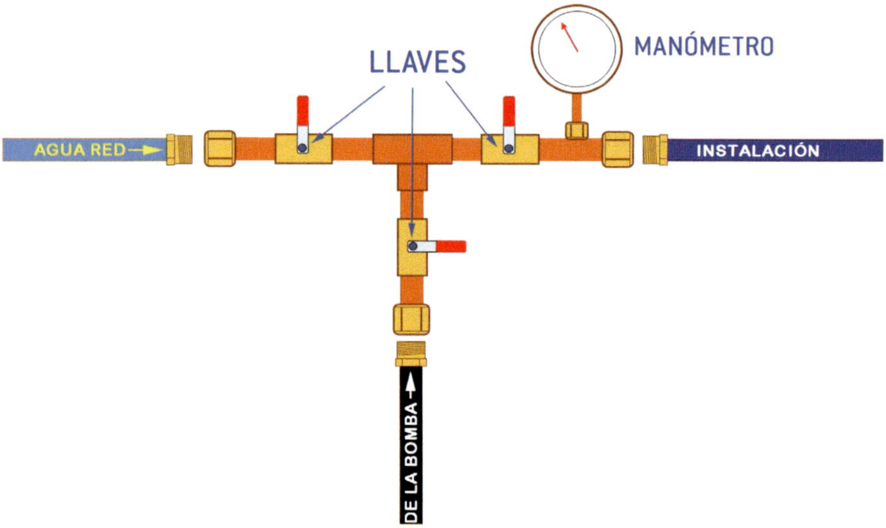

Figura 6.5. Artilugio sencillo para facilitar las pruebas de instalaciones.

6.2.3. Tuberías plásticas

En el caso de las tuberías plásticas difieren las pruebas de las anteriores. Se seguirán los siguientes pasos:

1. Montar la bomba y abrir un respiradero en la instalación.
2. Meter agua y purgar para que salga todo el aire de la instalación.
3. Cerrar el respiradero y bombear hasta obtener **1,5 veces la presión de diseño**[1].
4. Esta operación la repetiremos cada diez minutos, durante los 30 primeros minutos. Durante este tiempo debemos inspeccionar toda la instalación para detectar cualquier fuga en la misma.
5. En caso de no detectar fugas de agua importantes, **reducimos la presión a 0,5 veces la presión de diseño.**
6. Si la presión se estabiliza a esta última presión es indicativo de que la instalación es buena. No obstante, se ha de realizar un control de la evolución de la presión y la instalación durante los siguientes 90 minutos para localizar posibles fugas. Si la presión tiende a bajar es indicativo de que hay fugas y hay que localizarlas, repararlas y volver a hacer las pruebas.
7. El resultado del ensayo debe registrarse.

[1] **Presión de diseño.** Es la presión máxima a la que hemos calculado que va a funcionar la instalación. (En el caso de instalaciones de suministro de agua lo máximo será 500 kPa o 5 kg/cm^2).

¡TOMA NOTA!

Según el punto 5.2.1.1- 3, del HS 4, estas pruebas hay que repetirlas una vez se conecte la grifería.

6.2.4. Instalaciones de ACS

Según el punto CTE / HS 4 / 5.2.1.2, a las instalaciones de agua caliente sanitaria se harán las siguientes pruebas particulares de funcionamiento:

- Medición del caudal y temperatura en los puntos de agua.
- Obtención de los caudales exigidos a la temperatura fijada una vez abierto el número de grifos estimado en la simultaneidad.
- Comprobación del tiempo que tarda el agua en salir a la temperatura de funcionamiento una vez realizado el equilibrado hidráulico de las distintas ramas de retorno y abiertos uno a uno el grifo más alejado de cada uno de los ramales, sin haber abierto ningún grifo en las últimas 24 horas.
- Medición de temperaturas de la red. Con el acumulador a régimen, comprobación con termómetro de contacto de las temperaturas del mismo, en su salida y en los grifos. La temperatura del retorno no debe ser inferior en 3 ºC a la salida del acumulador.

6.2.5. Vibraciones

Las instalaciones deben funcionar sin producir ruidos o vibraciones que puedan considerarse inaceptables.

Las vibraciones son motivadas porque el sistema entra en resonancia y vibra debido a las siguientes causas:

1. Burbujas de aire en el sistema.
2. Exceso de presión de trabajo (máximo 5 bar).
3. Golpes de ariete.
4. Insuficiente sección de la tubería.
5. Holguras en los grifos o desgastes excesivos en las soletas de goma.
6. Exceso de longitud vertical en el caso de bajantes.
7. Diseños tortuosos en el trazado de las anteriores.

8. Contacto con los paramentos estructurales sin separación o aislantes adecuados.

Las vibraciones pueden dañar las instalaciones aflojando las roscas o incluso rompiendo las soldaduras, por lo que es conveniente, en primer lugar, asegurarse de que las tuberías están bien sujetas mediante las bridas y soportes correspondientes y, por supuesto, la corrección de las posibles causas enumeradas anteriormente.

6.3. Limpieza de la red de tuberías

En las instalaciones nuevas una vez terminadas es conveniente lavarlas para eliminar todo tipo de residuos de la propia práctica de la instalación, tal como escorias de las soldaduras; trozos de materiales de estanqueidad como hilos de cáñamo, teflón, etc.; partículas metálicas desprendidas durante el proceso de roscado y un sinfín de pequeños elementos que pueden obstruir las válvulas, grifos, aireadores y otros elementos que componen la misma.

El lavado de la instalación consiste en abrir todos los grifos y dejar circular el agua durante un rato hasta que comprobemos que el agua fluye limpia. Después cerraremos los grifos y desmontaremos los elementos filtrantes si los hubiere y los terminales aireadores de los grifos y los limpiaremos cuidadosamente.

6.3.1. Lavado de tuberías con presión

Hay veces que las instalaciones no se utilizan durante un tiempo y el agua encerrada en la misma puede sufrir deterioros importantes que la hagan inservible, en estos casos el CTE/HS 4/7.1 dice lo siguiente:

6.3.1.1. Normativa

7. Mantenimiento y conservación

7.1. Interrupción del servicio

En las instalaciones de agua de consumo humano que no se pongan en servicio después de 4 semanas desde su terminación, o aquellas que permanezcan fuera de servicio más de 6 meses, se cerrará su conexión y se procederá a su vaciado.

Las acometidas que no sean utilizadas inmediatamente tras su terminación o que estén paradas temporalmente, deben cerrarse en la conducción de abastecimiento. Las acometidas que no se utilicen durante 1 año deben ser taponadas.

En estos casos cuando se vuelvan a poner en servicio hay que lavarlas en profundidad y puede ser necesario hacerlo con presión.

El lavado a presión requiere equipos especiales con máquinas hidroneumáticas que mediante mangueras semirrígidas y cabezas especiales se introducen en algunos tramos de la instalación para eliminar atrancos o depósitos calcáreos o aguas estancadas.

Este procedimiento se utiliza especialmente en los sistemas de tuberías de saneamiento y las llevan a cabo empresas especializadas.

6.4. Aislamiento, encoquillado y calorifugado de la red de tuberías

El CTE/HS 4 en su punto 6.2.2 sobre aislantes térmicos dice lo siguiente:

6.4.1. Normativa

El aislamiento térmico de las tuberías utilizado para reducir pérdidas de calor, evitar condensaciones y congelación del agua en el interior de las conducciones se realizará con coquillas resistentes a la temperatura de aplicación.

Y en el punto 5.1.1.3.2 sobre protección contra las condensaciones:

1. Tanto en tuberías empotradas u ocultas como en tuberías vistas, se considerará la posible formación de condensaciones en su superficie exterior y se dispondrá un elemento separador de protección, no necesariamente aislante, pero sí con capacidad de actuación como barrera antivapor, que evite los daños que dichas condensaciones pudieran causar al resto de la edificación.
2. Dicho elemento se instalará de la misma forma que se ha descrito para el elemento de protección contra los agentes externos, pudiendo en cualquier caso utilizarse el mismo para ambas protecciones.
3. Se considerarán válidos los materiales que cumplen lo dispuesto en la Norma UNE 100 171:1989.

En el 5.1.1.3.3 sobre protecciones térmicas:

1. Los materiales utilizados como aislante térmico que cumplan la Norma UNE 100 171:1989 se considerarán adecuados para soportar altas temperaturas.
2. Cuando la temperatura exterior del espacio por donde discurre la red pueda alcanzar valores capaces de helar el agua de su interior, se aislará térmicamente dicha red con aislamiento adecuado al material de constitución y al diámetro de cada tramo afectado, considerándose adecuado el que indica la Norma UNE EN ISO 12 241:1999.

Todas estas normas nos obligan a proteger las tuberías en los casos citados y con las prescripciones indicadas.

Calorifugado y aislamiento son lo mismo. Cuando decimos que un material es calorífugo nos referimos a que no transmite el calor. Los aislantes térmicos se fabrican con material calorífugo.

6.4.2. Tipos de aislantes

El ahorro y la eficiencia energética de las instalaciones se consigue con multitud de aplicaciones. Una de las más importantes es el aislamiento de equipos y tuberías por las que circulan fluidos calientes o fríos procedentes de equipos de generación térmica en instalaciones de calefacción, climatización, agua caliente sanitaria y energía solar térmica.

En el mercado existen numerosas soluciones para realizar el aislamiento térmico de las tuberías empleadas en las instalaciones.

Uno de los métodos más simples y utilizados para la protección de las tuberías son los tubos corrugados de PVC, polietileno o polipropileno.

Estos tubos tienen como finalidad principalmente proteger a la tubería de cobre, polietileno, etc. de la acción directa sobre ella de los yesos o cementos que tapan las rozas por donde discurren (Figura 6.6).

No son propiamente aislantes, aunque también contribuyen a ello.

Figura 6.6. Tubos corrugados y ejemplo de montaje.

6.4.2.1. Coquillas de espuma elastomérica

La espuma elastomérica (Figura 6.7) es un aislamiento térmico formado por caucho sintético, y con estructura celular cerrada. Se presenta en forma de coquillas, para el aislamiento térmico de tuberías, y de planchas, para el aislamiento térmico de conductos de climatización y accesorios.

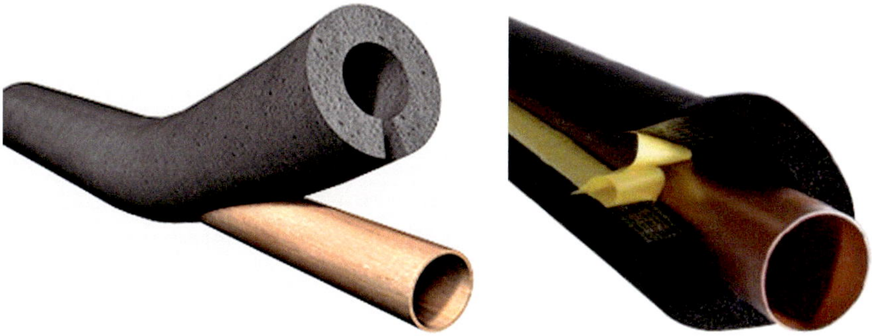

Figura 6.7. Coquillas de espuma elastomérica.

Este material posee una baja conductividad térmica, excelente flexibilidad y facilidad y rapidez de instalación.

Existen en el mercado espumas elastoméricas para distintas aplicaciones dependiendo de las temperaturas de trabajo, para control de la condensación, aislamientos de salas de máquinas (Figura 6.8), etcétera.

Figura 6.8. Ejemplo de montaje en una sala hídrica.

Figura 6.9. Coquillas de lana mineral.

6.4.2.2. Coquillas de lana mineral

De todos es conocida la lana de vidrio y lana de roca como materiales aislantes térmicos-acústicos en edificación residencial y terciaria, utilizándose, también, para el aislamiento de tuberías tanto en instalaciones de edificación como industriales.

Disponen de una muy baja conductividad térmica, por lo que se presentan como una solución muy eficaz para el aislamiento de tuberías y accesorios en instalaciones frío o calor.

Se suelen presentar en forma de coquilla desnuda o con recubrimiento de papel de aluminio como barrera de vapor (Figura 6.9).

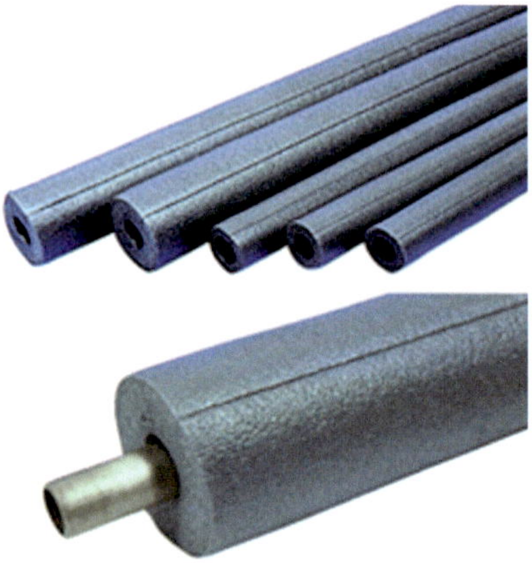

Figura 6.10. Coquillas de polietileno.

6.4.2.3. Coquillas de polietileno

El polietileno es un polímero utilizado en múltiples aplicaciones; una de ellas es la fabricación de coquillas de aislamiento térmico para tuberías. Al igual que las coquillas de espuma elastomérica, presentan gran flexibilidad para adecuarse fácilmente al diámetro y trayectoria de la tubería (Figura 6.10).

El corte practicado longitudinalmente en la generatriz, facilita la colocación de las coquillas, asegurando su fijación con una lazada de alambre de acero dulce galvanizado o bridas plásticas (Figura 6.11).

Figura 6.11. Ejemplo de montaje con coquillas de polietileno.

La temperatura del fluido y el diámetro de la tubería permiten la posibilidad de colocar las coquillas a doble capa.

La conductividad térmica suele ser más elevada que en los materiales anteriores, por lo que su aislamiento térmico es menor, al igual que su precio, en comparación con las coquillas de lana mineral o de espuma elastomérica.

Se suelen presentar en longitudes de 2 metros y color gris, pudiendo encontrarse en otros colores.

6.4.2.4. Aislamiento con mantas de lana mineral

A partir de una temperatura superior a 200 °C, el aislamiento debe colocarse en dos o más capas a «cubrejuntas», bien utilizando dos coquillas o una coquilla y una o más mantas.

Este tipo de aislamiento es el que se lleva a cabo con mantas de lana mineral en una o dos capas, cubiertas por chapas de aluminio o acero inoxidable.

Aislamiento de una tubería con coquilla y manta de lana de roca.

Aislamiento en forma de fieltros o mantas

Se corta la manta en una dimensión igual a «diámetro exterior tubería + doble del espesor de la manta» y se coloca sobre la tubería «cosiendo» los bordes de la manta por la malla, con alambre de acero dulce galvanizado (Figura 6.12).

Para tuberías con un diámetro superior a 250 mm, debe reforzarse la fijación de la manta mediante lazadas de alambre o flejes de acero galvanizado con sistema de tensado.

Figura 6.12. Colocación del aislante en mantas cosidas.

Codos

Cuando se trate de tuberías aisladas con coquillas de lana mineral, los codos se calorifugarán cortando las coquillas en segmentos ajustables y afianzando cada segmento mediante una lazada de alambre (Figura 6.13).

En el caso de tuberías aisladas con mantas de lana mineral, se debe realizar el aislamiento mediante piezas debidamente cortadas de las mantas, por medio de plantillas y fijando firmemente el conjunto mediante el entrelazado de la malla de la manta con los tramos contiguos.

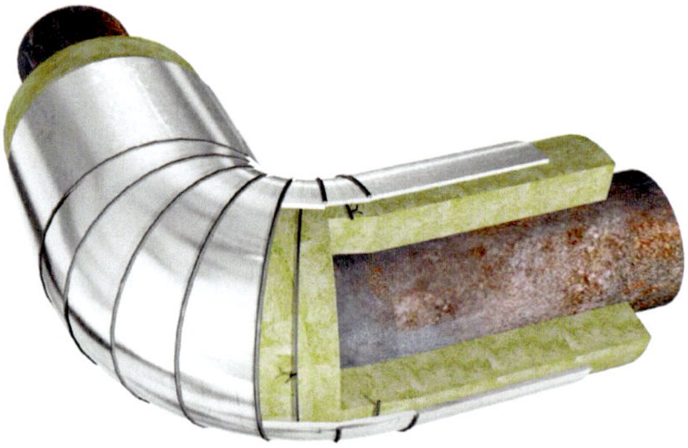

Figura 6.13. Disposición de las mantas cosidas en un codo segmentado.

El recubrimiento exterior se realizará mediante segmentos de chapa engatillados entre sí.

Este tipo de aislamiento requiere una maquinaria y unos conocimientos específicos, por lo que se puede considerar una especialidad ajena al oficio de fontanería.

En la figura 6.14 vemos una instalación con este tipo de montaje.

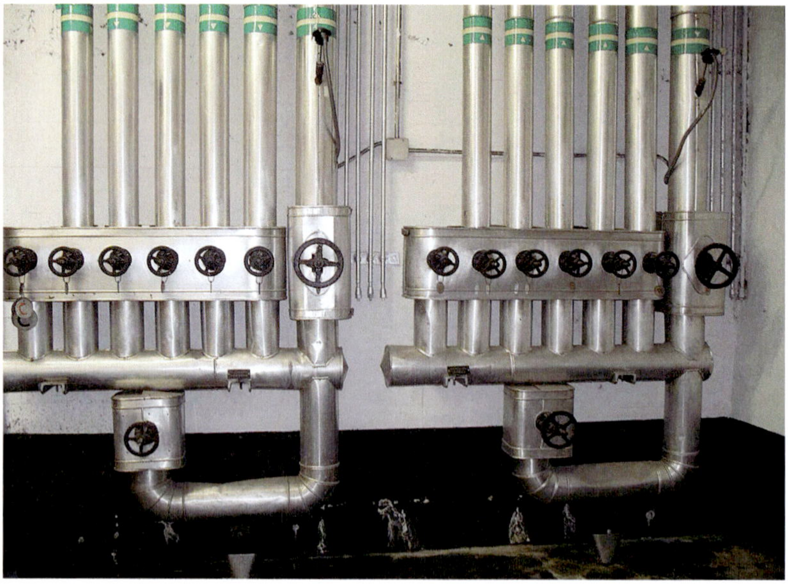

Figura 6.14. Montaje de aislante en mantas protegido con chapa de aluminio.

Los datos técnicos más importantes, que se va a tener en cuenta para la elección del aislamiento térmico de las tuberías, son los siguientes:

Conductividad: cuanto menor sea la conductividad, mejor será el aislamiento térmico del material. En la ficha técnica del fabricante, deberá figurar este valor (ensayado según normas homologadas), a una temperatura dada (generalmente son 10 °C). A modo de ejemplo, en la Tabla 6.2 se reflejan valores de conductividad térmica de una coquilla de lana mineral a diferentes temperaturas de trabajo, siendo de 0,032 W/mK para 10 °C

Tabla 6.2. Valores de conductividad térmica de una coquilla de lana mineral

Propiedades		Unidades	Valores
Conductividad térmica (λ)	50 °C	W / (m · K)	0,038
	150 °C		0,055
	200 °C		0,066
	300 °C		0,101
Reacción al fuego		Euroclase	A21 - s1, d0
Resistencia al vapor de agua		m² - h - Pa /mg	100
La conductividad térmica λ a 10 °C se estima a 0,032 W / (m · K)			

Espesor: especialmente relevante en la elección de un aislamiento para tuberías es el espesor del material. Lógicamente, cuanto mayor sea este valor, mejor comportamiento térmico se obtiene. Esta magnitud, aportada por los fabricantes en milímetros, está estrechamente relacionada con los requerimientos normativos del Reglamento de Instalaciones Térmicas de los Edificios (RITE), en los que se fijan los espesores que se deben emplear, en función de la temperatura de trabajo y los diámetros de la tubería. A continuación, a modo de ejemplo, se muestra la Tabla 6.3 con los espesores del fabricante del material del apartado anterior, en función de los rangos de temperaturas y los diámetros de las tuberías.

Rango de las temperaturas de trabajo: es necesario que el fabricante aporte las temperaturas máximas y mínimas de trabajo a las que pueden ser sometidos los materiales, sin que sufran deterioro.

Reacción al fuego: aunque no es un dato que se deba tener en cuenta para la eficiencia y ahorro energético, sí lo es en cuanto a seguridad y adecuación a la normativa sobre materiales empleados en las instalaciones y su reacción al fuego. Las clasificación, en cuanto a su reacción al fuego, debe ser la correspondiente a los requerimientos exigidos en el documento básico DB SI del Código Técnico de la Edificación.

Tabla 6.3. Espesores según temperatura del fluido, facilitados por un fabricante

Diámetro interior de la coquilla		Espesor en mm según temperatura fluido (Cumplimiento RITE)			Longitud m
1/2 3/4 1	21 27 34	25	25	25	
1 1/4 11/2 2 2 1/2 3	42 48 60 76 89	30	30	40	1,2
4 5 6 8	114 140 169 219	40	40	50	

Tanto en obra nueva, por la aplicación de la normativa correspondiente, como en rehabilitaciones o mejoras energéticas de edificios, la instalación de un aislamiento térmico adecuado en las conducciones, accesorios y depósitos de acumulación de instalaciones de agua fría o caliente, aportan un ahorro energético considerable, con un período de amortización muy reducido (entre 6 meses y un año).

Para ofrecer datos concretos, el ahorro máximo que se puede conseguir está en torno a un 85-90 % con respecto a una instalación sin aislar.

Las normativas que tratan el aislamiento térmico de las tuberías son la Instrucción IT 1.2.4.2 del Reglamento de Instalaciones Térmicas en los Edificios (RITE), así como los documentos básicos DB-HS y DB-SI del Código Técnico de la Edificación, que recoge los requisitos del aislamiento térmico de redes de tuberías.

6.5. Barnizado y pintado

Hay instalaciones específicas, como las de contraincendios (Figura 6.15) y algunas de gas (Figura 6.16) que se acaban con pintura. Roja en las de contraincendios, amarilla en las de gas, verde para algunas de suministro de agua y azul para aire.

Por otra parte, hay instalaciones específicas industriales que deben ser pintadas con códigos de colores normalizados según el tipo de fluido que alojen en su interior (Figura 6.17).

Figura 6.15. Instalación contraincendios.

Figura 6.16. Instalación de gas.

Figura 6.17. Instalación industrial con códigos de colores.

En todas estas instalaciones se deben seguir las normas impuestas en los proyectos correspondientes, por lo que no son objeto de este libro, salvo hacer esta indicación.

Excepto estas instalaciones que podemos considerar especiales, no es lo más común que el acabado de las instalaciones sea por este procedimiento de barnizado o pintado, pero ciñéndonos a las instalaciones domésticas o pequeñas instalaciones, en ocasiones, como pueden ser algunas instalaciones vistas de calefacción, tramos de suministro de gas a la caldera o en algunas instalaciones donde coinciden varias juntas, también se pintan las de agua de color verde.

En cualquier caso aparte de estas situaciones, cuando las circunstancias lo aconsejen se pintan o barnizan exteriormente para protegerlas de la oxidación o para darles un aspecto más acorde con la pared por donde discurren.

Pintura para metal

La pintura para metales pueden ser esmaltes sintéticos, acrílicas o más especiales como las epóxicas.

En todos los casos hay que seguir las instrucciones de los fabricantes y en algunos de ellos es conveniente, como en otros proyectos de pintura, aplicar antes una capa de imprimación, que secan muy rápidamente y son una excelente base para la pintura propiamente dicha.

¡OJO CON ESTO!

Cuidado con el acero. Hay ciertos materiales empleados en la construcción que atacan el acero: el yeso húmedo, los oxicloruros (pisos magnésicos), las escorias (sulfuros). En estos casos, el acero, como puede ser el acero negro de instalaciones de calefacción, conviene protegerlo con una pintura apropiada.

Para **tuberías de fundición vistas** se emplean una o dos capas de minio de plomo con barniz de resina sintética y un acabado con una capa de pintura de alquitrán.

Como se dijo anteriormente, generalmente las instalaciones contraincendios son de acero y habitualmente van pintadas de rojo. También hay instalaciones de suministro de gas con tubería de acero que se pintan de color amarillo.

Si bien hay fabricantes que suministran las tuberías para este menester, ya pintadas en rojo para contraincendios, de amarillo para instalaciones de gas y verdes para agua, a veces tenemos que pintarlas a mano con brocha para lo cual se utilizarán los elementos habituales.

El cobre

Estos tubos han sido, durante muchos años, el material más utilizado en Europa en las diferentes instalaciones de transporte de fluidos en la construcción. Este metal posee unas características físicas y mecánicas que no se alteran con el paso del tiempo, lo que garantiza la duración y calidad de las instalaciones realizadas con él. Pero en los últimos años ha decaído mucho su consumo por los elevados precios que ha experimentado. Aunque su calidad es incuestionable dadas sus características más destacadas, entre las que se pueden reseñar las siguientes:

- Alta resistencia a la corrosión.

- Las tuberías de cobre resisten muy bien a la acción de los materiales de construcción utilizados normalmente (cal, yeso, hormigón, cemento, etc.) pueden estar perfectamente en contacto con estos materiales.
- Los casos en los que pueda existir corrosión son muy raros y específicos. Se trata, en particular, de hormigones ligeros de fraguado rápido, ya que entre sus componentes se encuentran productos amoniacales, concretamente cloruro amónico, que atacan al cobre. Cuando esto sucede, basta proteger el tubo con una envoltura de plástico corrugado del empleado en canalizaciones eléctricas.

En general se considera que las tuberías de cobre no reciben ninguna clase de mantenimiento, pero, en el caso de las instalaciones de cobre visto se las puede barnizar o bien pintar con un barniz especial para metales (Figura 6.18), o pintura apropiada de los que hay una amplia gama en los establecimientos especializados y en grandes superficies con materiales de bricolaje y construcción.

Para aplicar estos productos es preciso limpiar bien los tubos, pues ningún barniz o pintura se adhiere al cobre sucio.

¡TOMA NOTA!

Una forma de **limpieza bastante eficaz** sería: empapar un trapo en una solución de vinagre y sal, y frotar con ella el tubo; después, lavar con otro trapo humedecido con agua tibia y, por último, secar con papel. A continuación, barnizar o pintar en varias manos para un acabado homogéneo.

Figura 6.18. Tubos de cobre vistos, pintados con pintura acrílica.

El PVC

En ocasiones algunas bajantes van vistas (Figura 6.19) y suelen pintarse para que queden más decorativas o camufladas, para ello:

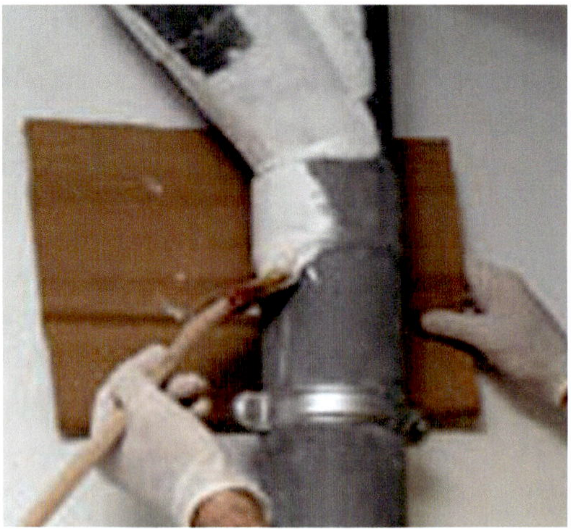

Figura 6. 19. Bajante de PVC vista pintada con pintura acrílica.

1. Primero, lijaremos o frotaremos con lana de acero la superficie que se va a pintar.
2. Después, limpiaremos el polvo de esta operación con un trapo humedecido en alcohol.
3. A continuación, procederemos a dar una capa de imprimación multiusos al agua.
4. Por último, cuando el producto se haya secado, damos una o más manos de un esmalte acrílico al agua.

Autoevaluación

6.1. ¿Cuánto debe apreciar, como mínimo, un manómetro para realizar las pruebas de estanqueidad de una instalación?

a) 1 kg/cm^2.

b) 1 atmósfera.

c) 0,1 bar.

6.2. ¿Se puede utilizar el aire a presión para las pruebas de redes de tuberías?

a) Sí, siempre que esté exento de humedad en 90 % mínimo.

b) Sí, pero sin superar los 10 kg/cm^2 de presión nominal.

c) No, es muy peligroso.

6.3. ¿Qué norma UNE es obligatorio observar en las pruebas de estanqueidad de las tuberías metálicas?

a) La UNE 149201:2017.

b) La UNE 100 151:1988.

c) Ambas son obligatorias.

6.4. En las instalaciones con tuberías plásticas, hay que bombear hasta obtener... ¿Cuántas veces la presión de diseño?

a) 10 veces.

b) 1,5 veces.

c) 15 veces.

6.5. Una especie de tubo de material apropiado que se utiliza para cubrir las tuberías de agua caliente y fría para protegerlas y aislarlas térmicamente, ¿cómo la llamamos genéricamente?

a) Conductividad térmica.

b) Coquillas.

c) Tubo Bermang.

Vocabulario técnico de fontanería/calefacción

Abocardador: instrumento para expandir los extremos de una tubería.

Abrazadera: pieza que se utiliza para sujetar algo, especialmente cables o tubos, ciñéndolo o rodeándolo.

Accesorio: elemento que depende o está vinculado a otro principal o pieza que forma parte de un conjunto.

ACS: siglas de agua caliente sanitaria.

Acumulador: un depósito que en un sistema hidráulico se recoge un fluido y se mantiene en él bajo presión o temperatura para almacenar energía.

Aerotermia: es un sistema de calefacción que utiliza el aire exterior como fuente de energía térmica.

AFCH: siglas de agua fría de consumo humano.

Aguas abajo: que se sitúa después de la sección considerada, avanzando en el sentido de la corriente.

Aguas arriba: que se sitúa antes de la sección considerada.

Aguas negras o fecales: son las procedentes de los inodoros y urinarios.

Aguas pluviales o blancas: son las aguas procedentes de la lluvia.

Aguas residuales grises o amarillas: son las procedentes de lavabos, bidés, fregaderos, duchas, lavadoras y lavavajillas.

Aireador/atomizador: casquillo metálico que incorporan los grifos en sus extremos para mejorar la eficiencia de flujo y evitar salpicaduras.

Alargadera: accesorio utilizado para aumentar en longitud la boca de salida de un racor o una tubería de suministro.

Anclaje: la base que soporta los elementos de fijación, tales como muros, tabiques o paredes.

Ánodo de sacrificio: es el componente principal de un sistema de protección catódica galvánica que se utiliza para proteger contra la corrosión las estructuras metálicas enterradas o sumergidas.

Aparatos sanitarios domésticos: elementos pertenecientes al equipamiento higiénico de los edificios que están alimentados por agua y son utilizados para la limpieza o la higiene personal, tales como bañeras, duchas, lavabos, bidés, inodoros, urinarios, fregaderos, lavavajillas y lavadoras automáticas.

Arqueta: es un elemento de la red de saneamiento que se utiliza para la conexión de tuberías que recogen y conducen las aguas residuales.

Ascendente: tubería vertical que se utiliza en el suministro de agua en los edificios que va desde la batería hasta la instalación particular o la llave de abonado.

Bajante: es la canalización vertical de los edificios que recoge las aguas pluviales de un tejado o las aguas grises y negras de los aparatos sanitarios y las conduce a las arquetas o colectores para su evacuación.

Batería de contadores: sistema tubular para el reparto de suministro de agua.

Bidé: aparato sanitario utilizado para la higiene íntima similar en forma al inodoro.

BIE: es una Boca de Incendio Equipada alojada en una vitrina.

Biselar: realizar un rebaje o adelgazamiento del espesor del extremo de una tubería.

Bitubo: sistema de distribución del fluido caloportador de un circuito de calefacción con dos líneas de reparto: ida y vuelta.

Bomba: elemento mecánico utilizado para mover volúmenes de fluido de forma continua en una instalación hidráulica.

Bote sifónico: elemento de la red de desagüe de los cuartos de baño en el que se centralizan las aguas grises procedentes del lavabo, bidé, bañera y plato de ducha, para su posterior evacuación a través de la bajante general y contiene una barrera de agua (cierre hidráulico) que evita el paso de malos olores.

Briquetas: bloque comprimido de polvo de carbón u otro material de biomasa combustible (por ejemplo, carbón vegetal, serrín, virutas de madera, turba o papel) que se utiliza como combustible y yesca para encender un fuego.

Broca: pieza cilíndrica metálica con estrías helicoidales que sirve para perforar.

Caldera: en instalación de calefacción, aparato dotado de una fuente de energía, donde se calienta el agua que circula por tubos y radiadores.

Caño: tubo final de un grifo.

Capilaridad: fenómeno por el cual la superficie de un líquido en contacto con un sólido se eleva o desciende por él dependiendo de si aquel moja o no a este.

Cartucho: accesorio de distribución de agua dentro de un grifo.

Caudal: cantidad de fluido que circula a través de la sección de un conducto o una corriente de líquido.

Circulador: término que se conoce para la bomba motor, detecta la presión y activa el motor para bombear agua caliente.

Cisterna: depósito que se utiliza para almacenar agua. Parte de un inodoro.

Climatización: proceso por el que se hace que una estancia interior tenga las condiciones de calidad del aire, humedad relativa y temperatura adecuada para el bienestar de las personas.

cm: abreviatura de centímetro, medida cien veces menor que un metro.

Codo: accesorio utilizado para el desvío de una conducción de fluidos, a distintos ángulos de inclinación.

Colector: pieza que suministra o recoge el fluido de varios conductos.

Combustión: proceso químico mediante el que se desprende calor a través de un conjunto de reacciones exotérmicas que provocan la oxidación de elementos combustibles.

Condensación: proceso físico que consiste en el paso de forma gaseosa a forma líquida en una sustancia, especialmente en el agua.

Coquilla: cubierta de material aislante térmico, que se coloca abrazando tubos de conducción de fluidos en instalaciones de frío o calor.

Corrosión: proceso de deterioro de materiales metálicos mediante reacciones químicas y electroquímicas producidas por el oxígeno. Oxidación.

Cota: es el valor numérico que indica la dimensión de una pieza en un sistema de acotación de un plano.

Croquis: dibujo a mano alzada de un objeto a situación, hecho sin auxilio de elementos de dibujo y sin escala.

CTE: Código Técnico de la Edificación.

Decapante: producto químico que elimina, de una superficie metálica, óxidos y otros elementos facilitando su soldadura.

Desagüe: conducto o canal por el que se da la salida del agua.

Descalcificador: dispositivo diseñado para eliminar o reducir las sustancias calcáreas.

Detentor: válvula de los radiadores que permite regular cada uno de los elementos de una instalación de calefacción controlando el flujo de agua.

Dilatación: aumento de longitud, superficie o volumen de un cuerpo por separación de sus moléculas con disminución de su densidad debido al aumento de temperatura.

Electrodo: extremo de un conductor en contacto con un medio, al que transmite o del que recibe una corriente eléctrica. Aplicado a punta consumible en soldadura eléctrica.

Electrofusión: método de soldadura que une tuberías y accesorios mediante calor generado por una corriente eléctrica.

Emisor: se aplica a un artefacto destinado a emitir calor. Radiador térmico.

Entronque: accesorio de latón para roscar/soldar.

Escariador: herramienta de corte rotatorio y con forma cilíndrica utilizado para quitar rebabas en las terminaciones de las tuberías.

Estanqueidad: propiedad que se caracteriza por la capacidad de evitar que penetren elementos externos al interior de una pieza, circuito o habitáculo, ya sean fluidos, partículas o aire.

Exigencia básica: conjunto de normas dentro de un documento básico del CTE.

Fijación: cualquier sistema cuya misión es sujetar elementos de las instalaciones.

Fluxor: sistema de descarga de agua de alta presión que se emplea en inodoros, urinarios y grifos.

Fusible: puede decirse que es un elemento de protección ante eventuales fallas que se pueden registrar en un circuito eléctrico o mecánico.

Geotermia: es una fuente de energía que se obtiene del calor del interior de la Tierra.

Golpe de ariete: se trata de una fuerza de empuje que sucede cuando el flujo de agua en una tubería se detiene bruscamente o cambia de dirección, pudiendo generar daño de las tuberías.

Gres: pasta compuesta ordinariamente de arcilla figulina y arena cuarzosa, usada en sanitarios y revestimientos verticales de baños.

Grifo: dispositivo que permite abrir y cerrar el flujo de agua.

Hidrante: dispositivo que proporciona acceso rápido a agua bajo presión para la extinción de incendios, generalmente conectado a la red de abastecimiento.

HS 4: exigencia básica perteneciente al Documento Básico de Salubridad del CTE en el que se recogen las normas para el suministro de agua.

HS 5: exigencia básica perteneciente al Documento Básico Salubridad del CTE en el que se recogen las normas para la evacuación de las aguas residuales.

Incrustaciones: formación de minerales que se acumulan en los bordes de equipos o tubos que utilizan agua.

Inodoro: aparato sanitario con sistema de evacuación con cisterna de agua.

ISO: siglas de la Organización Internacional para la Estandarización.

Latiguillo: tubo flexible de material plástico revestidos con una malla trenzada de acero inoxidable que conecta los conductos de un sistema de agua.

Legionela: es una situación en ambientes con pulverización de agua que provoca la legionelosis, enfermedad bacteriana que puede producir neumonía.

Lira de dilatación: tramo de tuberías que permite soportar las dilataciones que suceden por los efectos de la temperatura.

Llama piloto: llama pequeña que se encuentra en las cocinas de gas y calderas que rodea al termopar y garantiza el arranque instantáneo del sistema.

Llave: término genérico con el que se designa a las válvulas que abren o interrumpen el paso de un fluido en una instalación.

Lubricante: sustancia capaz de disminuir la fricción entre dos superficies que están en contacto.

Machón: accesorio de montaje de tuberías que lleva rosca en los dos extremos.

Manguito: accesorio de montaje consistente en un tubo envolvente para unir dos tubos.

Manómetro: instrumento que mide la presión de un fluido confinado en un espacio cerrado.

Manorreductor: instrumento para reducir la alta presión de los gases contenidos en el interior de botellas o canalizaciones, a la presión necesaria para el trabajo.

mm: abreviatura de milímetro, medida mil veces menor que un metro.

Monotubo: sistemas de calefacción que se caracteriza por contar con una sola tubería.

Montura: parte de un grifo donde se aloja el sistema de cierre del mismo.

Mural (caldera): caldera de gas pensada para ir montada sobre un muro (pared).

Niple: pieza tubular, que sirve para empalmar tuberías. Puede ser con rosca en ambos extremos o mixta: un extremo plano y otro con rosca.

Normativa: conjunto de normas aplicables a una determinada materia o actividad.

NOx: grupo de gases contaminantes que contienen óxido nítrico y dióxido de nitrógeno. Aplicado a calderas de bajo NOx (equipos estancos que se caracterizan por emitir bajas cantidades de estos gases).

PB: siglas de las tuberías de polibutileno.

***Pellets*:** residuos procedentes de limpiezas forestales e industrias madereras que son triturados y convertidos a virutas y prensados en forma cilíndrica para su utilización como biomasa en calderas.

Pendiente: medida de la inclinación de una recta o de un plano. Se da en %.

Pérdida de carga: pérdida de presión efectiva que se produce en un fluido debido a la fricción de las partículas del fluido entre sí y contra las paredes de la tubería que las conduce.

Perímetro: es el contorno total de cualquier figura, por lo tanto, la suma de todos sus lados.

PEX: siglas del polietileno reticulado.

Plantilla: utensilio ideado para facilitar la repetición en la ejecución de cualquier elemento.

PP-R: siglas del polipropileno Random.

Presostato: dispositivo que se utiliza para cerrar o abrir un circuito eléctrico en función de la presión que ejerce un fluido sobre un pistón interno.

Pulgada: medida inglesa equivalente a 25,4 milímetros.

Purgado: acción de extraer el aire contenido en un circuito hidráulico.

Purgador: dispositivo que extrae el aire o el agua acumulados en un sistema hidráulico como en los sistemas de calefacción.

PVC: el policloruro de vinilo se trata de un plástico utilizado en fontanería, generalmente en evacuación de aguas residuales.

Quemador: dispositivo encargado de mezclar el combustible (gas) con el aire para que salte la llama que inicia la combustión.

Quemador: sistema utilizado en sistemas de calefacción para generar calor mediante la combustión del combustible.

Racor: pieza que une tubos o tuberías, como mangueras o conductores de líquidos en un circuito hidráulico.

Radiador: aparato metálico con gran desarrollo superficial, por cuyo interior circula un fluido caliente que transmite calor al medio circundante. Emisor.

Rebosadero: impidiendo que rebose.

Rebosadero: orificio que da salida a un líquido por el cual rebosa.

Recocido: sistema de calentamiento-enfriamiento utilizado para ablandar el cobre.

Red de agua fría y caliente: conjunto de conducciones de agua de consumo, también conocido por los acrónimos AFCH (agua fría de consumo humano) y ACS (agua caliente sanitaria).

Red de distribución de calefacción o climatización: conjunto de conducciones que unen la caldera o generador con las unidades terminales (radiadores, superficies radiantes y Fan-Coil, entre otros).

Red de evacuación: conjunto de tuberías, accesorios y elementos instalados en el interior de un edificio, destinados a recoger y conducir las aguas residuales y pluviales hasta la acometida de la red general de saneamiento.

Red general de saneamiento: conjunto de conducciones y elementos enterrados, de carácter público, que recogen y transportan las aguas residuales y pluviales desde los edificios y espacios urbanos hasta el sistema de depuración o vertido autorizado.

Redes: conjunto de tuberías que se utilizan para la distribución del agua tanto en abastecimiento como en evacuación.

Relé: es un aparato eléctrico que funciona como un interruptor, abriendo y cerrando el paso de la corriente eléctrica, pero accionado eléctricamente.

RITE: son las siglas de Reglamento de Instalaciones Térmicas en los Edificios.

Rociador: dispositivos termosensibles diseñados para reaccionar a temperaturas predeterminadas produciendo la liberación de un chorro de agua en forma automática.

Rosca: muesca con un perfil determinado, que da vueltas en espiral sobre un cilindro o agujero cilíndrico(tornillo/tuerca). Se aplica al sistema de unión basado en este principio.

Roza: canal que se practica en un paramento para alojar elementos constructivos tales como tuberías.

Saneamiento: aplicado al sistema de evacuación de aguas residuales por medio de conducciones.

Sección: en fontanería, es el área o superficie del corte transversal de la vena líquida en una tubería.

Sellado: proceso que se realiza para reparar fugas o sellar tuberías dañadas para evitar pérdidas de agua.

Sifón: componente instalado en sistemas de fontanería que impide que los olores del desagüe suban.

Soldadura: consiste en un proceso de fijación de dos o más piezas (normalmente de metal) mediante calor o presión.

Sonda/sensor: dispositivo diseñado para medir y monitorear la cantidad de agua en un tanque, contenedor o cualquier tipo de reservorio.

Soplete: utensilio que desprende una llama producida por un gas y oxígeno, y se utiliza para calentar.

Sumidero: elemento en forma de rejilla o caja presente en las redes de evacuación de edificios para captar y dirigir las aguas residuales y las aguas pluviales de superficies llanas.

Termistancia: elemento de detección de temperatura compuesto por un material semiconductor sinterizado que exhibe un gran cambio en la resistencia en respuesta a un pequeño cambio en la temperatura.

Termo: término simplificado para definir un aparato consistente en un depósito con resistencia eléctrica utilizado para proveer de ACS a un domicilio.

Termofusión: técnica de soldar, simple y rápida, con la que se unen tubos de polietileno de alta densidad, también conocido como PEAD, y sus accesorios correspondientes.

Termostática (grifería): es un sistema de mezclador de agua que mantiene la temperatura constante.

Termostato: aplicado a un dispositivo que sirve para mantener automáticamente una determinada temperatura en un sistema de calefacción.

Terraja: es una pieza cilíndrica de acero templado con unas ranuras longitudinales capaces de tallar, mediante arranque de viruta, roscas exteriores en superficies cilíndricas.

Tórica: aplicado a anillo de caucho de forma toroidal que se utiliza para garantizar la estanqueidad de una unión en instalaciones de fluidos.

Tubería: elemento tubular que se utiliza para la conducción de fluidos.

Válvula: elemento que tiene una función autónoma o manual para realizar una función en una instalación.

Válvula de pie: válvula instalada en la entrada de una tubería o succión de bomba que permite el flujo de agua en un solo sentido, evitando el retorno y el vaciado de la línea.

Venturi (efecto): describe cómo la velocidad de un fluido aumenta a medida que disminuye la sección transversal del recipiente por el que circula y provoca un efecto succionador aplicado a diversos dispositivos.

WC: proveniente del inglés «Water Closet», originalmente era referido a un pequeño cuarto con inodoro.

Bibliografía

- Bengoa, E., y Casas, F. *Manual Técnico. Conducciones de PVC*. ASETUB, 2002.
- Carnicer Royo, E. *Instalaciones hidrosanitarias. Fontanería y saneamientos*. Ed. Paraninfo, 2001.
- Catálogo de la web de herramientas SUPER-EGO. Abadiano (Vizcaya).
- *Código Técnico de la Edificación*. Ministerio de Vivienda, 2006.
- *Enciclopedia de Fontanería de CEAC*. Grupo Editorial CEAC, 2002.
- Hernández Riesco, G. *Manual del Soldador*. Asociación Española de Soldadura y Tecnologías de Unión (CESOL), 2004.
- Escoda, S. *Manual de aislamiento en la industria*. ISOVER. División aislamientos. Badalona.
- *Manual de tubo y accesorios de cobre* (3.ª edición). Centro Español de Información del Cobre, 2003.
- Martín Sánchez, F. *Nuevo manual de Instalaciones de fontanería y saneamiento*. AMV, 2008.
- Nieto Palomo, J. *Instalaciones de fontanería-Nueva normativa*. CEFOIM Editorial, 2008.
- Nieto Palomo, J. *Instalaciones de fontanería. Teoría y orientaciones prácticas*. Ed. Paraninfo, 2010.
- Soriano Rull, A. *Instalaciones de fontanería domésticas y comerciales*. UOC, 2006.